高等应用数学

——基于翻转课堂的项目化设计

金卫东　主审

龚飞兵　主编

苏 州 大 学 出 版 社

图书在版编目(CIP)数据

高等应用数学:基于翻转课堂的项目化设计/龚飞
兵主编. —苏州:苏州大学出版社,2017.8(2021.9重印)
ISBN 978-7-5672-2147-5

Ⅰ.①高… Ⅱ.①龚… Ⅲ.①应用数学-高等学校-
教材 Ⅳ.①O29

中国版本图书馆 CIP 数据核字(2017)第 146261 号

内容简介

本教材对原有高职高专数学教材教学内容进行了适当的调整,对部分数学基础思想方法进行了必要的补充,既考虑了人才培养的应用性,又照顾了学生的可持续发展,同时也尽量保持本学科知识体系的系统性,集成了高职高专院校数学教学改革的成果。

本教材内容主要包括应用数学和数学实验两大组成部分,特点是:以项目化的布局分为六大模块,每个模块又配备了自测题与拓展阅读材料。

本教材可作为高职高专院校各专业通用高等数学教材,各类培训教材,也可作为工程技术人员的自学用书。

高等应用数学

——基于翻转课堂的项目化设计

龚飞兵 主编

责任编辑 征 慧

苏 州 大 学 出 版 社 出 版 发 行
(地址:苏州市十梓街1号 邮编:215006)
常 州 市 武 进 第 三 印 刷 有 限 公 司 印装
(地址:常州市湟里镇村前街 邮编:213154)

开本 787×1092 1/16 印张 17.5 字数 438 千
2017 年 8 月第 1 版 2021 年 9 月第 7 次修订印刷
ISBN 978-7-5672-2147-5 定价:40.00 元

前　言

随着高等职业教育由数量扩张向质量提升的转变,高等职业教育的人才培养定位也由"偏重技能"逐步转化成"专业技能、综合素质协调发展",构建新型高职课程体系成为高职教育改革的重点。高等数学作为一门重要的基础课程,兼具提升学生的素质和专业基础,其作用越发凸显。具有多年教学经验的编写组成员在认真研究高职高专数学教学形势的基础上,紧密结合专业人才培养和能力结构要求,完成了本教材的编写。

编写本教材的指导思想:强化高职教育的培养目标,以目标为指引对原高职高专数学教材教学内容进行了适当的调整,对部分数学思想方法进行了必要的补充;考虑到现代高职学生的特点,增加了适量的例题和习题,便于学生巩固和加深对所学知识的理解和掌握。在教学内容的取舍上,按照应用优先的原则,注重数学与相关学科的横向连接,力求做到实践与应用、拓展知识面与强化能力训练、一般能力培养与职业能力培养相结合。在编写过程中,既考虑了人才培养的应用性要求,又照顾了学生可持续发展的需要,增加了正交试验等内容,同时还尽量保持本学科知识体系的系统性,涵盖高职高专院校数学教学改革的成果。

本教材主要由应用数学和数学实验两大部分组成,共分六个项目,每个项目后面都增加了反映数学历史上重要数学思想的拓展阅读材料,其主要特点是:注重知识衔接,淡化理论推导,面向专业需求,强化应用能力。

本教材主要适用于高职高专理工科纺织染化类、机械电子类、经济管理类、建筑工程类和航空类等专业。在使用本教材时,教师应该根据不同专业的实际需要适当选择相应的内容。

本教材由金卫东任主审,龚飞兵任主编。项目1、项目5、项目6由龚飞兵编写,项目2、项目3由曹敏编写,项目4由徐亮编写,数学实验由桑宗曦负责整理,李从胜负责数学实验部分习题的程序整理。

由于编写时间及编写水平有限,书中难免存在错误和不妥之处,恳请广大读者批评与指正。

编者

2019 年 5 月

目 录

第一部分 应用数学

第二部分　数学实验

第一部分　应用数学

项目 1　函数、极限与连续

任务1.1　函数的概念、基本初等函数的性质及初等函数

任务内容

- 完成与函数概念及基本初等函数性质相关的工作页；
- 学习与函数相关的知识；
- 学习基本初等函数的实际应用；
- 完成与初等函数相关的工作页；
- 学习与初等函数相关的知识；
- 对特殊函数的表达式确定分组并讨论；
- 学习基本初等函数与初等函数之间的分解与复合.

任务目标

- 掌握函数的基本概念和解析式的表达方法；
- 掌握求函数定义域的方法；
- 掌握判断函数奇偶性、单调性的方法；
- 掌握基本初等函数的基本概念和解析式的表达方法；
- 掌握三角函数的简单求法；
- 掌握特殊函数的表达形式及应用；
- 掌握复合函数的复合过程；
- 掌握复合函数的分解过程；
- 能够利用函数表达实际问题,解决专业案例.

1.1.1 工作任务

熟悉如下工作页,了解本任务学习内容. 在学习相关知识后,利用工作页在教师的指导下完成本任务,同时完成工作页内相关内容的填写.

任务工作页

1. 若田芳菲每个月工资为 5600 元,请计算田芳菲一年将上缴的个人所得税.
   _____

2. 函数的三要素:
   (1) _____
   (2) _____
   (3) _____

3. 求函数定义域时应注意的是: _____

4. 判断两个函数是同一个函数的标准是: _____

5. 如何判断函数是奇函数还是偶函数?
   _____

6. 如何判断函数是否有界?
   _____

7. 基本初等函数包括哪些函数?
   _____

8. 幂函数与指数函数在表达式上有哪些区别?
   _____

9. 三角函数在四个象限内的符号: _____

10. 求三角函数的步骤是: _____

11. 三角函数关系式有哪些?
    _____

12. 复合函数的复合过程: _____

13. 复合函数的分解过程: _____

14. 复合函数与乘法运算的区别: _____

15. 所有基本初等函数都能复合成复合函数吗? 为什么?
    _____

16. 分段函数是复合函数吗? 为什么?
    _____

【案例引入】 根据《中华人民共和国个人所得税法》规定:个人工资、薪金所得应当缴纳个人所得税.从 2011 年 9 月 1 日起,每月应纳税所得额的计算为:每月工资、薪金所得减去 3500 元后的余额(注:这里未考虑社会保险、医疗保险、住房公积金),个人所得税纳税税率如表 1-1 所示.

表 1-1　个人所得税税率表（工资、薪金所得）

级数	全月应纳税所得额（超出 3500 元的数额）	税率/%
1	不超过 1500 元的部分	3
2	超过 1500 元到 4500 元的部分	10
3	超过 4500 元到 9000 元的部分	20
4	超过 9000 元到 35000 元的部分	25
5	超过 35000 元到 55000 元的部分	30
6	超过 55000 元到 80000 元的部分	35
7	超过 80000 元的部分	45

（1）求应纳税函数 $f(x)$；

（2）若李先生 12 月工资为 56000 元，问李先生 12 月应纳税为多少？

1.1.2　学习提升

函数是客观世界中量与量之间相依关系的一种数学抽象表达，是变量之间的对应关系.它展现了事物之间的因果关系，是揭示实际生活中现象本质的重要工具.

1.1.2.1　函数的概念

定义 1-1　设 x 和 y 是两个变量，D 是给定的一个数集. 如果对于每个数 $x \in D$，变量 y 按照一定的法则总有确定的数值和变量 x 对应，则称 y 是 x 的函数，记作 $y = f(x)$. 其中，给定的数集 D 称为函数 $y = f(x)$ 的定义域，x 称为自变量，y 称为因变量. 因变量 y 的取值范围

$$W = \{y \mid y = f(x), x \in D\}$$

称为函数的值域.

函数的概念比较抽象，举个实际生活中的例子：圆的半径为 r，面积为 A，它们之间的关系为 π 倍的圆半径的平方就等于圆的面积 A，那么这就构成了一个函数，即 $A = \pi \cdot r^2$. 其中圆的半径 r 称为自变量，圆的面积 A 称为因变量，π 倍的圆半径的平方等于圆的面积这个关系就称为对应关系. 所有 r 能取到的有实际意义的数值放在一起，称为定义域；相对应的 A 的值放在一起，称为值域.

单值函数：对于自变量 x 取定的一个值，y 有唯一的值与 x 对应，这样的函数称为单值函数.

多值函数：对于自变量 x 取定的一个值，y 有多个值与之对应，这样的函数称为多值函数.

1.1.2.2　函数的三要素

函数的三要素包括：定义域、值域和对应关系. 其中定义域是基础，对应关系是核心.

求函数定义域的基本方法如下：

（1）分式中的分母不为零．

例如，设 $f(x)=\dfrac{2}{x-3}$，那么 $x-3\neq0$，因此 $f(x)$ 的定义域也就是 x 的取值范围，即 $x\in(-\infty,3)\cup(3,+\infty)$．

（2）偶次方根下的数（或式）大于或等于零．

例如，设 $f(x)=\sqrt{x-2}$，那么 $x-2\geqslant0$，因此 $f(x)$ 的定义域也就是 x 的取值范围，即 $x\in[2,+\infty)$．

（3）对数式的底数大于零且不等于1，真数大于零．

例如，设 $f(x)=\log_{x-5}3x$，那么 $x-5>0$ 且 $x-5\neq1$，$3x>0$，因此 $f(x)$ 的定义域也就是 x 的取值范围，即 $x\in(5,6)\cup(6,+\infty)$．

以上几个方面有两个或两个以上同时出现时，先分别求出满足每一个条件的自变量的范围，再取它们的交集，就得到函数的存在域．实际问题中的定义域除了要使解析式有意义（存在域）外，还须考虑实际上的有效范围．

1.1.2.3　两个函数相等的条件

两个函数相等的充分必要条件是其定义域、对应关系分别相同，而与所用字母无关．

例如，$y=x^2$ 与 $u=v^2$ 就是相同的函数．

例 1-1　设 $f(x)=\dfrac{x^2-9}{x-3}$，$g(x)=x+3$，问：它们是否为同一函数？为什么？

答：它们不是同一函数，因为它们的定义域不同．$f(x)$ 的定义域为 $(-\infty,3)\cup(3,+\infty)$，而 $g(x)$ 的定义域为 $(-\infty,+\infty)$．

例 1-2　设 $f(x)=\lg x^{100}$，$g(x)=100\lg x$，问：它们是否为同一函数？为什么？

答：它们不是同一函数，因为它们的定义域不同．$f(x)$ 的定义域为 $(-\infty,0)\cup(0,+\infty)$，而 $g(x)$ 的定义域为 $(0,+\infty)$．

1.1.2.4　函数的几种特性

1. 函数的有界性．

定义 1-2　设 D 为某点集，对于 $x\in D$，函数 $f(x)$ 有定义．如果存在某一正数 M，使得对 $x\in D$，都有

$$|f(x)|\leqslant M,$$

则称函数 $f(x)$ 在 D 内有界．如果找不到这样的正数 M，则称 $f(x)$ 在 D 内无界．

例如，$f(x)=\sin x$，由于对 $x\in(-\infty,+\infty)$ 都有 $|f(x)|=|\sin x|\leqslant1$，所以 $f(x)=\sin x$ 在 $(-\infty,+\infty)$ 内有界．而对于函数 $g(x)=x+1$，对 $x\in(-\infty,+\infty)$，却找不到这样一个正数 M，使得 $|g(x)|=|x+1|\leqslant M$，所以说 $g(x)=x+1$ 在 $(-\infty,+\infty)$ 内无界．

在求极限等后续课程中经常要用到函数的有界性，因此必须记住两个常用的在$(-\infty$，

$+\infty$ ）内的有界函数：$y=\sin x$，$y=\cos x$.

> 简单地说，一个函数是否是有界函数，关键看这个函数是否有最大值和最小值.

2. 函数的奇偶性.

定义 1-3　设函数 $f(x)$ 的定义域 D 关于原点对称，如果对任一 $x\in D$，恒有：

（1）$f(-x)=-f(x)$，则称 $f(x)$ 为奇函数；

（2）$f(-x)=f(x)$，则称 $f(x)$ 为偶函数.

> **注意**：有一类函数，它们既不是奇函数，也不是偶函数，把它们称为非奇非偶函数.

例 1-3　判断下列函数的奇偶性：

（1）$f(x)=5x^2+1$；　（2）$f(x)=2x+3\sin x$；　（3）$f(x)=9x-1$.

解　（1）$f(-x)=5(-x)^2+1=5x^2+1=f(x)$，故 $f(x)$ 为偶函数.

（2）$f(-x)=-2x+3\sin(-x)=-(2x+3\sin x)=-f(x)$，故 $f(x)$ 为奇函数.

（3）$f(-x)=-9x-1$，$f(-x)$ 既不等于 $-f(x)$ 又不等于 $f(x)$，所以该函数为非奇非偶函数.

函数的奇偶性体现在函数的图形上，偶函数的图形是关于 y 轴对称的，如图 1-1（a）所示；奇函数的图形是关于原点对称的，如图 1-1（b）所示.

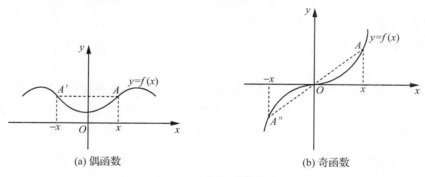

（a）偶函数　　　　　　　　　　（b）奇函数

图 1-1　函数的奇偶性

> 判断函数奇偶性的小窍门：
> 奇函数 × 奇函数 = 偶函数；
> 偶函数 × 偶函数 = 偶函数；
> 奇函数 × 偶函数 = 奇函数.

3. 函数的单调性.

定义 1-4　设函数 $f(x)$ 的定义域为 D，区间 $I\subseteq D$. 若对 $\forall x_1,x_2\in I$，当 $x_1<x_2$ 时，总有 $f(x_1)<f(x_2)$（或 $f(x_1)>f(x_2)$）成立，则称函数 $f(x)$ 在 I 上单调增加（或单调减少）.

若沿着 x 轴的正方向看，单调增加函数的图象是一条上升的曲线，如图 1-2（a）所示；单调减少函数的图象是一条下降的曲线，如图 1-2（b）所示.

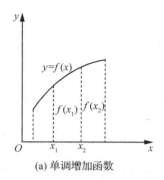

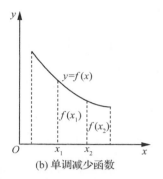

图 1-2　函数的单调性

4. 函数的周期性.

设函数 $f(x)$ 的定义域为 D，如果存在一个正数 l，使得对于 $\forall x \in D$ 且 $x + l \in D$，有 $f(x) = f(x + l)$，则称 $f(x)$ 为周期函数，l 称为 $f(x)$ 的周期. 通常所说的周期指的是最小正周期.

周期函数的图形特点：在函数的定义域内，每个长度为 l 的区间上，函数的图形有相同的形状. 例如，$y = \sin x$ 是周期函数，它的最小正周期是 2π.

1.1.2.5　三角函数

周期性是三角函数的显著特征，具有周期性的事物都可考虑用适当的三角函数来描述. 例如，天文学中的潮汐现象，电学中的交流电，经济规律，医学中的心率、血压，人的生理、情绪等都有周期性.

在电学及工程学中，三角函数占有重要地位，是计算交流电源、频率必不可少的数学工具. 根据高职专业需求，在此简要复习三角函数的计算方法及其图象和性质.

1. 角的表示法.

（1）角度制（以角度作为单位来度量角的单位制）：周角的 $\dfrac{1}{360}$ 为 $1°$ 的角. 周角 $360°$，平角 $180°$，直角 $90°$.

（2）弧度制（以弧度作为单位来度量角的单位制）：把长度等于半径长的弧所对的圆心角称为 1 弧度（rad）的角，记作 1rad.

注意：角度是度数，弧度是数值.

2. 角度与弧度的转换.

（1）$360° = 2\pi\ \text{rad}$；（2）$180° = \pi\ \text{rad}$；（3）$1° = \dfrac{\pi}{180}\ \text{rad}$.

3. 特殊角的三角函数值（表 1-2）.

表 1-2　特殊角的三角函数值

α	0	$\frac{\pi}{6}$	$\frac{\pi}{4}$	$\frac{\pi}{3}$	$\frac{\pi}{2}$	π	$\frac{3\pi}{2}$
sinα	0	$\frac{1}{2}$	$\frac{\sqrt{2}}{2}$	$\frac{\sqrt{3}}{2}$	1	0	−1
cosα	1	$\frac{\sqrt{3}}{2}$	$\frac{\sqrt{2}}{2}$	$\frac{1}{2}$	0	−1	0
tanα	0	$\frac{\sqrt{3}}{3}$	1	$\sqrt{3}$	不存在	0	不存在
cotα	不存在	$\sqrt{3}$	1	$\frac{\sqrt{3}}{3}$	0	不存在	0

4. 象限问题.

如图 1-3 所示,第二、三、四象限角均可用第一象限角表示.

各个三角函数在四个象限内的符号如图 1-4 所示.

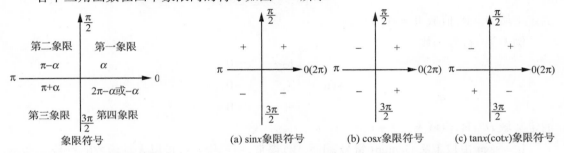

图 1-3　第二、三、四象限角用
　　　　第一象限角表示

(a) sin$x$象限符号　　(b) cos$x$象限符号　　(c) tan$x$(cot$x$)象限符号

图 1-4　各个三角函数在四个象限内的符号

1.1.2.6　反函数的图象

互为反函数的两个函数图象关于直线 $y = x$ 对称.

1.1.2.7　分段函数

定义 1-5　一个函数在自变量的不同取值范围内用不同的解析式表示,这种函数称为分段函数.

两点基本认识:

(1) 分段函数是一个函数,不要因其有多个不同解析式就认为是多个函数;

(2) 分段函数的定义域是各段定义域的并集,值域是各段值域的并集.

求分段函数的值时,首先应确定自变量在定义域中所在的范围,然后按相应的对应法则求值.

例 1-4 设函数

$$f(x) = \begin{cases} 2x+1, & x \geqslant 0, \\ x-1, & x < 0. \end{cases}$$

求:$f(-1)$,$f(3)$,$f(0)$.

解 $f(-1) = -1-1 = -2$,$f(3) = 2 \times 3 + 1 = 7$,

$f(0) = 0 + 1 = 1$.

例 1-5 绝对值函数

$$y = |x|$$

的定义域 $D = (-\infty, +\infty)$,值域 $W = [0, +\infty)$,

如图 1-5 所示.

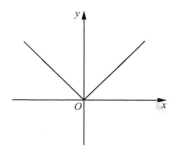

图 1-5 绝对值
函数 $y = |x|$ 的图象

例 1-6 狄利克雷函数

$$D(x) = \begin{cases} 1, & x \text{ 是有理数}, \\ 0, & x \text{ 是无理数} \end{cases}$$

的定义域 $D = \mathbf{R}$,值域 $W = \{0, 1\}$.

例 1-7 符号函数

$$\operatorname{sgn} x = \begin{cases} 1, & x > 0, \\ 0, & x = 0, \\ -1, & x < 0 \end{cases}$$

的定义域 $D = \mathbf{R}$,值域 $W = \{-1, 0, 1\}$.

记号 sgn 由拉丁文 signum(符号,正负号)得来,用符号函数可以表示函数的符号.

绝对值函数可以用记号 sgn 表示为 $|x| = x \operatorname{sgn} x$,如图 1-6 所示.

例 1-8 取整函数. 设 x 为任一实数,不超过 x 的最大整数称为 x 的整数部分,记作 $[x]$,称 $y = [x]$ 为取整函数. 它的定义域 $D = \mathbf{R}$,值域 $W = \mathbf{Z}$,如图 1-7 所示.

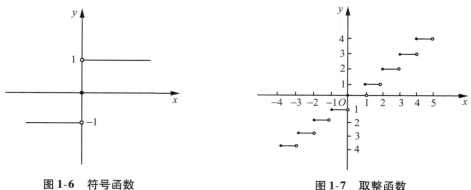

图 1-6 符号函数　　　　　　　　图 1-7 取整函数

1.1.2.8 复合函数

在日常生活中,存在很多复杂的现象,有时用一个函数并不能简单地揭示事件的本质,这时我们可以通过函数之间的复合得到新的函数. 例如,设 $y = \sin u$,而 $u = \mathrm{e}^v$,$v = 3x - 2$,则将

$v = 3x - 2$ 代入 $u = e^v$，可得 $u = e^{3x-2}$，再把 $u = e^{3x-2}$ 代入 $y = \sin u$，可得

$$y = \sin e^{3x-2},$$

于是，称 $y = \sin e^{3x-2}$ 是由 $y = \sin u$，$u = e^v$ 及 $v = 3x - 2$ 复合而成的复合函数，把 u, v 称为中间变量.

定义 1-6　设 $y = f(u)$，$u = \varphi(x)$，若 $y = f[\varphi(x)]$ 有意义，则称 $y = f[\varphi(x)]$ 为函数 $y = f(u)$，$u = \varphi(x)$ 复合而成的复合函数，称 u 为中间变量.

对于 $y = f[\varphi(x)]$，φ 是内层函数，f 是外层函数.

例 1-9　设 $y = \sin u$，$u = 7 - 3x^2$，则 $y = \sin(7 - 3x^2)$ 就是以 $u = 7 - 3x^2$ 为中间变量的复合函数.

注意：并不是任意两个函数都可以复合成一个复合函数. 例如，对于 $y = \ln u$，$u = -x^2$.

例 1-10　将下列各函数表示成 x 的复合函数：

（1）$y = \sqrt[3]{u+2}$，$u = \sin v$，$v = 3x$；　　　　（2）$y = \ln u$，$u = 3 + 2v^2$，$v = e^x$.

解　（1）$y = \sqrt[3]{u+2} = \sqrt[3]{\sin v + 2} = \sqrt[3]{\sin 3x + 2}$，即 $y = \sqrt[3]{\sin 3x + 2}$.

（2）$y = \ln u = \ln(3 + 2v^2) = \ln[3 + 2(e^x)^2] = \ln(3 + 2e^{2x})$，即 $y = \ln(3 + 2e^{2x})$.

例 1-11　将下列复合函数分解：

（1）$y = e^{\sqrt{1-x^2}}$；　　　　（2）$y = \sin^5(3x - 1)$.

解　（1）$y = e^u$，$u = \sqrt{v}$，$v = 1 - x^2$.

（2）$y = u^5$，$u = \sin v$，$v = 3x - 1$.

注意：

（1）复合不是简单的加减乘除，而是构建了一种新运算.

（2）复合函数的分解一般从最外层（或最左层）向内层一层一层分解，每次分解函数大多是基本初等函数.

（3）函数的复合与复合函数的分解顺序相反，一般从最内层（最右层）一层一层代入，最终复合成复合函数.

1.1.2.9　初等函数

定义 1-7　幂函数、指数函数、对数函数、三角函数、反三角函数五大类函数称为基本初等函数.

定义 1-8　由常数及基本初等函数经过有限次四则运算和有限次函数复合所构成的并且可以用一个式子表示的函数，称为初等函数.

例如，$y = (2x + 5)^8$，$y = \dfrac{2x + 1}{x^2 - x - 6}$，$y = e^{\cos \frac{1}{x}}$ 就是初等函数，而 $y = \sin x + \sin 2x + \cdots + \sin nx$ 就不是初等函数.

【案例解答】

解 （1）设工资、薪金所得为 x 元，由表 1-1 可得

$$f(x) = \begin{cases} 0 & x \leq 3500 \\ (x-3500) \cdot 3\% & 3500 < x \leq 5000 \\ 45 + (x-5000) \cdot 10\% & 5000 < x \leq 8000 \\ 45 + 300 + (x-8000) \cdot 20\% & 8000 < x \leq 12500 \\ 45 + 300 + 900 + (x-12500) \cdot 25\% & 12500 < x \leq 38500 \\ 45 + 300 + 900 + 6500 + (x-38500) \cdot 30\% & 38500 < x \leq 58500 \\ 45 + 300 + 900 + 6500 + 6000 + (x-58500) \cdot 35\% & 58500 < x \leq 83500 \\ 45 + 300 + 900 + 6500 + 6000 + 8750 + (x-83500) \cdot 55\% & x > 83500 \end{cases}$$

（2）李先生 12 月工资为 56000 元，因此 $38500 < x \leq 58500$，李先生 12 月应纳税为

$$f(x) = 45 + 300 + 900 + 6500 + (56000 - 38500) \cdot 30\% = 12995（元）.$$

1.1.3 专业应用案例

例 1-12 一艘装满化工染料的轮船由于发生事故导致化工染料泄漏，政府想要控制染料的进一步污染范围。由于泄出染料表面积 S 将随时间 t 的增加而不断扩大，探讨染料表面积随时间的大致变化规律。

解 此题条件不够充分，因而有一定的开放性，可通过提出假设来解决此问题。为了明确与简化问题，假设染料面始终呈圆形，再假设圆的半径为 r，随时间 t 的变化规律为

$$r = g(t) = 1 + t,$$

则由 $S = \pi r^2$ 得到复合函数

$$S = \pi r^2 = \pi(1+t)^2.$$

例 1-13 某城市出租车的收费标准是：行程 3 km 以内收费为起步价 7 元，超过 3 km 的部分按每千米 1.5 元计费。试求出租车车费与行车里程之间的函数关系式。

解 设乘客的行程为 x km，出租车车费为 y 元，则由收费标准知：

$$y = f(x) = \begin{cases} 7, & 0 \leq x \leq 3, \\ 7 + 1.5(x-3), & x > 3. \end{cases}$$

练习题 1.1

1. 下列函数是否相同？为什么？

（1）$f(x) = \lg x^2, g(x) = 2\lg x$；　　　　　　　（2）$f(x) = x, g(x) = \sqrt{x^2}$；

（3）$f(x) = x, g(x) = (\sqrt{x})^2$；　　　　　　　（4）$f(x) = e^{2x}, g(x) = (e^x)^2$.

2. 设 $f(x) = 2x^2 - 3x + 7$，求：$f(0), f(4), f(a), f(x+1)$.

3. 设 $f(x) = \begin{cases} 1+x, & -\infty < x \leqslant 0, \\ 2^x, & 0 < x < +\infty, \end{cases}$ 求：$f(-2)$，$f(-1)$，$f(0)$，$f(2)$.

4. 求下列函数的定义域：

(1) $y = \dfrac{1}{x^2+1}$；

(2) $y = \dfrac{2x}{x^2-3x+2}$；

(3) $y = \dfrac{1}{x} - \sqrt{1-x^2}$；

(4) $y = \log_2 \dfrac{1}{1-x} + \sqrt{x+3}$；

(5) $y = \sqrt{x^2-3x+2} + \ln(5-x)$；

(6) $y = \ln(\ln x)$；

(7) $y = \begin{cases} x^2+1, & 1 < x < 2, \\ x^2-1, & 2 < x \leqslant 4 \end{cases}$；

(8) $y = \dfrac{\sqrt{x+2}}{x} + \ln(x-1)$.

5. 设 $f(x)$ 的定义域为 $(0,1)$，求 $f(\tan x)$ 的定义域.

6. 判断下列函数的奇偶性：

(1) $y = 3x^2 - 5x^6$；

(2) $y = a^2 + a^{-x}(a>0)$；

(3) $y = \dfrac{1-x^2}{1+x^2}$；

(4) $y = x(x+1)(x-1)$；

(5) $y = \log_2(2 + \sqrt{x^2+1})$；

(6) $y = e^{-x^2} + x$.

7. 设 $f(x) = \dfrac{x}{1-x}$，求 $f[f(x)]$.

8. 设 $y = u^2$，$u = \log_3 x$，将 y 表示成 x 的函数.

9. 分解下列复合函数：

(1) $y = \sqrt{3x-1}$；

(2) $y = \sin 5x$；

(3) $y = \lg(1+2x)$；

(4) $y = (1 + \lg^3 x)^6$；

(5) $y = \sqrt{\lg \sqrt{x}}$；

(6) $y = \lg(\arcsin x^5)$；

(7) $y = e^{\sqrt{x+1}}$；

(8) $y = \cos^3(2x+1)$.

10. 写出图象如图 1-8 所示的函数关系式 $(a>0, b>0)$.

11. 在半径为 R 的球内作一内接圆柱体，如图 1-9 所示，试将圆柱体的体积 V 表示为圆柱体的高 h 的函数，并求此函数的定义域.

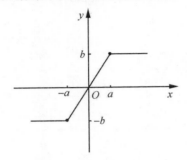

图 1-8　第 10 题图

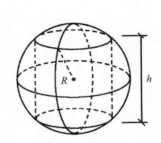

图 1-9　第 11 题图

任务1.2 极 限

任务内容

- 完成与极限概念及性质相关的工作页；
- 学习与极限相关的知识；
- 理解函数极限、分段函数极限存在的充要条件.

任务目标

- 掌握极限的基本概念；
- 掌握求函数极限的方法.

1.2.1 工作任务

熟悉如下工作页，了解本任务学习内容. 在学习相关知识后，利用工作页在教师的指导下完成本任务，同时完成工作页内相关内容的填写.

任务工作页

1. 自变量 x 的 7 种趋近形式：
   (1) _____ (2) _____
   (3) _____ (4) _____
   (5) _____ (6) _____
   (7) _____
2. 无穷小的判断方法：

   _____
3. 求极限的 10 种方法：
   (1) _____ (2) _____
   (3) _____ (4) _____
   (5) _____ (6) _____
   (7) _____ (8) _____
   (9) _____ (10) _____

【案例引入】 古代截丈问题

中国春秋战国时期的哲学家庄子(公元 4 世纪)在《庄子·天下篇》一书中对"截丈问题"有一段名言："一尺之棰，日取其半，万世不竭."它反映的数学思想是：假设有长度为 1 尺的木棒,每天截去一半,经 n 次截取后,剩余木棒的长度依次为 $\frac{1}{2},\frac{1}{4},\frac{1}{6},\frac{1}{16},\cdots,\frac{1}{2^n}$,显然,不管截取多少次,木棒总有剩余,不可穷尽.但另一方面,我们也发现剩余的木棒的总长度越来越小,其变化趋势将会变为多少?

1.2.2　学习提升

极限是研究微积分的方法,在微积分课程中几乎所有的概念都以极限概念为基础.所以,极限概念是微积分中的重要概念,极限理论是微积分中最为基础的理论.

1.2.2.1　极限的概念

在某一自然保护区中生长的一群野生动物,其群体数量会逐渐增长,但随着时间 t 的推移,由于自然保护区内各种资源的限制,这一动物群体不可能无限地增大,它应达到某一饱和状态,饱和状态就是时间 $t\to\infty$ 时野生动物群的数量.

很显然,截丈问题与野生动物数量问题有一个共同的特征:当自变量逐渐增大时,相应的函数值接近于某一常数.

定义 1-9　简单地说,若自变量 $x\to x_0$(或属于以下 7 种趋近形式中的一种)时,函数 $f(x)$ 无限地趋近于某一确定的数值 A,则称函数 $f(x)$ 在自变量 $x\to x_0$(或属于以下 7 种趋近形式中的一种)时有极限,极限值为 A,记作

$$\lim_{x\to x_0}f(x)=A \text{ 或 } f(x)\to A(\text{当 } x\to x_0).$$

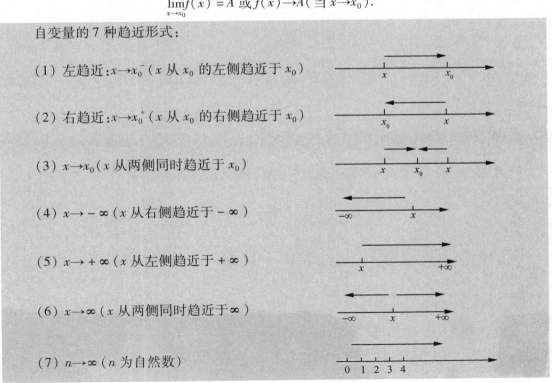

自变量的 7 种趋近形式:

(1) 左趋近:$x\to x_0^-$(x 从 x_0 的左侧趋近于 x_0)

(2) 右趋近:$x\to x_0^+$(x 从 x_0 的右侧趋近于 x_0)

(3) $x\to x_0$(x 从两侧同时趋近于 x_0)

(4) $x\to-\infty$(x 从右侧趋近于 $-\infty$)

(5) $x\to+\infty$(x 从左侧趋近于 $+\infty$)

(6) $x\to\infty$(x 从两侧同时趋近于 ∞)

(7) $n\to\infty$(n 为自然数)

1.2.2.2 无穷大与无穷小

定义 1-10 以零为极限的变量称无穷小.

例如,若 $\lim\limits_{x\to\infty}\dfrac{1}{3x^2+2}=0$,则函数 $f(x)=\dfrac{1}{3x^2+2}$ 是 $x\to\infty$ 时的无穷小. 类似地,因为 $\lim\limits_{x\to5}(2x-10)=0$,所以 $f(x)=2x-10$ 就是 $x\to5$ 时的无穷小.

注意:

(1) 0 是特殊的无穷小.

这是因为无论自变量属于哪种趋近形式,0 的极限都是 0. 而 0 虽然是常量,但常量可以看成是不变的变量,所以 0 符合无穷小的定义.

(2) 除了 0 以外,无穷小一般只能是在一定极限过程中的无穷小,它的存在是有条件的、相对的. 例如,尽管 $\lim\limits_{x\to5}(2x-10)=0$,但不能离开条件说 $f(x)=2x-10$ 是无穷小,因为当 $x\to2$ 时,极限 $\lim\limits_{x\to2}(2x-10)=-6$,不等于 0,此时 $f(x)=2x-10$ 不是无穷小,只有当 $x\to5$ 时 $f(x)=2x-10$ 才是无穷小. 因此必须说"$f(x)=2x-10$ 是当 $x\to5$ 时的无穷小".

(3) 无穷小不是"很小"或"十分小""非常小"的数. 只要绝对值不等于零,则不论取值多么小的常数,都不是无穷小.

定义 1-11 对任意大的正数 M,在自变量 x 的某一趋近形式下,若有 $|f(x)|>M$,则称函数 $f(x)$ 为该趋近形式下的无穷大,记为 $\lim f(x)=\infty$.

无穷大分为正无穷大和负无穷大两种,记为 $\lim f(x)=+\infty$,$\lim f(x)=-\infty$.

定理 1-1(无穷大与无穷小的关系) 在自变量 x 的同一趋近过程中,若 $f(x)$ 是无穷大,则 $\dfrac{1}{f(x)}$ 为同一极限过程中的无穷小;反之,若 $f(x)$ 是无穷小且 $f(x)\neq0$,则 $\dfrac{1}{f(x)}$ 为同一极限过程中的无穷大.

1.2.2.3 极限的计算方法

1. 代入法(适用于代入 x 的趋近值后可得到确切数值的情况).

例 1-14 求 $\lim\limits_{x\to4}(5x^2+2x-7)$.

解 $\lim\limits_{x\to4}(5x^2+2x-7)=5\times4^2+2\times4-7=81$.

例 1-15 求 $\lim\limits_{x\to1}\dfrac{7x^2+2x-3}{9x^3+5x+4}$.

解 $\lim\limits_{x\to1}\dfrac{7x^2+2x-3}{9x^2+5x+4}=\dfrac{7\times1^2+2-3}{9\times1^2+5+4}=\dfrac{6}{18}=\dfrac{1}{3}$.

初等函数在其有定义的区间内连续,因此初等函数求极限将变得特别简单:即求极限 $\lim\limits_{x\to x_0}f(x)$,只需求 $f(x)$ 在 $x=x_0$ 处的函数值 $f(x_0)$ 就可以了.

2. 消零因子法(适用于分子、分母可因式分解,且能够消去零因子的情况).

例 1-16　$\lim\limits_{x\to 5}\dfrac{x-5}{x^2-25}$.

解　$\lim\limits_{x\to 5}\dfrac{x-5}{x^2-25}=\lim\limits_{x\to 5}\dfrac{x-5}{(x+5)(x-5)}=\lim\limits_{x\to 5}\dfrac{1}{x+5}=\dfrac{1}{10}$.

例 1-17　求 $\lim\limits_{x\to 3}\dfrac{x-3}{x^2-5x+6}$.

解　$\lim\limits_{x\to 3}\dfrac{x-3}{x^2-5x+6}=\lim\limits_{x\to 3}\dfrac{x-3}{(x-2)(x-3)}=\lim\limits_{x\to 3}\dfrac{1}{x-2}=1$.

例 1-18　求 $\lim\limits_{x\to 6}\sqrt{\dfrac{x-6}{x^2-7x+6}}$.

解　$\lim\limits_{x\to 6}\sqrt{\dfrac{x-6}{x^2-7x+6}}=\lim\limits_{x\to 6}\sqrt{\dfrac{x-6}{(x-6)(x-1)}}=\lim\limits_{x\to 6}\sqrt{\dfrac{1}{x-1}}=\sqrt{\dfrac{1}{5}}=\dfrac{\sqrt{5}}{5}$.

3. 同除以 x 的最高次幂法(适用于 $x\to\infty$ 的情况).

例 1-19　求 $\lim\limits_{x\to\infty}\dfrac{2x^3+4x-1}{3x^3-5x+2}$.

解　$\lim\limits_{x\to\infty}\dfrac{2x^3+4x-1}{3x^3-5x+2}=\lim\limits_{x\to\infty}\dfrac{\dfrac{2x^3+4x-1}{x^3}}{\dfrac{3x^3-5x+2}{x^3}}=\lim\limits_{x\to\infty}\dfrac{2+\dfrac{4}{x^2}-\dfrac{1}{x^3}}{3-\dfrac{5}{x^2}+\dfrac{2}{x^3}}=\dfrac{2+0-0}{3-0+0}=\dfrac{2}{3}$.

例 1-20　求 $\lim\limits_{x\to\infty}\dfrac{2x^2+4x-1}{3x^3-5x+2}$.

解　$\lim\limits_{x\to\infty}\dfrac{2x^2+4x-1}{3x^3-5x+2}=\lim\limits_{x\to\infty}\dfrac{\dfrac{2x^2+4x-1}{x^3}}{\dfrac{3x^3-5x+2}{x^3}}=\lim\limits_{x\to\infty}\dfrac{\dfrac{2}{x}+\dfrac{4}{x^2}-\dfrac{1}{x^3}}{3-\dfrac{5}{x^2}+\dfrac{2}{x^3}}=\dfrac{0+0-0}{3-0+0}=0$.

例 1-21　求 $\lim\limits_{x\to\infty}\dfrac{2x^3+4x-1}{3x^2-5x+2}$.

解　$\lim\limits_{x\to\infty}\dfrac{2x^3+4x-1}{3x^2-5x+2}=\lim\limits_{x\to\infty}\dfrac{\dfrac{2x^3+4x-1}{x^3}}{\dfrac{3x^2-5x+2}{x^3}}=\lim\limits_{x\to\infty}\dfrac{2+\dfrac{4}{x^2}-\dfrac{1}{x^3}}{\dfrac{3}{x}-\dfrac{5}{x^2}+\dfrac{2}{x^3}}=\dfrac{2+0-0}{0-0+0}=\infty$.

> **小窍门:** 当 $a_0\neq 0, b_0\neq 0, m,n$ 为正整数时,则有
>
> $$\lim\limits_{x\to\infty}\dfrac{a_0x^m+a_1x^{m-1}+\cdots+a_m}{b_0x^n+b_1x^{n-1}+\cdots+b_n}=\begin{cases}\dfrac{a_0}{b_0}, & m=n,\\[2mm] 0, & m<n,\\[2mm] \infty, & m>n.\end{cases}$$

以上结论在解题中可直接运用.

例 1-22 求下列各极限:

(1) $\lim\limits_{x\to\infty}\dfrac{(x-12)^4(x+1)^5}{(7x-3)^9}$; (2) $\lim\limits_{n\to\infty}\dfrac{(n+1)(n+2)(n+3)}{4n^3}$.

解 (1) $\lim\limits_{x\to\infty}\dfrac{(x-12)^4(x+1)^5}{(7x-3)^9}=\lim\limits_{x\to\infty}\dfrac{\left(1-\dfrac{12}{x}\right)^4\left(1+\dfrac{1}{x}\right)^5}{\left(7-\dfrac{3}{x}\right)^9}=\dfrac{1}{7^9}$.

(2) $\lim\limits_{n\to\infty}\dfrac{(n+1)(n+2)(n+3)}{4n^3}=\dfrac{1}{4}\lim\limits_{n\to\infty}\left(1+\dfrac{1}{n}\right)\left(1+\dfrac{2}{n}\right)\left(1+\dfrac{3}{n}\right)$

$\qquad\qquad=\dfrac{1}{4}\lim\limits_{n\to\infty}\left(1+\dfrac{1}{n}\right)\lim\limits_{n\to\infty}\left(1+\dfrac{2}{n}\right)\lim\limits_{n\to\infty}\left(1+\dfrac{3}{n}\right)=\dfrac{1}{4}$.

4. 共轭有理式法(适用于有根号且代入后为 $\dfrac{0}{0}$ 型或 $\dfrac{\infty}{\infty}$ 型的情况).

例 1-23 求极限 $\lim\limits_{x\to3}\dfrac{\sqrt{x+6}-3}{x-3}$.

解 $\lim\limits_{x\to3}\dfrac{\sqrt{x+6}-3}{x-3}=\lim\limits_{x\to3}\dfrac{\sqrt{x+6}-3}{x-3}\cdot\dfrac{\sqrt{x+6}+3}{\sqrt{x+6}+3}$

$\qquad\qquad=\lim\limits_{x\to3}\dfrac{x+6-9}{(x-3)(\sqrt{x+6}+3)}=\dfrac{1}{6}$.

5. 颠倒法(适用于代入后为 $\dfrac{1}{0}$ 型或 ∞ 型的情况).

例 1-24 求极限 $\lim\limits_{x\to3}\dfrac{x+4}{x-3}$.

解 因为 $\lim\limits_{x\to3}\dfrac{x-3}{x+4}=0$,则根据无穷小与无穷大的关系定理,得

$$\lim\limits_{x\to3}\dfrac{x+4}{x-3}=\infty.$$

例 1-25 求极限 $\lim\limits_{x\to\infty}(x+2)$.

解 因为 $\lim\limits_{x\to\infty}\dfrac{1}{x+2}=0$,则根据无穷小与无穷大的关系定理,得

$$\lim\limits_{x\to\infty}(x+2)=\infty.$$

6. 有界函数与无穷小的乘积是无穷小.

例 1-26 求极限 $\lim\limits_{x\to\infty}\dfrac{\sin x}{x}$.

解 $\lim\limits_{x\to\infty}\dfrac{\sin x}{x}=\lim\limits_{x\to\infty}\dfrac{1}{x}\cdot\sin x$.

因为在 $(-\infty,+\infty)$ 内,$|\sin x|\leqslant1$,所以函数 $f(x)=\sin x$ 在 $(-\infty,+\infty)$ 内是有界函数.

因为 $\lim\limits_{x\to\infty}\dfrac{1}{x}=0$,所以 $f(x)=\dfrac{1}{x}$ 是 $x\to\infty$ 时的无穷小.

根据有界函数与无穷小的乘积是无穷小,得

$$\lim_{x \to \infty} \frac{\sin x}{x} = 0.$$

> 求有界函数与无穷小的乘积是无穷小类型极限的步骤:
> (1) 利用除以一个数等于乘以这个数的倒数,把除法的极限变成乘法的极限;
> (2) 证明一个函数是有界函数(一般是 $\sin x$ 或 $\cos x$);
> (3) 证明另一个函数是无穷小;
> (4) 根据有界函数与无穷小的乘积是无穷小得出结论.

7. 若 $\sin x$、$\tan x$、$\arcsin x$、$\arctan x$ 后的变量趋于 0,则去掉 $\sin$、$\tan$、$\arcsin$、$\arctan$.

例1-27 求 $\lim\limits_{x \to 0} \dfrac{\sin 3x}{\tan 7x}$.

解 $\lim\limits_{x \to 0} \dfrac{\sin 3x}{\tan 7x} = \lim\limits_{x \to 0} \dfrac{3x}{7x} = \dfrac{3}{7}$.

例1-28 求 $\lim\limits_{x \to 0} \dfrac{\sin 5x}{8x^2 + x}$.

解 $\lim\limits_{x \to 0} \dfrac{\sin 5x}{8x^2 + x} = \lim\limits_{x \to 0} \dfrac{5x}{8x^2 + x} = \lim\limits_{x \to 0} \dfrac{5}{8x + 1} = 5$.

例1-29 求 $\lim\limits_{x \to 0} \dfrac{1 - \cos 2x}{3x^2}$.

解 $\lim\limits_{x \to 0} \dfrac{1 - \cos 2x}{3x^2} = \lim\limits_{x \to 0} \dfrac{2\sin^2 x}{3x^2} = \dfrac{2}{3} \lim\limits_{x \to 0} \left(\dfrac{\sin x}{x} \right)^2 = \dfrac{2}{3}$.

例1-30 求 $\lim\limits_{x \to 5} \dfrac{\sin(x^2 - 25)}{x - 5}$.

解 $\lim\limits_{x \to 5} \dfrac{\sin(x^2 - 25)}{x - 5} = \lim\limits_{x \to 5} \dfrac{x^2 - 25}{x - 5} = \lim\limits_{x \to 5} \dfrac{(x + 5)(x - 5)}{x - 5} = 10$.

例1-31 求 $\lim\limits_{x \to \infty} x \cdot \sin \dfrac{7}{x}$.

解 $\lim\limits_{x \to \infty} x \cdot \sin \dfrac{7}{x} = \lim\limits_{x \to \infty} x \cdot \dfrac{7}{x} = 7$.

> **注意**:不能滥用等价无穷小替换,等价无穷小替换仅适用于乘积表达式的极限运算,对于代数和中各无穷小不能分别替换.

例1-32 求 $\lim\limits_{x \to 0} \dfrac{\sin x - \tan x}{x^3}$.

错解 $\lim\limits_{x \to 0} \dfrac{\sin x - \tan x}{x^3} = \lim\limits_{x \to 0} \dfrac{x - x}{x^3} = 0$.

正解 $\lim\limits_{x \to 0} \dfrac{\sin x - \tan x}{x^3} = \lim\limits_{x \to 0} \dfrac{\sin x - \dfrac{\sin x}{\cos x}}{x^3} = \lim\limits_{x \to 0} \left(\dfrac{\sin x \cos x - \sin x}{x^3} \cdot \dfrac{1}{\cos x} \right)$

$$= \lim_{x \to 0}\left[\frac{-\sin x(1-\cos x)}{x^3} \cdot \frac{1}{\cos x}\right] = \lim_{x \to 0}\left[\frac{-\sin x\left(2\sin^2\dfrac{x}{2}\right)}{x^3} \cdot \frac{1}{\cos x}\right]$$

$$= \lim_{x \to 0}\left[\frac{-2x\left(\dfrac{x}{2}\right)^2}{x^3} \cdot \frac{1}{\cos x}\right] = -\frac{1}{2}.$$

8. 特殊极限.

特殊极限

$$\lim_{x \to 0}\frac{\sin x}{x} = 1.$$

说明:

(1) 本重要极限不同上述的其他极限;

(2) 本极限的一般形式:

$$\lim_{\square \to 0}\frac{\sin \square}{\square} = 1.$$

例 1-33 求 $\lim\limits_{x \to 0}\dfrac{\tan x}{x}$.

解 $\lim\limits_{x \to 0}\dfrac{\tan x}{x} = \lim\limits_{x \to 0}\dfrac{\sin x}{x} \cdot \dfrac{1}{\cos x} = \lim\limits_{x \to 0}\dfrac{\sin x}{x} \cdot \lim\limits_{x \to 0}\dfrac{1}{\cos x} = 1.$

例 1-34 求 $\lim\limits_{x \to 0}\dfrac{1-\cos x}{x^2}$.

解 $\lim\limits_{x \to 0}\dfrac{1-\cos x}{x^2} = \lim\limits_{x \to 0}\dfrac{2\sin^2\dfrac{x}{2}}{x^2} = \dfrac{1}{2}\lim\limits_{x \to 0}\dfrac{\sin^2\dfrac{x}{2}}{\left(\dfrac{x}{2}\right)^2} = \dfrac{1}{2}\lim\limits_{x \to 0}\left(\dfrac{\sin\dfrac{x}{2}}{\dfrac{x}{2}}\right)^2 = \dfrac{1}{2} \times 1^2 = \dfrac{1}{2}.$

例 1-35 求 $\lim\limits_{x \to 0}\dfrac{x-\sin 2x}{x+\sin 2x}$.

解 $\lim\limits_{x \to 0}\dfrac{x-\sin 2x}{x+\sin 2x} = \lim\limits_{x \to 0}\dfrac{1-\dfrac{\sin 2x}{x}}{1+\dfrac{\sin 2x}{x}} = \lim\limits_{x \to 0}\dfrac{1-2 \cdot \dfrac{\sin 2x}{2x}}{1+2 \cdot \dfrac{\sin 2x}{2x}} = \dfrac{1-2}{1+2} = -\dfrac{1}{3}.$

特殊极限

$$\lim_{x \to \infty}\left(1+\frac{1}{x}\right)^x = \mathrm{e}.$$

说明

(1) 本重要极限给出了无理数 e 的一个来源;

(2) 本极限问题的其他变形形式有:

$$\lim_{n \to \infty}\left(1+\frac{1}{n}\right)^n = \mathrm{e}, \lim_{x \to 0}(1+x)^{\frac{1}{x}} = \mathrm{e}.$$

为了方便记忆,可以把这个特殊极限 $\lim\limits_{x\to\infty}\left(1+\dfrac{1}{x}\right)=\mathrm{e}$ 的本质特征总结成以下四点:

(1) 函数有 1;

(2) 1 后面要有 +;

(3) + 后面的变量一定要趋于 0;

(4) 次数与 + 后面的变量要互为倒数.

符合这四点,那么极限值就为 e.

例 1-36 求 $\lim\limits_{x\to\infty}\left(1-\dfrac{4}{x}\right)^{x}$.

解 $\lim\limits_{x\to\infty}\left(1-\dfrac{4}{x}\right)^{x}=\lim\limits_{x\to\infty}\left\{\left[1+\left(\dfrac{4}{-x}\right)\right]^{\frac{-x}{4}}\right\}^{-4}=\mathrm{e}^{-4}$.

例 1-37 求 $\lim\limits_{x\to 0}(1+9x)^{\frac{1}{x}}$.

解 $\lim\limits_{x\to 0}(1+9x)^{\frac{1}{x}}=\lim\limits_{x\to 0}\left[(1+9x)^{\frac{1}{9x}}\right]^{9}=\mathrm{e}^{9}$.

例 1-38 求 $\lim\limits_{x\to\infty}\left(1+\dfrac{1}{2x}\right)^{6x+4}$.

解 $\lim\limits_{x\to\infty}\left(1+\dfrac{1}{2x}\right)^{6x+4}=\lim\limits_{x\to\infty}\left(1+\dfrac{1}{2x}\right)^{2x\cdot\frac{1}{2x}\cdot 6x+4}$

$\qquad\qquad =\lim\limits_{x\to\infty}\left(1+\dfrac{1}{2x}\right)^{2x\cdot\frac{6x}{2x}}\cdot\left(1+\dfrac{1}{2x}\right)^{4}$

$\qquad\qquad =\mathrm{e}^{3}$.

小窍门:通过以上例子可以总结出一个规律,只要符合四个特征,极限值 e 的次数就是 x 的系数的乘积. 例如,例 1-38 中 x 的系数是 $\dfrac{1}{2}$ 和 6,乘积是 3,因此极限值为 e^{3}.

例 1-39 求 $\lim\limits_{x\to\infty}\left(\dfrac{2x+1}{2x-1}\right)^{x}$.

解 $\lim\limits_{x\to\infty}\left(\dfrac{2x+1}{2x-1}\right)^{x}=\lim\limits_{x\to\infty}\left(1+\dfrac{2x+1}{2x-1}-1\right)^{x}=\lim\limits_{x\to\infty}\left[\left(1+\dfrac{2}{2x-1}\right)\right]^{x}$

$\qquad\qquad =\lim\limits_{x\to\infty}\left[\left(1+\dfrac{2}{2x-1}\right)^{\frac{2x-1}{2}}\right]^{\frac{2}{2x-1}\cdot x}=\lim\limits_{x\to\infty}\mathrm{e}^{\frac{2x}{2x-1}}=\mathrm{e}$.

小窍门:若函数不具有上面所说的四个特征,要想办法凑出这四个特征.

9. 分段函数求极限(适用于分段函数).

单侧极限：

（1）左极限. 若当 $x \to x_0^-$ 时，$f(x)$ 无限接近于某常数 A，则常数 A 就称为函数 $f(x)$ 当 $x \to x_0$ 时的左极限，记为 $\lim\limits_{x \to x_0^-} f(x) = A$ 或 $f(x_0 - 0) = A$；

（2）右极限. 若当 $x \to x_0^+$ 时，$f(x)$ 无限接近于某常数 A，则常数 A 就称为函数 $f(x)$ 当 $x \to x_0$ 时的右极限，记为 $\lim\limits_{x \to x_0^+} f(x) = A$ 或 $f(x_0 + 0) = A$.

定理 1-2 $\lim\limits_{x \to x_0} f(x) = A$ 的充要条件是 $f(x_0 - 0) = f(x_0 + 0) = A$.

例 1-40 已知

$$f(x) = \begin{cases} 2x - 1, & x > 1, \\ -3, & x = 1, \\ -x + 2, & x < 1. \end{cases}$$

求：$\lim\limits_{x \to 1} f(x)$，$f(1)$.

解 由于 $f(1 - 0) = 1$，$f(1 + 0) = 1$，故 $f(1 - 0) = f(1 + 0) = 1$，所以

$$\lim\limits_{x \to 1} f(x) = 1.$$

而由函数表达式即得 $f(1) = -3$.

注意：

（1）一个分段函数在分段点处可能有极限，也可能没有极限；

（2）一个分段函数在分段点处的极限值与分段点处的函数值无关.

例 1-41 已知

$$f(x) = \begin{cases} x + 7, & x > 0, \\ 5, & x = 0, \\ x - 9, & x < 0. \end{cases}$$

求：$f(-0)$，$f(+0)$，$\lim\limits_{x \to 0} f(x)$.

解 由于 $f(-0) = -9$，$f(+0) = 7$，则

$$f(-0) \neq f(+0)，$$

所以 $\lim\limits_{x \to 0} f(x)$ 不存在.

求分段函数极限的步骤：

（1）求出左极限 $f(x_0 - 0)$；

（2）求出右极限 $f(x_0 + 0)$；

（3）判断左极限和右极限是否相等；

（4）若 $f(x_0 - 0) = f(x_0 + 0) = A$，则 $\lim\limits_{x \to x_0} f(x) = A$，若 $f(x_0 - 0) \neq f(x_0 + 0)$，则 $\lim\limits_{x \to x_0} f(x)$ 不存在.

【案例解答】

解   通过极限知识的学习可知,由于剩余木棒的长度依次为 $\frac{1}{2}$, $\frac{1}{4}$, $\frac{1}{8}$, $\frac{1}{16}$, $\cdots$, $\frac{1}{2^n}$, 当次

数 $n \to \infty$ 时可将木棒长度用极限表示,记作 $\lim\limits_{n \to \infty} \frac{1}{2^n} = 0$, 即剩余的木棒总长度越来越小,且趋近

于 0.

1.2.3   专业应用案例

冰融化所需要的热量

例 1-42   设冰从 $-40℃$ 升到 $100℃$ 所需要的热量(单位:J)为

$$f(x) = \begin{cases} 2.1x + 84, & -40 \leq x \leq 0, \\ 4.2x + 420, & x > 0. \end{cases}$$

试问当 $x = 0$ 时,函数是否连续? 若不连续,则解释其几何意义.

解   因为 $\lim\limits_{x \to 0^-} f(x) = \lim\limits_{x \to 0^-}(2.1x + 84) = 84$, $\lim\limits_{x \to 0^+} f(x) = \lim\limits_{x \to 0^+}(4.2x + 420) = 420$,

所以 $\lim\limits_{x \to 0^-} f(x) \neq \lim\limits_{x \to 0^+} f(x)$, 故 $\lim\limits_{x \to 0} f(x)$ 不存在.

由于函数 $f(x)$ 在 $x = 0$ 点的左、右极限都存在,但是不相等,这说明冰化成水时不是连续的,需要的热量会突然增加.

练习题 1.2

1. 下列数列哪些有极限,极限为多少? 哪些无极限?

(1) $x_n = \dfrac{n-1}{n+1}$;   (2) $x_n = \dfrac{2n}{n-1}$;

(3) $x_n = \dfrac{3}{2^{n+1}}$;   (4) $x_n = 1 - \dfrac{1}{n^2}$;

(5) $x_n = (-1)^{n+1} n$;   (6) $x_n = 3n$.

2. 下列函数在给定趋势下哪些有极限,极限为多少? 哪些无极限? 没极限的,可不可以计算其左、右极限? 如果可以,左、右极限又分别为多少?

(1) $f(x) = x^2$, 当 $x \to 3$ 时;   (2) $f(x) = \sqrt{x}$, 当 $x \to 0$ 时;

(3) $f(x) = \dfrac{x^2 - 1}{x - 1}$, 当 $x \to 1$ 时;   (4) $f(x) = \begin{cases} x, & x \geq 2, \\ x^2, & x < 2, \end{cases}$ 当 $x \to 2$ 时;

(5) $f(x) = e^x$, 当 $x \to \infty$ 时;   (6) $f(x) = \sin x$, 当 $x \to \infty$ 时.

3. 讨论下列函数的极限是否存在.

(1) 设 $f(x) = |x - 1|$, 极限 $\lim\limits_{x \to 1} f(x)$ 是否存在?

（2）设 $f(x) = \begin{cases} 3x, & -1 < x < 1, \\ 2, & x = 1, \\ 3x^2, & 1 < x < 2, \end{cases}$ 极限 $\lim\limits_{x \to 0} f(x), \lim\limits_{x \to 1} f(x), \lim\limits_{x \to \frac{3}{2}} f(x)$ 是否存在？

（3）设 $f(x) = \begin{cases} 2x - 1, & x < 1, \\ -x^2, & x \geqslant 1, \end{cases}$ 极限 $\lim\limits_{x \to 1} f(x)$ 是否存在？

（4）设 $f(x) = \dfrac{|x|}{x}$，极限 $\lim\limits_{x \to 0} f(x)$ 是否存在？

4. 求下列极限：

（1）$\lim\limits_{x \to 2}(3x^2 - 6x + 3)$；

（2）$\lim\limits_{x \to \sqrt{3}}\dfrac{x^2 - 3}{x^4 + x^2 + 1}$；

（3）$\lim\limits_{x \to 1}\dfrac{2x}{x - 1}$；

（4）$\lim\limits_{x \to \infty}\dfrac{x^4 - 3x}{x^5 - x + 3}$；

（5）$\lim\limits_{x \to 0}\dfrac{4x^3 - 2x^2 + x}{3x^2 + 2x}$；

（6）$\lim\limits_{x \to \infty}\dfrac{2x + 1}{3x - 6}$；

（7）$\lim\limits_{x \to \infty}\dfrac{(x + 2)(2x^2 + 3)}{(2x + 1)^3}$；

（8）$\lim\limits_{x \to \infty}\dfrac{(2x - 1)^{30}(3x + 2)^{20}}{(5x + 1)^{50}}$；

（9）$\lim\limits_{x \to 3}\dfrac{x^2 - 5x + 6}{x^2 - 8x + 15}$；

（10）$\lim\limits_{x \to 1}\left(\dfrac{2}{x^2 - 1} - \dfrac{1}{x - 1}\right)$；

（11）$\lim\limits_{x \to 3}\dfrac{5x^2 - 7x - 24}{x^2 + 2}$；

（12）$\lim\limits_{x \to \infty}\dfrac{x^2 + 1}{x^3 + 1}(3 + \cos x)$；

（13）$\lim\limits_{n \to \infty}\dfrac{1 + 2 + \cdots + n}{(n + 2)(n + 4)}$；

（14）$\lim\limits_{n \to \infty}\dfrac{2^n + 3^n}{2^{n+1} + 3^{n+1}}$.

5. 求函数 $f(x) = \dfrac{x^2 - 2x - 3}{x^2 - 1}$ 在 $x \to -1, x \to 0, x \to 1, x \to 3$ 以及 $x \to \infty$ 时的极限.

6. 用第一个重要极限计算下列极限：

（1）$\lim\limits_{x \to 0}\dfrac{\sin 5x}{3x}$；

（2）$\lim\limits_{x \to 0}\dfrac{2x}{\sin 3x}$；

（3）$\lim\limits_{x \to 0} 2^n \sin\dfrac{x}{2^n}$；

（4）$\lim\limits_{x \to 0}\dfrac{2\arcsin x}{3x}$；

（5）$\lim\limits_{x \to 1}\dfrac{\sin(x^2 - 1)}{x - 1}$；

（6）$\lim\limits_{x \to 0}\dfrac{\tan x - \sin x}{x^3}$；

（7）$\lim\limits_{x \to 0}\dfrac{\sin 5x^2}{\sin^2 x}$；

（8）$\lim\limits_{x \to \infty} x \sin\dfrac{1}{x}$.

7. 计算下列极限：

（1）$\lim\limits_{x \to \infty}\left(1 + \dfrac{3}{x}\right)^x$；

（2）$\lim\limits_{x \to \infty}\left(1 + \dfrac{2}{x}\right)^{-x}$；

（3）$\lim\limits_{x \to \infty}\left(1 + \dfrac{2}{x}\right)^{-2x+1}$；

（4）$\lim\limits_{x \to 0}\left(1 + \dfrac{x}{2}\right)^{\frac{1}{x}}$；

（5）$\lim\limits_{x \to 0}\left(1 - \dfrac{x}{2}\right)^{\frac{1}{x}+1}$;

（6）$\lim\limits_{x \to \frac{\pi}{2}}(1 + \cos x)^{2\sec x}$;

（7）$\lim\limits_{x \to \infty}\left(\dfrac{x-1}{x+1}\right)^{x}$;

（8）$\lim\limits_{x \to 1^+}(1 + \ln x)^{\frac{5}{\ln x}}$.

任务 1.3　函数连续

任务内容

- 完成与函数连续相关的工作页；
- 学习与函数连续相关的知识；
- 对函数不连续（间断）分类的讨论；
- 学习基本初等函数、初等函数的连续情况.

任务目标

- 掌握函数连续的表达形式及应用；
- 掌握基本初等函数的连续情况；
- 掌握初等函数的连续情况；
- 了解函数不连续（间断）的分类.

1.3.1　工作任务

熟悉如下工作页，了解本任务学习内容. 在学习相关知识后，利用工作页在教师指导下完成本任务，同时完成工作页内相关内容的填写.

任务工作页

1. 若田芳菲一月份至三月份每月工资为 3600 元，四月份晋升岗位，工资为 4800 元，十月份请事假五天，扣发 500 元工资，十二月份上班半个月后辞职. 请计算田芳菲一年的工资，并作出图象，观察它的连续状况.

　

2. 函数连续的表达形式：_____

3. 基本初等函数的连续情况：_____

4. 初等函数的连续情况：_____

5. 函数不连续（间断）分哪几类？

1.3.2 学习提升

1.3.2.1 函数的连续性

1. 自变量的增量与函数的增量.

定义 1-12 自变量的增量记为 Δx，$\Delta x = x - x_0$. 显然，当 x 在 x_0 左侧时，$\Delta x < 0$；而当 x 在 x_0 右侧时，$\Delta x > 0$. 所以，自变量的增量 Δx 的值是可正可负的.

函数的增量记为 Δy，它可分为两种情况.

（1）函数在 $x = x_0$ 处的增量

$$\Delta y = f(x_0 + \Delta x) - f(x_0).$$

（2）函数在点 x 处的增量

$$\Delta y = f(x + \Delta x) - f(x).$$

很显然，Δy 也是不一定总取正值，有时可能取正值，有时可能取负值，有时可能取 0.

另外，由于 $\Delta x = x - x_0$，则有 $x_0 + \Delta x = x$. 所以，又有函数在 $x = x_0$ 处的增量

$$\Delta y = f(x) - f(x_0).$$

例 1-43 已知 $y = x^2$，求此函数在 $x = 1$ 处的增量和在点 x 处的增量.

解 此函数在 $x = 1$ 处的增量

$$\begin{aligned}
\Delta y &= f(x_0 + \Delta x) - f(x_0) = (1 + \Delta x)^2 - 1^2 \\
&= 1^2 + 2 \times 1 \times \Delta x + (\Delta x)^2 - 1^2 = 2\Delta x + (\Delta x)^2.
\end{aligned}$$

当然，用公式 $\Delta y = f(x) - f(x_0)$ 来计算 Δy 也是正确的. 此时可有

$$\Delta y = f(x) - f(x_0) = f(x) - f(1) = x^2 - 1.$$

该函数在点 x 处的增量

$$\begin{aligned}
\Delta y &= f(x + \Delta x) - f(x) = (x + \Delta x)^2 - (x)^2 \\
&= x^2 + 2x\Delta x + (\Delta x)^2 - x^2 = 2x\Delta x + (\Delta x)^2.
\end{aligned}$$

由例 1-43 可知，函数在 $x = x_0$ 处的增量有式子 $\Delta y = f(x_0 + \Delta x) - f(x_0)$ 和式子 $\Delta y = f(x) - f(x_0)$ 两个表达式，用哪个公式比较方便要视具体情况而定，哪个已知条件多就用哪个.

2. 函数连续的两个定义.

定义 1-13 如果函数 $y = f(x)$ 满足 $\lim\limits_{x \to x_0^-} f(x) = f(x_0)$，则称函数 $y = f(x)$ 在 $x = x_0$ 处左连续.

定义 1-14 如果函数 $y = f(x)$ 满足 $\lim\limits_{x \to x_0^+} f(x) = f(x_0)$，则称函数 $y = f(x)$ 在 $x = x_0$ 处右连续.

定理 1-3 函数 $y = f(x)$ 在 $x = x_0$ 处连续的充要条件是：它在 $x = x_0$ 处左连续且右连续.

定义 1-15 如果函数 $y = f(x)$ 在 $x = x_0$ 处满足 $\lim\limits_{\Delta x \to 0} \Delta y = 0$，则称函数 $y = f(x)$ 在 $x = x_0$ 处连续.

1.3.2.2　函数的间断点

1. 间断点的概念.

定义 1-16　函数不连续的点称为函数的间断点.

函数在 $x = x_0$ 处不连续的条件：如果函数 $f(x)$ 有下列三种情况之一，则称函数在点 $x = x_0$ 处不连续，即：

（1）函数 $y = f(x)$ 在 $x = x_0$ 处没有定义；

（2）函数 $y = f(x)$ 在 $x = x_0$ 处有定义，但没有极限；

（3）函数 $y = f(x)$ 在 $x = x_0$ 处有定义且有极限，但是在该点的函数值不等于极限值.

2. 间断点类型的判断（表 1-3）.

通常，把间断点分为两类：第一类间断点和第二类间断点. 凡是左、右极限都存在的间断点称为第一类间断点，把其余的间断点称为第二类间断点.

表 1-3　间断点类型的判断

第一类间断点		第二类间断点	
可去间断点	跳跃间断点	无穷间断点	其他
$\lim\limits_{x \to x_0} f(x)$ 存在，但 $f(x)$ 在 x_0 点无意义； 或 $\lim\limits_{x \to x_0} f(x)$ 存在，但 $\lim\limits_{x \to x_0} f(x) \neq f(x_0)$	$f(x_0 - 0)$ 与 $f(x_0 + 0)$ 都存在，但 $f(x_0 - 0) \neq f(x_0 + 0)$	$\lim\limits_{x \to x_0} f(x) = \infty$	不属于前述各种情况的其他情况

例 1-44　因函数 $y = \tan x$ 在 $x = \dfrac{\pi}{2}$ 处无定义，故 $x = \dfrac{\pi}{2}$ 为该函数的间断点.

注意：$\lim\limits_{x \to \frac{\pi}{2}} \tan x = \infty$，通常把极限等于无穷大的间断点称为无穷间断点.

例 1-45　因符号函数 $\operatorname{sgn} x = \begin{cases} 1, & x > 0, \\ 0, & x = 0, \\ -1, & x < 0 \end{cases}$ 在 $x = 0$ 处极限不存在，故 $x = 0$ 是函数的跳跃间断点.

例 1-46　因函数 $f(x) = \dfrac{x^2 - 9}{x - 3}$ 在 $x = 3$ 处无定义，故 $x = 3$ 是函数的间断点.

函数在某点处无定义，人们可以给它定义，如在例 1-46 中可以补充定义 $f(3) = 6$，则有 $\lim\limits_{x \to 3} f(x) = f(3)$，从而函数的间断点被去掉而成为连续的点. 称具有这样性质的函数的间断点为函数的可去间断点.

例 1-47　讨论函数 $f(x) = \begin{cases} x - 1, & x < 0, \\ 0, & x = 0, \\ x + 1, & x > 0 \end{cases}$ 在 $x = 0$ 处的连续性.

解 因为 $f(0-0) = \lim\limits_{x \to 0^-}(x-1) = -1$，$f(0+0) = \lim\limits_{x \to 0^+}(x+1) = 1$，

所以左、右极限都存在但不相等，故极限 $\lim\limits_{x \to 0}f(x)$ 不存在，所以 $x = 0$ 是函数的间断点. 从图 1-10 所示的函数图象来看，函数在此处发生了跳跃，称之为跳跃间断点.

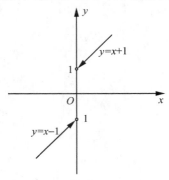

图 1-10　函数 $f(x)$ 的图象

练习题 1.3

1. 设 $y = \dfrac{2}{x}$，若 $x_0 = 2$，$\Delta x = -0.2$，求 Δy.

2. 求下列函数的间断点，并判断间断点的类型：

(1) $y = \dfrac{1}{(x-2)^2}$；

(2) $y = \dfrac{x^2-1}{x^2-3x+2}$；

(3) $y = x\cos\dfrac{1}{x}$；

(4) $y = \dfrac{2x^2+x}{4x^2-1}$.

3. 判断函数 $f(x) = \begin{cases} x^2-1, & 0 \leqslant x \leqslant 1, \\ x+1, & x > 1 \end{cases}$ 分别在 $x = \dfrac{1}{2}$，$x = 1$，$x = 2$ 处是否连续，并作出函数图象.

4. 设 $f(x) = \begin{cases} a+x^2, & x > 1, \\ 2, & x = 1, \\ b-x, & x < 1 \end{cases}$ 在区间 $(-\infty, +\infty)$ 内连续，试确定实数 a 和 b 的值.

5. 求下列函数的极限：

(1) $\lim\limits_{x \to 0}\sqrt{1+3x-2x^2}$；

(2) $\lim\limits_{x \to 0}\dfrac{\cot(1+x)}{\cos(1+x^2)}$；

(3) $\lim\limits_{x \to 0}\left[\dfrac{\lg(100+x)}{2^x+\tan x}\right]^{\frac{1}{2}}$；

(4) $\lim\limits_{x \to \frac{1}{2}}x\ln\left(1+\dfrac{1}{x}\right)$；

(5) $\lim\limits_{x \to 4}\dfrac{\sqrt{x+5}-3}{x-4}$；

(6) $\lim\limits_{x \to 4}\dfrac{\sqrt{3}-\sqrt{8+x}}{x^2+x-2}$.

自测题一

一、单项选择题

1. 下列函数为基本初等函数的是( ).

A. $y = \sin(-x)$ B. $y = 2x + 1$ C. $y = x^2$ D. $y = e^x - 1$

2. 分解形式为 $y = \sin u, u = e^v, v = x^2$ 的复合函数为( ).

A. $y = \sin e^2$ B. $y = e^{\sin x^2}$ C. $y = \sin e^{x^2}$ D. $y = e^{x^2}$

3. 函数 $y = \dfrac{\sqrt{3-x}}{x-1} + \ln x$ 的定义域为( ).

A. $(0,3)$ B. $(0,3]$

C. $(0,1) \cup (1,3)$ D. $(0,1) \cup (1,3]$

4. 下列变量在 $x \to 0$ 时为无穷小的是( ).

A. e^x B. $x \sin \dfrac{1}{x}$ C. $\cos x$ D. $\arccos x$

5. $x = 1$ 为函数 $f(x) = \dfrac{x^2 - 3x + 2}{x^2 - 1}$ 的( ).

A. 连续点   B. 可去间断点   C. 跳跃间断点   D. 第二类间断点

6. 函数 $f(x) = \dfrac{x^2 - 1}{x^2 - 3x + 2}$ 的连续区间是( ).

A. $(-\infty, 1) \cup (1, 2) \cup (2, +\infty)$ B. $(-\infty, 2)$

C. $(1, +\infty)$ D. $(2, +\infty)$

7. 函数 $f(x) = e^x - 2$ 在区间 $(0, 2)$ 内满足( ).

A. 有极值   B. 有最值   C. 连续   D. 以上都不对

二、填空题

1. 设函数 $f(x) = \begin{cases} \sin x, & -\dfrac{\pi}{2} < x \leqslant 0, \\ \ln x, & 0 < x \leqslant 2, \\ 4 - x, & 2 < x < +\infty, \end{cases}$ 则 $f(x)$ 的定义域是_____,

    $f\left(\dfrac{3}{2}\right) = $ _____.

2. $\lim\limits_{x \to \infty} \dfrac{3x^2 + 2x + 5}{1 - 2x^2} = $ _____.

3. $\lim\limits_{x \to \infty} \dfrac{\sin x}{x} = $ _____, $\lim\limits_{x \to 1} \dfrac{\sin x}{x} = $ _____, $\lim\limits_{x \to 0} \dfrac{\sin x}{x} = $ _____.

4. 已知 $y = \log_2 x$, 当 $x \to$ _____时, y 是无穷小; 当 $x \to$ _____时, y 是无穷大.

5. $\lim\limits_{x\to 0^+}\dfrac{\sin\sqrt{x}}{\sqrt{x}}=$ _____ , $\lim\limits_{x\to\infty}\left(1+\dfrac{2}{x}\right)^{-x}=$ _____ , $\lim\limits_{x\to\frac{\pi}{2}}(1+\cos x)^{2\sec x}=$ _____ .

6. "$\lim\limits_{x\to x_0}f(x)$ 存在" 是 "$f(x)$ 在点 $x=x_0$ 处连续" 的 _____ 条件.

7. 函数 $f(x)=\dfrac{|x|}{x}$ 的间断点为 _____ ,间断点的类型为 _____ .

8. $\lim\limits_{x\to\infty}\left(\dfrac{x}{x+1}\right)^x=$ _____ .

9. 函数 $y=f(x)$ 在 $x=x_0$ 处连续的充要条件是 _____ .

三、解答题

1. 求下列极限:

(1) $\lim\limits_{h\to 0}\dfrac{(x+h)^2-x^2}{h}$;

(2) $\lim\limits_{x\to\sqrt{3}}\dfrac{x^2-3}{x^4+x^2+1}$;

(3) $\lim\limits_{n\to\infty}\left(\dfrac{1}{n^2}+\dfrac{2}{n^2}+\cdots+\dfrac{n}{n^2}\right)$;

(4) $\lim\limits_{x\to\frac{\pi}{3}}(\sin 2x+\cos 2x)$;

(5) $\lim\limits_{x\to 1}\dfrac{\sqrt{3-x}-\sqrt{1+x}}{x^2+x-2}$;

(6) $\lim\limits_{n\to\infty}\sqrt{n}(\sqrt{n+1}-\sqrt{n+2})$;

(7) $\lim\limits_{x\to a}\dfrac{\sin x-\sin a}{x-a}$;

(8) $\lim\limits_{x\to 0}\left(\dfrac{a^x+b^x+c^x}{3}\right)^{\frac{1}{x}}$.

2. 讨论函数 $f(x)=\begin{cases}1+\cos x, & x\leqslant 0,\\ \dfrac{\ln(1+2x)}{x}, & x>0\end{cases}$ 在 $x=0$ 处的连续性.

3. 已知 $\lim\limits_{x\to\infty}\left(\dfrac{x^2+1}{x+1}+ax+b\right)=3$,求实数 a,b 的值.

4. 已知 $\lim\limits_{x\to 0}\dfrac{1-\cos x}{ax^b}=1$,求实数 a,b 的值.

5. 求函数 $f(x)=\dfrac{x}{\sin x}$ 的间断点,并判别其类型.

阅读材料

解析几何

一、历史背景

解析几何是 17 世纪最伟大的数学成果之一，它的产生有着深刻的原因.

首先，生产力的发展对数学提出了新的要求，常量数学的局限性越来越明显了.例如，航海业的发展，向数学提出了如何精确测定经纬度的问题；造船业则要求描绘船体各部位的曲线，计算不同形状船体的面积和体积；显微镜与望远镜的发明，提出了研究透镜镜面形状的问题；随着火器的发展，抛射体运动的性质显得越来越重要了，它要求正确描述抛射体运动的轨迹，计算炮弹的射程，特别是开普勒发现行星沿椭圆轨道绕太阳运行，要求用数学方法确定行星的位置.所有这些问题都难以在常量数学的范围内解决.实践要求人们研究变动的量.解析几何便是在这样的社会背景下产生的.

其次，解析几何的产生也是数学发展的大势所趋，因为当时的几何与代数都已相当的完善.实际上，几何学早就得到比较充分的发展，《几何原本》建立起完整的演绎体系，阿波罗尼奥斯的《圆锥曲线论》则对各种圆锥曲线的性质作了详尽的研究.但几何学仍存在两个弱点：一是缺乏定量研究，二是缺乏证题的一般方法.而当时的代数则是一门注重定量研究、注重计算的学科.到 16 世纪末，韦达（F. Vieta，1540—1603）在代数中有系统地使用字母，从而使这门学科具有了一般性.在提供广泛的方法论方面，它显然高出希腊人的几何方法.于是，从代数中寻求解决几何问题的一般方法，进行定量研究，便成为数学发展的趋势.实际上，韦达的《分析术引论》等著作中的一些代数问题，便是为解几何题而列出的.

第三，形数结合的思想及变量观念是解析几何产生的直接原因.南斯拉夫的盖塔尔迪（M. Ghetaldi，1566—1626）已初步具有形数结合的思想，他于 1607 年注释阿波罗尼奥斯的著作时，便对几何问题的代数解法做了系统研究.1631 年出版的由英国哈里奥特所著的《实用分析技术》，进一步发挥了盖塔尔迪的思想，使几何与代数的结合更加系统化.变量观念则是在数学的应用中产生的.开普勒把数学应用于天文学，伽利略（Galileo Galilei，1564—1642）把数学应用于力学，而在天文学和力学中都离不开物体的运动，于是，数学中的变量观念便应运而生.在这种情况下，一些杰出数学家们把几何、代数同一般变量结合起来，从而创立了解析几何.费马和笛卡尔几乎是同时独立地创立了这一学科，这个事实充分说明在条件成熟时产生一个新学科的必然性.

二、费马的工作

费马（P. de Fermat，1601—1665）是一位多才多艺的学者.他上大学时专攻法律，毕业后以当律师为生,并长期担任法国图卢兹(Toulouse,费马出生地)议会的顾问.实际上,他在30岁以后才开始进行数学研究.他不愧是一位数学天才,尽管数学工作仅占据了他的一部分时间,他那丰硕的成果却令人目不暇接.17世纪的数论几乎是费马的天下,费马大定理的魅力至今仍不减当年;在牛顿和莱布尼茨之前,他为微积分的创立做了大量的准备工作,取得了十分出色的成果;他和帕斯卡一起,分享了创立概率论的荣誉;在解析几何上,他也是一位名副其实的发明者.

费马的《平面与立体轨迹引论》是他在解析几何方面的代表作.这本书是1630年写成的,但一直到1679年才出版,那时费马已经去世14年.费马的著作表明,他的研究工作是以古希腊阿波罗尼奥斯的《圆锥曲线论》为出发点的.他在书的开头写道:"毫无疑问,古人对于轨迹写得非常多……可是,如果我没有想错的话,他们对于轨迹的研究并非是那么容易的.原因只有一个:他们对轨迹没有给予充分而又一般的表示."费马认为给轨迹一般表示只能靠代数.他很熟悉韦达的代数工作,又受到前人用代数解决几何问题的启发,所以他着手解决轨迹的一般表示的问题时,就毫不犹豫地求助于代数.他不仅使代数与几何结为伴侣,更重要的是他把变量思想用于数学研究,这正是他比哈里奥特等人高明的地方,也是他创立解析几何的主要思想基础.

费马的一般方法就是坐标法.坐标概念古已有之,以坐标系为参考来确定点的位置,这是古希腊人已经熟悉的.但费马凭借他的变量观念和形数结合的思想,在这块数学园地里培育出新的成果.他把坐标平面上的点和一对未知数联系起来,然后在点运动成线的思想下,把曲线用方程表示出来.这种以代数方程表示几何曲线的方法,无疑是解析几何的精髓.

费马的具体做法是:考虑任意曲线和它上面的任意点 J(图1-11),J 的位置用 A,E 两字母表出,其中 A 是从点 O 沿底线到点 Z 的距离,E 是从 Z 到 J 的距离.他所用的坐标就是我们所说的斜坐标,A,E 相当于 x,y.费马说:"只要在最后的方程里出现两个未知量,我们就得到一个轨迹,这两个量之一的末端描绘出一条直线或曲线."如图1-11所示,对于不同位置的 E,其末端 $J,J',J'',\cdots$ 就把线描出.当然,在这里联系 A 和 E 的方程是不确定的,图1-11仅仅是一个示意图.费马以这种思想为指导,研究了各种类型的曲线,他实际采用的坐标多为直角坐标.

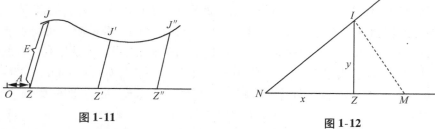

图 1-11　　　　　　　　　　　　图 1-12

费马充分注意到方程次数与曲线形状的关系,他说一个联系着 A 和 E 的方程如果是一次的,就代表直线轨迹;如果是二次的,就代表圆锥曲线.例如,$DA = BE$ 就表示一个一次方程.换成现代记号,相当于 $ax = by$,这里 a 和 b 是给定常数.由于 $\dfrac{x}{y} = \dfrac{b}{a}$,点的轨迹显然是直

线 NI（图 1-12），费马还研究了更一般的方程 $ax + by = c^2$，它对应着直线 MI，这里 $MZ + x = \frac{c^2}{a}$. 费马的坐标概念是明确的，但他没有采用横坐标和纵坐标的名词，他的坐标轴也没有标明方向. 实际上，横、纵坐标的名词是莱布尼茨起的，牛顿首次采用了现代形式的坐标系.

费马的研究重点是圆锥曲线，他通过自己的实践揭示了圆锥曲线的方程特征——含有两个未知数的二次方程. 例如，他以椭圆的长轴 PP' 所在直线为 x 轴，以椭圆在 P 点的切线为 y 轴，并设 $PP' = d$，通径（即正焦弦）为 p（图 1-13），推得椭圆方程为

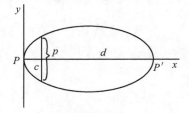

图 1-13

$$y^2 = px - \frac{p}{d}x^2.$$

另一方面，他还通过坐标轴的平移和旋转来化简方程，从而求得比较复杂的二次方程的曲线. 例如，他通过平移坐标轴，把方程

$$xy + a^2 = bx + cy$$

化成

$$xy = k^2$$

的形式，这显然是双曲线；又通过坐标轴的旋转，化方程

$$a^2 - 2x^2 = 2xy + y^2$$

为

$$b^2 - x^2 = ky^2,$$

从而证明这是一个椭圆. 他还证明了方程

$$x^2 + y^2 + 2dx + 2ry = b^2$$

是一个圆. 在此基础上，费马自豪地宣称，他能用他的新方法重新推出阿波罗尼奥斯《圆锥曲线论》的所有结论. 不过，他并没有给出坐标变换的一般法则.

费马在总结自己的工作时说："直线是简单唯一的；曲线的数目则是无限的，包括圆、抛物线、椭圆等." 他把二次以内的曲线分为平面轨迹和立体轨迹两类，说："每当构成轨迹的未知数的顶端所描出的是直线或圆时，这轨迹就被称为平面轨迹；当它描出的是抛物线、双曲线或椭圆时，它就被称为立体轨迹." 至于其他曲线，他一律称为线性轨迹. 他重点研究了直角坐标系下的曲线方程，说："若令两个未知量构成一给定的角，通常假定它为直角，并且未知量之一的位置和顶端是确定的，则此方程是很容易想象的. 如果这两个未知量的幂都不超过二次，则由后面所述便能明白，其轨迹是平面轨迹或立体轨迹." 他在书中确定了各种轨迹的方程，其基本形式为（以现代记法表示）：

（1）过原点的直线方程：$\dfrac{x}{y} = \dfrac{b}{a}$；

（2）任意直线的方程：$\dfrac{b}{d} = \dfrac{a-x}{y}$；

（3）圆的方程：$a^2 - x^2 = y^2$；

（4）椭圆的方程：$a^2 - x^2 = ky^2$；

（5）双曲线的方程：$a^2 + x^2 = ky^2$；

（6）双曲线的方程：$xy = k^2$；

（7）抛物线的方程：$x^2 = ay$.

费马对高次曲线的研究也是卓有成效的. 他提出许多以代数方程定义的新曲线. 其中，最著名的三种曲线为 $y = x^n$，$y = \dfrac{1}{x^n}$ 和 $r^n = a^\theta$（n 为正整数），它们分别被后人称为费马抛物线、费马双曲线和费马螺线. 另外，费马还与一位意大利的女数学家阿格内西在通信中讨论了一种新曲线，即

$$b^3 = x^2 y + b^2 y.$$

这种曲线问世后，被称作阿格内西箕舌线.

费马在研究轨迹的过程中，不仅考虑到一维和二维的情形，还进一步探讨了三维空间的轨迹问题. 他正确指出：一元方程确定一个点，二元方程确定一条曲线（包括直线），而三元方程则确定一个曲面. 这类曲面包括平面、球面、椭球面、抛物面和双曲面. 不过，他没有用解析的方法对这些曲面进行具体研究.

由于时代的局限，费马在研究轨迹时不考虑负坐标，他的曲线一般只画在第一象限，尽管他知道这些曲线是在其他象限延续的. 这就使他的工作缺乏完整性. 例如，他认为任何齐二次方程都表示直线，因为 $x^2 = y^2$ 可化成 $x = y$. 另外，从指导思想来看，他并不想打破希腊数学传统，把自己的思想看作希腊数学思想的继续，认为解析几何不过是阿波罗尼奥斯著作的一种新的表现形式. 这种认识对于他的解析思想的发挥无疑具有阻碍作用. 例如，他虽然在坐标系内讨论了阿波罗尼奥斯的各种圆锥曲线，但从未考虑过两条曲线在同一坐标系内的相交问题，更不知道交点的代数意义. 相比之下，笛卡尔的解析思想更为深刻，他创立的解析几何也更为成熟.

三、笛卡尔的工作

1. 笛卡尔传略

笛卡尔（R. Descartes，1596—1650）是 17 世纪的天才. 他是杰出的哲学家和数学家，是近代生物学的奠基人之一，在物理学方面也做了许多有价值的研究.

1596 年 3 月 31 日，笛卡尔出生在法国土伦的一个律师之家，早年丧母，八岁时被父亲送到当地的一所耶稣教会学校. 由于他身体较弱，父亲与校方商定，允许他每天早晨多睡些时间. 于是，笛卡尔养成了晚起的习惯. 长大以后，他经常在早晨躺在床上思考问题，据说他大部分成果出自早上那段适宜思考的时间.

笛卡尔成年后的生活，可以 1628 年为界分成两个阶段. 他 16 岁时离开家乡，去外地求学，20 岁（1616 年）时毕业于普瓦捷大学，在巴黎当了律师. 他在那里结识了数学家梅森和迈多治，经常和他们一起讨论数学问题. 笛卡尔于 1617 年到荷兰，参加了奥兰治公爵

图 1-14　笛卡尔

的军队,后来又到其他军队服务. 他参军的目的主要是弥补学校教育的不足,并无明显的宗教或政治倾向. 1621 年以后,他先后到德国、丹麦、荷兰、瑞士和意大利旅行. 在当兵和旅行的日子里,他的数学研究一直没有中断,他把解决数学问题当作自己的乐趣. 在荷兰布雷达地方的招贴牌上,笛卡尔发现一个挑战性的问题,很快就解决了,这使他自信有数学才能,从而更认真地研究数学. 1625 年回到巴黎后,他为望远镜的威力所激动,开始钻研光学理论,同时参加了德扎格等数学家的讨论,并继续他的哲学探索. 1628 年,他写成第一部哲学著作《思想的指导法则》. 在这个阶段的生活中,他实际上已为他后来创立唯理论的认识论奠定了基础,为发明解析几何创造了条件.

由于笛卡尔对《圣经》持批评态度,受到国内封建教会的排斥. 1628 年,笛卡尔移居荷兰,开始了第二阶段的生活. 他的主要学术著作都是在那里的 20 年中完成的,包括《宇宙论》《方法论》《形而上学的沉思》《哲学原理》《激情论》.《方法论》一书有三个附录——《折光》《气象》和《几何》. 其中第三个附录便是笛卡尔创立解析几何的标志. 很明显,笛卡尔最关心的是哲学问题. 实际上,他的解析几何只是他的哲学思想在数学中的体现,所以克莱因说,笛卡尔"只偶然地是个数学家."

1649 年,笛卡尔接受瑞典女王克利斯蒂娜的邀请,去斯德哥尔摩担任了女王的宫廷教师,不幸在那里染上肺炎,于 1650 年 2 月 11 日病逝.

2. 笛卡尔的数学思想

笛卡尔是以哲学家的身份来研究数学的. 他认为自己在教会学校里没学到多少可靠的知识,所以从青年时期就认真思考这样的问题:人类应该怎样取得知识? 他勇敢地批评了当时流行的经院哲学,提倡理性哲学. 他说圣经不是科学知识的来源,并且说人们应该只承认他所能了解的东西. 尽管笛卡尔从未否认过上帝的存在,他的这些话还是惹恼了教会,以至在他的葬礼上不准为他致悼词.

笛卡尔认为逻辑不能提供基本的真理,他说:"谈到逻辑,它的三段论和其他观念的大部分,与其说是用来探索未知的东西,不如说是用来交流已知的东西." 那么,什么地方提供真理呢? 这就是客观世界,而数学正是客观存在的事物,所以数学里必然包含许多有待发现的真理. 他认识到严格的数学方法是无懈可击的,不能为任何权威所左右,他说数学"是一个知识工具,比任何其他由于人的作用而得来的知识工具更为有力,因而是所有其他知识工具的源泉."

笛卡尔从他的数学研究中得出一些获得正确知识的原则:不要承认任何事物是真的,除非对它的认识清楚到毫无疑问的程度;要把困难分成一些小的难点;要由简到繁,依次进行;最后,要列举并审查推理步骤,要做得彻底,无遗漏. 对于数学本身,他相信他有清楚的概念,这些数学概念都是客观存在的,并不依赖于人们是否想着它们. 笛卡尔强调要把科学成果付之于应用,要为人类的幸福而掌握自然规律.

笛卡尔数学研究的目标是建立一种把形和数结合起来的科学,吸取代数与几何的优点,而抛弃它们的缺点. 他对逻辑学、欧氏几何及代数都很熟悉,尤其强调代数的价值. 他批评希腊人的几何过多地依赖于图形,主张把代数用到几何中去. 他认为代数在提供广泛的方法论方面,高出希腊人的几何方法.他强调代数的一般性和程序性,认为代数的这些特点可以减小解题的工作量.他证明了几何问题可以归结为代数问题,因此在求解时可以运用代数的全部方法.由于代数语言比几何语言更有启发性,所以在问题改变形式以后,只要进行一些代数变换,就可以发现许多新的性质.显然,在笛卡尔的数学研究中,代数是居于主导地位的.这种数学思想具有重要意义,因为它终于使代数摆脱了几何思维的束缚,而在文艺复兴之前,这种束缚是长期存在的.例如,x,x_2,x_3 通常被看作长度、面积和体积,方程次数不能高于三次,因为高于三次的方程就难以找到几何解释了.卡尔达诺、费拉里等对高次方程的研究,使代数有了独立于几何的倾向,而笛卡尔的工作则使代数完全摆脱了几何的束缚,又反过来用代数方法研究几何问题.他在研究中引入了变量思想,认为曲线是这样生成的:在坐标系内,随着一个坐标的变化,另一个坐标也相应变化,每对坐标决定一个点,这无穷多个点便组成曲线.他用方程表示曲线,把曲线上的每一个点看作方程的一组解,从而把代数与几何在变量观念下统一起来.这是他创立解析几何的基础,我们从他的著作中可以看得很清楚.

3. 笛卡尔的《几何》

《几何》分三卷.第一卷的前半部分是解析几何的预备知识,通过典型例题说明如何把代数用于几何,解决尺、规作图问题;后半部分则包含笛卡尔解析几何的基本理论.第二卷讨论曲线方程的推导及曲线性质,提出按方程次数对曲线进行分类的方法.第三卷讨论如何用圆锥曲线解高次方程,以及高次方程的性质.

在第一卷,笛卡尔明确指出用代数方法解决几何作图题的实质在于"定出所求线段的长度".他首先定义了单位线段,在此基础上又定义了线段的加、减、乘、除和开方.例如,假定取 AB 为单位,笛卡尔说:"我只需要连结点 A 和 C,然后引 DE 平行于 CA,那么 BE 就等于 BD 和 BC 的积","如果要求用 BD 来除 BE,我就连结 E 和 D,再引 AC 平行于 DE,那么 BC 是除的结果."(图 1-15)"如果要求 CH 的平方根,我沿同一直线加上 FC,FC 等于单位,然后在 K 点将 FH 二等分.我以 K 为中心画圆 FIH,再从 C 引垂线到 I,那么 CI 就是所要求的根."(图 1-16)虽然对线段的运算古已有之,单位线段却是笛卡尔首次引入的.它的意义在于突破了几何对代数的束缚——齐次原则.根据这一原则,不同量纲的几何量不能相加,方程 $ax^2 + bx + c = 0$ 是没有几何意义的,因为 ax^2 表示体积,bx 表示面积,而 c 表示长度,属于不同的量纲.而笛卡尔引入单位概念之后,使所有几何量都通过单位而变成统一的关于数的表示.于是图形中各种量的关系就转化成数的关系,这是把代数与几何统一起来的关键.

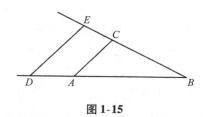

图 1-15

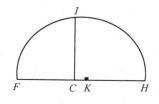

图 1-16

笛卡尔在把代数方法用于几何时,首先是用未知数去表示特定的线段.例如,某几何问题归结到求一个未知长度 x ,而 x 满足方程 $x^2 = ax + b^2$,其中 a,b 是已知长度,于是由代数学得出 $x = \dfrac{a}{2} + \sqrt{\dfrac{a^2}{4} + b^2}$.为了作出 x ,笛卡尔先作直角三角形 NLM(图 1-17),其中 $LM = b$, $NL = \dfrac{a}{2}$,然后延长 MN 到 O ,使 $NO = NL = \dfrac{a}{2}$, OM 便是所求的 x .类似地,若 x 满足方程 $x^2 = -ax + b^2$,则 x 为 MP .

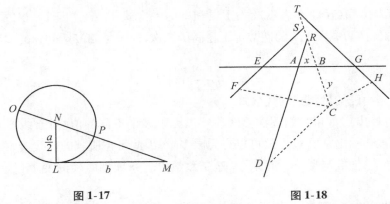

图 1-17   图 1-18

解析几何的精髓是用代数方程表示几何曲线,笛卡尔通过帕波斯问题引入了这一崭新的方法.该问题是:设 AB , AD , EF 和 GH 是四条给定直线,从某点 C 引直线 CB , CD , CF , CH 各与一条给定直线构成已知角 CBA , CDA , CFE , CHG ,要求满足 $CB \cdot CF = CD \cdot CH$ 的点的轨迹.

笛卡尔的解法是:首先假定已得到轨迹上的 C 点,然后以 AB 和 CB 为主线,考虑其他直线与主线的关系.笛卡尔记 AB 为 x , BC 为 y ,这相当于设了两个相交的坐标轴,当然与现在直角坐标系中的 x 轴和 y 轴还有所区别.这样,线段 CB , CD , CF 和 CH 的长度便可由 x 和 y 确定了.由于三角形 ARB 的所有角已给定,所以 AB 与 BR 之比一定,设 $AB:BR = z:b$,因为 $AB = x$,所以 $BR = \dfrac{bx}{z}$, $CR = y + \dfrac{bx}{z}$(图 1-18).若 R 在 C 与 B 之间,则 $CR = y - \dfrac{bx}{z}$;若 R 在 C 与 B 之外,则 $CR = -y + \dfrac{bx}{z}$.三角形 DRC 中,设 $\dfrac{CR}{CD} = \dfrac{z}{c}$,则

$$CD = \frac{c \cdot CR}{z} = \frac{cy}{z} + \frac{bcx}{z^2}.$$

因为 AB , AD , EF 是三条给定直线,所以 AE 的长度是确定的,设 $AE = k$,则 $EB = k + x$(或 $k - x$,或 $-k + x$,依 E , A , B 三点的相对位置而定).三角形 ESB 的内角也是确定的,设 $\dfrac{BE}{BS} = \dfrac{z}{d}$,则

$$BS = \frac{d \cdot BE}{z} = \frac{dk + dx}{z},$$

$$CS = y + BS = \frac{zy + dk + dx}{z} \left(\text{或} \frac{zy - dk - dx}{z}, \text{或} \frac{-zy + dk + dx}{z}, \text{依} S, C, B \text{三点的相对位置而定} \right).$$

三角形 FSC 中，设 $\dfrac{CS}{CF}=\dfrac{z}{e}$，则

$$CF=\frac{e\cdot CS}{z}=\frac{ezy+dek+dex}{z^2}.$$

通过类似的方法，可得

$$CH=\frac{gzy+fgl-fgx}{z^2}\left(\text{其中 } AG=l,\frac{BG}{BT}=\frac{z}{f},\frac{CT}{CH}=\frac{z}{g}\right).$$

这样，CB,CD,CF,CH 便都表示成关于 x 和 y 的一次式了. 把这四个一次式代入 $CB\cdot CF=CD\cdot CH$，可知两边关于 x,y 的次数都不会高于二次，即满足帕波斯问题的 C 点的轨迹方程为

$$y^2=Ay+Bxy+Cx+Dx^2,$$

其中 A,B,C,D 是由已知量组成的代数式.

笛卡尔接着指出：“如果我们逐次给线段 y 以无限多个不同的值，对于线段 x 也可找到无限个值. 这样被表示出来的 C 点就可以有无限多个，因此可把所求的曲线表示出来.”这就在变量思想指导下，把数与形统一起来了. 这是数学史上一项划时代的变革，从此开拓了变量数学的新领域.

在《几何》的第二卷中，笛卡尔详细讨论了曲线方程的推导及各种曲线的性质. 我们从下面的例子可以领会他的思路.

设直线 $l_1\perp l_2$，垂足为点 A，G 是 l_1 上的定点，射线 m（笛卡尔说是直尺）绕端点 G 旋转，交 l_2 于点 L，射线 n 的端点 K 沿 l_2 滑动，LK 为定长. 笛卡尔试图导出 m 与 n 的交点的轨迹方程. 他设 C 为轨迹上任一点，过点 C 作 $CB\perp BA$，交 l_2 于点 B，过点 L 作 $LN\parallel GA$，交 n 于点 N，他以 A

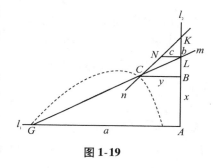

图 1-19

为原点建立坐标系，并设 $BC=y,AB=x$，设 GA,LK 和 NL 三个已知量为 a,b,c（图 1-19），显然

$$\frac{BC}{BK}=\frac{NL}{LK},$$

即

$$\frac{y}{BK}=\frac{c}{b},$$

所以

$$BK=\frac{by}{c},BL=\frac{by}{c}-b,AL=x+\frac{by}{c}-b.$$

又因为

$$\frac{BC}{BL}=\frac{GA}{AL},$$

所以

$$\frac{y}{\frac{by}{c}-b}=\frac{a}{x+\frac{by}{c}-b},$$

化简，得

$$y^2=cy-\frac{c}{b}xy+ay-ac.$$

这显然是双曲线的方程.

　　笛卡尔以方程次数为标准,对曲线进行了系统的分类.他认为:几何曲线是那些可用一个唯一的含 x 和 y 的有限次代数方程来表出的曲线,所以方程次数决定了曲线的种类.他研究了各种圆锥曲线,指出圆锥曲线都是二次的;另一方面,二次方程(指二元二次方程)的曲线也都是圆锥曲线.他把方程次数强调到这种程度,以至认为像 $x^3 + y^3 - 3axy = 0$(图 1-20,即笛卡尔叶线)这样复杂的曲线,比曲线 $y = x^4$ 还要简单.笛卡尔坚持曲线与方程相对应,对任何一条曲线,只要可以找到适合于它的方程,他立即当作几何曲线来研究.这就突破了欧氏几何只用圆规、直尺作图的局限,之前一向被几何学家所回避的许多曲线,便有了和常见曲线相同的地位.至于不能用代数方程表示的曲线,如螺线和割圆曲线等,笛卡尔一律称之为机械曲线.

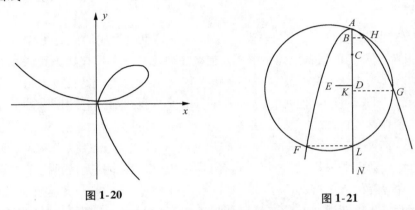

图 1-20　　　　　　　　　　　　　　　图 1-21

　　第三卷侧重于代数.笛卡尔在解几何作图题时,首先把问题用代数表示,然后解所得出的代数方程,并按解的要求来作图.他还提出利用圆锥曲线来解三次和四次方程的方法,即用同一坐标系内两条圆锥曲线的交点来表示方程的解.这是数学史上的一项革新,它提供了解方程的一个有力工具.笛卡尔用这种方法求出了形如 $z^3 = \pm pz \pm q$ 和 $z^4 = \pm pz^2 \pm qz \pm r$ 的方程的实根.

　　例如,他解方程 $z^3 = pz + q$ 的方法如下:以 A 为顶点、AN 为轴作出以单位 1 为正焦弦的抛物线,并在 AN 上取 $AC = \dfrac{1}{2}$,$CD = \dfrac{p}{2}$,然后作 $ED \perp AN$ 并取 $DE = \dfrac{q}{2}$,以点 E 为圆心、AE 为半径作圆(图 1-21),则圆与抛物线在轴左边的交点 F 给出方程的正根,笛卡尔称之为"真正的根";另一边的交点 G 和 H 则表示方程的负根,笛卡尔称之为"假根",因为他不承认方程的负根.实际上,笛卡尔是把圆和抛物线放在以 A 为原点的同一坐标系内来考虑的.若用现代符号表示,则抛物线方程为

$$x^2 = y, \tag{1}$$

圆的方程为

$$\left(x - \frac{q}{2}\right)^2 + y\left(-\frac{1+p}{2}\right)^2 = \left(\frac{q}{2}\right)^2 - \left(\frac{1+p}{2}p\right)^2,$$

化简,得

$$x^2 + y^2 = qx + (1 + p)y. \tag{2}$$

　　把方程(1)和(2)联立,所得解的 x 值即圆与抛物线的交点的横坐标,也就是方程 $z^3 =$

$pz+q$ 的解. 在这里,笛卡尔把方程的解、方程组的解以及代表方程的曲线的交点都统一在坐标系内,这种思想是相当出色的.

在第三卷中,还有一部分内容是专门讨论方程的,具有独立的代数意义. 著名的笛卡尔符号法则就是在这里提出的.

纵观笛卡尔的《几何》,虽然篇幅不过百页,却已奠定了解析几何的基础. 笛卡尔将曲线与方程相联系的观点,不仅是曲线理论,而且是整个数学思想的重大突破. 他还进一步认识到,如果两条曲线以同一个坐标系为参考,则其交点由它们的方程之解来确定. 这种思想远远高出了与他同时代的人,正如芬克所说:"从来都没有谁做过任何尝试,企图把不同次数的几条曲线同时表示在一个坐标系中,甚至连费马也没有尝试过. 笛卡尔所系统完成的恰恰是这件事."

但是,笛卡尔同费马一样不考虑负坐标,这就不可避免地给他的研究工作带来了局限性. 另外,他对几何作图题的强调掩盖了解析几何的主要思想——用代数方程表示并研究曲线. 许多和他同时代的人认为解析几何主要是为了解决作图问题. 当然,笛卡尔本人是清楚这门学科的意义远不止于此. 他在《几何》的引言中说:"我在第二卷中所做的关于曲线性质的讨论,以及考查这些性质的方法,据我看,远远超出了普通几何的论述."

笛卡尔的《几何》还有一个特点,即很少证明. 实际上,笛卡尔不仅熟悉欧氏几何的证明方法,也完全会用代数方法证明几何问题. 他有意删去定理的证明,大概是为了使文章简短和利于自学. 他在一封信里把自己比做建筑师,说自己的工作是指明应该做什么,而把手工操作留给木工和瓦工. 他还说:"我没有做过任何不精心的删节." 他在《几何》中明确表示:他不愿夺去读者们自己进行加工的乐趣. 他说之所以删去大多数定理的证明,是因为如果读者系统考查他的题目,则证明就成为显然的了,而且这样学习会更为有益. 不过,由于笛卡尔的《几何》过于难懂,还是影响了解析几何的传播速度. 后来有人给此书写了许多评注,使它易于理解.

四、解析几何的意义

解析几何是人类历史上首次出现的变量数学,它改变了数学的面貌,推动了整个数学的发展. 虽然费马和笛卡尔一起分享了发明解析几何的荣誉,他们的观点(坐标观点)和方法(用方程表示曲线)是基本相同的,但从数学思想的先进来说,笛卡尔无疑是优胜者. 他不像费马那样,把自己的工作看作阿波罗尼奥斯工作的代数翻板,而是以十分鲜明的态度批评了希腊数学的局限,并自觉地突破了这一局限. 他用代数方法代替传统的几何方法,认为曲线是任何具有代数方程的轨迹. 这种思想不仅扭转了代数对几何的从属地位,而且大大扩展了数学的领域. 只要我们把现代数学研究的种类繁多的曲线同希腊人所承认的曲线种类相比较,就知道摆脱尺规作图的束缚是何等重要了.

解析几何通过形和数的结合,使数学成为一个双面的工具. 一方面,几何概念可用代数表示,几何目标可通过代数方法达到;另一方面,又可给代数语言以几何的解释. 使代数语言更直观、更形象地表达出来,这对于人们发现新结论具有重要的意义. 正如拉格朗日所说:

"只要代数同几何分道扬镳,它们的进展就缓慢,它们的应用就狭窄.但是当这两门学科结合成伴侣时,它们就互相吸取新鲜的活力,从那以后,就以快速的步伐走向完善."近代数学的巨大发展,在很大程度上应该归功于解析几何.由于在解析几何中代数起主导作用,这就大大提高了代数的地位,对于促进代数的进步具有十分重要的意义.

从数学思想上来说,解析几何的最大突破是引入了变量思想,它成为发明微积分的思想基础.正如恩格斯所说:"数学中的转折点是笛卡尔的变数.有了变数,运动进入了数学;有了变数,微分和积分也就立刻成为必要的了."

解析几何的意义不仅表现在数学本身,而且表现在对整个科学事业及社会经济的促进上,因为它提供了社会迫切需要的数量工具.研究物理世界是离不开几何的.物体具有不同的几何形状,而运动物体的路线则是几何曲线.笛卡尔认为全部物理可归结到几何,但传统几何对于运动的物体是无能为力的.在与变量有关的广阔天地里,解析几何却大有用武之地.无论是航海学、测地学和天文预测,还是抛射体运动及透镜设计、凸轮制造,都需要数量知识.而解析几何恰恰能把物体的形状和运行路线表示为代数形式,从而导出数量关系.正因为它的应用广泛,才使得与它几乎同时产生的射影几何相形见绌.直到今天,解析几何仍然是科学研究及工业生产中不可缺少的数学工具.

一元函数微分学

任务 2.1　导数的概念

任务内容

- 完成与导数概念及其性质相关的工作页；
- 学习与导数相关的知识；
- 理解导数的概念及其几何意义.

任务目标

- 掌握导数的基本概念；
- 掌握求导数的基本公式；
- 掌握求导数切线斜率、切线方程、法线方程的步骤.

2.1.1　工作任务

熟悉如下工作页，了解本任务学习内容. 在学习相关知识后，利用工作页在教师的指导下完成本任务，同时完成工作页内相关内容的填写.

任务工作页

1. 导数公式：
2. 导数的表示方法：
3. 求函数斜率的步骤：
4. 求函数切线方程、法线方程的步骤：

【案例引入】 胶济铁路脱轨事件

2008 年 4 月 28 日 4 时 41 分,由北京开往青岛的下行 T195 次旅客列车运行至山东省内胶济铁路周村站至王村站间发生列车脱轨事故,机车后第 9 ~ 17 位车厢脱轨,其中尾部车厢侵入上行线,被上行线由烟台开往徐州的 5034 次旅客列车碰撞,造成 5034 次列车机车及机车后第 1 ~ 5 位车厢脱轨.

事故直接原因是北京至青岛的 T195 次列车严重超速,在本应限速 80 km/h 的转弯路段,实际时速居然达到了 131 km/h.

如要避免转弯时列车脱轨,就要合理地控制列车行进速度,这就涉及即将介绍的导数知识.

2.1.2 学习提升

在现实生活中,为了解决实际问题,除了需要了解变量之间的函数关系外,有时还需要研究变量变化快慢的程度. 例如,物体运动的速度、城市人口增长的速度、国民经济发展的速度、劳动生产率等. 而这些问题只有在引进导数概念以后,才能更好地说明这些量的变化情况.

2.1.2.1 导数的概念

简单地说,导数就是函数的变化率.

例如,学校体育课进行 1000 m 测试,小明用了 4 min 完成. 那么小明完成 1000 m 测试的速度是多少?

很显然,小明的平均速度为

$$\bar{v} = \frac{1000}{4} = 250\,(\mathrm{m/min}).$$

但是否意味着小明一直是以每分钟 250 m 的速度跑步呢? 当然不是,一般情况下每分钟的跑步速度都是不同的. 那么怎样求每个瞬间的速度呢?

当时间由 t_0 改变到 t 时,在 Δt 这段时间内所经过的距离为

$$\Delta s = f(t) - f(t_0).$$

做匀速运动时,速度为

$$\frac{\Delta s}{\Delta t} = \frac{f(t) - f(t_0)}{t - t_0}.$$

考虑比值

$$\frac{s - s_0}{t - t_0} = \frac{f(t) - f(t_0)}{t - t_0}.$$

这个比值可认为是动点在时间间隔 $t - t_0$ 内的平均速度. 如果时间间隔比较短,这个比值在实践中也可用来说明动点在时刻 t_0 的速度,但是还不精准,更准确的描述应当这样:

令 $t - t_0 \to 0$,取比值 $\dfrac{f(t) - f(t_0)}{t - t_0}$ 的极限,若这个极限存在,则设为 v,即

$$v = \lim_{t \to t_0} \frac{f(t) - f(t_0)}{t - t_0},$$

这时就把这个极限值 v 称为动点在时刻 t_0 的速度,记作 $v = f'(t_0)$.

若 $f(t)$ 是小明所跑路程的函数,那么 $f'(t)$ 就是路程的变化率,就是速率. 在开始跑的瞬间,小明未动,速度为 $0 \ \mathrm{m/min}$;然后小明加速,最后冲刺,每一刻的瞬时速度都能够通过导数求出来.

定义 2-1　设函数 $y = f(x)$ 在点 x_0 的某一邻域内有定义,当自变量 x 在点 x_0 处有增量 Δx(点 $x_0 + \Delta x$ 仍在该邻域内)时,函数有相应的增量 $\Delta y = f(x_0 + \Delta x) - f(x_0)$,如果当 $\Delta x \to 0$ 时,$\dfrac{\Delta y}{\Delta x}$ 的极限存在,则该极限就叫作函数 $y = f(x)$ 在点 x_0 的导数,记作 $f'(x_0)$,即

$$f'(x_0) = \lim_{\Delta x \to 0} \frac{\Delta y}{\Delta x} = \lim_{\Delta x \to 0} \frac{f(x_0 + \Delta x) - f(x_0)}{\Delta x}.$$

简单地说,若极限 $\lim\limits_{x \to x_0} \dfrac{f(x) - f(x_0)}{x - x_0}$ $\left(\text{或} \lim\limits_{\Delta x \to 0} \dfrac{\Delta y}{\Delta x} = \lim\limits_{\Delta x \to 0} \dfrac{f(x_0 + \Delta x) - f(x_0)}{\Delta x}\right)$ 存在,则函数 $y = f(x)$ 在 $x = x_0$ 处可导.

导数的表示法:y',$f'(x)$,$\dfrac{\mathrm{d}y}{\mathrm{d}x}$,$\dfrac{\mathrm{d}f(x)}{\mathrm{d}x}$.

$x = x_0$ 处的导数可表示为:$y'\big|_{x=x_0}$,$f'(x_0)$,$\dfrac{\mathrm{d}y}{\mathrm{d}x}\bigg|_{x=x_0}$ 或 $\dfrac{\mathrm{d}f(x)}{\mathrm{d}x}\bigg|_{x=x_0}$.

y',$f'(x)$ 比较好理解,分别代表 y 和 $f(x)$ 的导数;$\dfrac{\mathrm{d}y}{\mathrm{d}x}$,$\dfrac{\mathrm{d}f(x)}{\mathrm{d}x}$ 可以理解为 y 的微小变化量与 x 的微小变化量的比值.

如果极限存在,就称函数 $y = f(x)$ 在点 x_0 处可导;如果极限不存在,就说函数 $y = f(x)$ 在点 x_0 处不可导.

2.1.2.2　导数的基本公式

(1) $(C)' = 0$;　　　　　　　　　　(2) $(x^{\mu})' = \mu x^{\mu-1}$;

(3) $(\sin x)' = \cos x$;　　　　　　(4) $(\cos x)' = -\sin x$;

(5) $(\tan x)' = \sec^2 x$;　　　　　(6) $(\cot x)' = -\csc^2 x$;

(7) $(\sec x)' = \sec x \tan x$;　　　(8) $(\csc x)' = -\csc x \cot x$;

(9) $(a^x)' = a^x \ln a$;　　　　　　(10) $(\mathrm{e}^x)' = \mathrm{e}^x$;

(11) $(\log_a x)' = \dfrac{1}{x \ln a}$;　　　(12) $(\ln x)' = \dfrac{1}{x}$;

(13) $(\arcsin x)' = \dfrac{1}{\sqrt{1-x^2}}$;　　(14) $(\arccos x)' = -\dfrac{1}{\sqrt{1-x^2}}$;

(15) $(\arctan x)' = \dfrac{1}{1+x^2}$;　　(16) $(\mathrm{arccot}\, x)' = -\dfrac{1}{1+x^2}$.

例 2-1　求下列函数的导数：

（1）$y = x^5$；　　　　　　　　（2）$y = \dfrac{1}{\sqrt{x}}$；

（3）$y = x^4 \cdot \sqrt[7]{x}$；　　　　　　（4）$y = \dfrac{x^4 \sqrt[5]{x^2}}{\sqrt{x^3}}$；

（5）$y = 7^x$.

解　（1）$y' = (x^5)' = 5x^4$.

（2）$y' = \left(\dfrac{1}{\sqrt{x}}\right)' = (x^{-\frac{1}{2}})' = -\dfrac{1}{2}x^{-\frac{1}{2}-1} = -\dfrac{1}{2}x^{-\frac{3}{2}}$.

（3）$y' = (x^4 \cdot \sqrt[7]{x})' = (x^4 \cdot x^{\frac{1}{7}})' = (x^{4+\frac{1}{7}})' = (x^{\frac{29}{7}})' = \dfrac{29}{7}x^{\frac{29}{7}-1} = \dfrac{29}{7}x^{\frac{22}{7}}$.

（4）$y' = \left(\dfrac{x^4 \sqrt[5]{x^2}}{\sqrt{x^3}}\right)' = \left(\dfrac{x^4 \cdot x^{\frac{2}{5}}}{x^{\frac{3}{2}}}\right)' = (x^{4+\frac{2}{5}-\frac{3}{2}})' = (x^{\frac{29}{10}})'$

$\qquad = \dfrac{29}{10}x^{\frac{29}{10}-1} = \dfrac{29}{10}x^{\frac{19}{10}}$.

（5）$y' = (7^x)' = 7^x \ln 7$.

2.1.2.3　导数的几何意义

1. 曲线切线的斜率.

设曲线方程为 $y = f(x)$，点 $M(x_0, y_0)$ 为曲线上一定点（图 2-1），在曲线上另取一点 $M_1(x_0 + \Delta x, y_0 + \Delta y)$，那么割线 MM_1 的斜率为

$$k = \tan\varphi = \frac{\Delta y}{\Delta x} = \frac{f(x_0 + \Delta x) - f(x_0)}{\Delta x}.$$

当 $\Delta x \to 0$ 时，动点 M_1 就沿着曲线无限趋近于定点 M，割线 MM_1 也随之变动而无限趋近于它的极限位置 MT. 割线 MM_1 的极限位置 MT 就称为曲线 $y = f(x)$ 在点 M 处的切线. 此时，割线 MM_1 对于 x 轴的倾角 φ 的极限就是切线 MT 对于 x 轴的倾角 α，因而割线 MM_1 的斜率 $\dfrac{\Delta y}{\Delta x} = \tan\varphi$ 的极限就是切线的斜率 $\tan\alpha$. 于是有切线的斜率

$$k = \tan\alpha = \lim_{\Delta x \to 0} \tan\varphi = \lim_{\Delta x \to 0} \frac{\Delta y}{\Delta x} = \lim_{\Delta x \to 0} \frac{f(x_0 + \Delta x) - f(x_0)}{\Delta x}.$$

2. 导数的几何意义.

函数 $y = f(x)$ 在点 x_0 处的导数 $f'(x_0)$ 在几何上表示曲线 $y = f(x)$ 在点 $M(x_0, y_0)$ 处的切线的斜率，即

$$f'(x_0) = \tan\alpha,$$

其中 α 是切线的倾角，如图 2-2 所示.

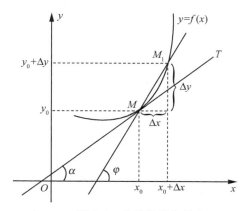

图 2-1 曲线切线的斜率

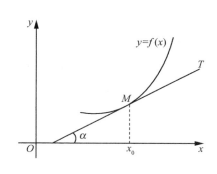

图 2-2 导数的几何意义

【案例解答】

解 对于前面的案例,想要避免铁路列车脱轨事故发生,就要控制列车在弯道处的速度,由导数的几何意义及直线的点斜式方程得曲线 $y = f(x)$ 在点 $M(x_0, y_0)$ 处的切线方程

$$y - y_0 = f'(x_0)(x - x_0).$$

如果 $f'(x_0) \neq 0$,则过点 $M(x_0, y_0)$ 的曲线 $y = f(x)$ 的法线方程为

$$y - y_0 = -\frac{1}{f'(x_0)}(x - x_0).$$

例 2-2 求曲线 $y = \frac{1}{x}$ 在点 $\left(2, \frac{1}{2}\right)$ 处的切线方程和法线方程.

解 因为 $y' = -\frac{1}{x^2}$,所以 $y = \frac{1}{x}$ 在点 $\left(2, \frac{1}{2}\right)$ 处的切线斜率为

$$y'\big|_{x=2} = -\frac{1}{x^2}\bigg|_{x=2} = -\frac{1}{4},$$

从而所求的切线方程为

$$y - \frac{1}{2} = -\frac{1}{4}(x - 2),$$

即

$$x + 4y - 4 = 0.$$

法线方程为

$$y - \frac{1}{2} = 4(x - 2),$$

即

$$8x - 2y - 15 = 0.$$

2.1.3 专业应用案例

由于函数的导数表示函数在某点处的瞬时变化率,因此在生产生活中有着广泛的应用.

物理领域——物体的比热

专业知识简介:比热是物体热量的变化率,因此,比热就是热量关于温度的导数.

设将单位质量的物体从 0℃ 加热到 T℃,物体所吸收的热量 Q 是温度 T 的函数:$Q =$

$Q(T)$,则物体在 $T℃$ 时的比热为

$$C = Q'(T).$$

例 2-3　已知 1 kg 的铁由 0℃ 加热到 $T℃$ 所吸收的热量 $Q = 0.1053T + 0.000071T^2$（$0 \leqslant T \leqslant 200$）,求 100℃ 时铁的比热.

解　因为 $C = Q'(T) = (0.1053T + 0.000071T^2)' = 0.1053 + 0.000071 \times 2T$
$$= 0.1053 + 0.000142T,$$

所以 100℃ 时铁的比热

$$C = 0.1053 + 0.000142 \times 100 = 0.1053 + 0.0142 = 0.1195.$$

练习题 2.1

1. 已知 $f'(x_0)$ 存在,求下列极限:

（1）$\lim\limits_{\Delta x \to 0} \dfrac{f(x_0 + 2\Delta x) - f(x_0)}{\Delta x}$;

（2）$\lim\limits_{\Delta x \to 0} \dfrac{f(x_0 - \Delta x) - f(x_0)}{\Delta x}$;

（3）$\lim\limits_{h \to 0} \dfrac{f(x_0 + h) - f(x_0 - h)}{2h}$;

（4）$\lim\limits_{x \to x_0} \dfrac{f(x_0) - f(x)}{x - x_0}$.

2. 求正弦曲线 $y = \sin x$ 在 $x = \dfrac{\pi}{3}$ 时的切线方程和法线方程.

3. 试求出曲线 $y = \dfrac{1}{3}x^3$ 上与直线 $x - 4y = 5$ 平行的切线方程.

4. 讨论函数 $f(x) = \begin{cases} \sin x, & x \geqslant 0 \\ x - 1, & x < 0 \end{cases}$ 在 $x = 0$ 处的连续性和可导性.

5. 设函数 $f(x) = \begin{cases} x^2, & x \leqslant 1 \\ ax + b, & x > 1, \end{cases}$ 问实数 a, b 取何值时,能使函数 $f(x)$ 在 $x = 1$ 处可导?

任务 2.2　初等函数的求导法则

任务内容

● 完成与初等函数求导相关的工作页;
● 学习与初等函数求导相关的知识.

任务目标

● 掌握导数的四则运算法则;

- 掌握导数四则运算的口诀；
- 能够利用导数解决专业问题.

2.2.1 工作任务

熟悉如下工作页，了解本任务学习内容. 在学习相关知识后，利用工作页在教师的指导下完成本任务，同时完成工作页内相关内容的填写.

任务工作页

1. 函数加减法求导公式及口诀：

_____

2. 函数乘法求导公式及口诀：

_____

3. 函数除法求导公式及口诀：

_____

【案例引入】 图书印刷量问题

出版社出版图书的成本是与图书的印刷量有关的. 印刷量越多，单本书的成本越低，但随着印数的增加，印刷出来的书的次品、废品数也成指数型增长. 设印刷某种图书 q 本书的总成本函数为

$$C(q) = 30000 + 4q + 0.003q^2.$$

如果该书销售单价 $p = 28$ 元，当印刷 5000 本时是否要继续增大印刷数呢？

2.2.2 学习提升

2.2.2.1 加减法求导

如果函数 $u(x)$ 与 $v(x)$ 在点 x 处可导，则

（1）$[u(x) + v(x)]' = u'(x) + v'(x)$；　　　　（2）$[u(x) - v(x)]' = u'(x) - v'(x)$；

（3）$[u_1(x) + u_2(x) + \cdots + u_n(x)]' = u_1'(x) + u_2'(x) + \cdots + u_n'(x)$.

> 为方便记忆，可以用一句口诀来总结函数加减法求导——分别求导再加减.

2.2.2.2 乘法求导

$$[u(x) \cdot v(x)]' = u'(x)v(x) + v(x)u'(x).$$

> 为方便记忆，可以用一句口诀来总结函数乘法求导——前导后不导加上后导前不导.

$$[Cu(x)]' = Cu'(x) \quad (C \text{ 为常数}).$$

若函数前面有系数,则求导时系数提前面.

例 2-4 已知 $y = 2x^3 - 5x^2 + 3x - 7$,求 y'.

解 $y' = (2x^3 - 5x^2 + 3x - 7)' = 2(x^3)' - 5(x^2)' + 3(x)' - (7)'$

$\qquad = 2 \times 3x^2 - 5 \times 2x + 3 = 6x^2 - 10x + 3.$

例 2-5 已知 $f(x) = x^3 + 4\cos x - \sin \dfrac{\pi}{2}$,求 $f'(x)$ 及 $f'\left(\dfrac{\pi}{2}\right)$.

解 $\because f'(x) = 3x^2 - 4\sin x, \therefore f'\left(\dfrac{\pi}{2}\right) = \dfrac{3}{4}\pi^2 - 4.$

利用导函数来求导数显然比用导数定义来求要容易得多,我们今后大多都是用此方法来求导数.

例 2-6 已知 $y = 2\sqrt{x}\mathrm{e}^x$,求 y'.

解 $y' = (2\sqrt{x}\mathrm{e}^x)' = 2(\sqrt{x})'\mathrm{e}^x + 2\sqrt{x}(\mathrm{e}^x)' = \dfrac{\mathrm{e}^x}{\sqrt{x}} + 2\sqrt{x}\mathrm{e}^x.$

例 2-7 已知 $y = \mathrm{e}^x(\sin x + \cos x)$,求 y'.

解 $y' = (\mathrm{e}^x)'(\sin x + \cos x) + \mathrm{e}^x(\sin x + \cos x)'$

$\qquad = \mathrm{e}^x(\sin x + \cos x) + \mathrm{e}^x(\cos x - \sin x)$

$\qquad = 2\mathrm{e}^x\cos x.$

2.2.2.3 除法求导

$$\left[\frac{u(x)}{v(x)}\right]' = \frac{u'(x)v(x) - u(x)v'(x)}{v^2(x)} \quad (v(x) \neq 0).$$

为方便记忆,可以用一句口诀来总结函数除法求导——分母平方分之上导下不导减去下导上不导.

例 2-8 已知 $y = \dfrac{x-1}{x+1}$,求 y'.

解 $y' = \left(\dfrac{x-1}{x+1}\right)' = \dfrac{(x-1)'(x+1) - (x+1)'(x-1)}{(x+1)^2}$

$\qquad = \dfrac{x+1-(x-1)}{(x+1)^2} = \dfrac{x+1-x+1}{(x+1)^2} = \dfrac{2}{(x+1)^2}.$

【案例解答】

专业背景分析:经济领域——边际.

(1) 边际成本.设总成本函数为 $C = C(q)$,C 表示总成本,q 表示销售量,则 $C'(q)$ 称为销售量为 q 个单位时的边际成本.

边际成本的经济含义:销售量达到 q 个单位时,再增加一个单位的销量,相应的总成本增加 $C'(q)$ 个单位.

（2）边际收入. 设总收入函数为 $R = R(q)$，R 表示总收入，q 表示销售量，则 $R'(q)$ 称为销售量为 q 个单位时的边际收入.

边际收入的经济含义：销售量达到 q 个单位时，再增加一个单位的销量，相应的总收入增加 $R'(q)$ 个单位.

（3）边际利润. 设总利润函数为 $L = L(q)$，L 表示总收入，q 表示销售量，则 $L'(q)$ 称为销售量为 q 个单位时的边际利润.

边际利润的经济含义：销售量达到 q 个单位时，再增加一个单位的销售，相应的总利润增加 $L'(q)$ 个单位.

解 现在设印刷 q 本书的总成本函数为

$$C(q) = 30000 + 4q + 0.003q^2.$$

如果该书销售单价 $p = 28$ 元，则可得总收入函数为

$$R(q) = pq = 28q.$$

因此，总利润函数为

$$L(q) = R(q) - C(q) = 28q - 30000 - 4q - 0.003q^2$$
$$= 24q - 30000 - 0.003q^2.$$

边际利润函数为

$$L'(q) = (24q - 30000 - 0.003q^2)' = 24 - 0.006q,$$

故

$$L'(5000) = 24 - 0.006 \times 5000 = 24 - 30 = -6.$$

这说明，印刷量达到 5000 本时，多印刷一本，总利润减少 6 元.

2.2.3 专业应用案例

电学领域——电流问题

例 2-9 电路中某点处的电流 i 是通过该点处的电量 q 关于时间 t 的瞬时变化率，如果一电路中的电量为 $q(t) = t^5 + 3t$. 试求：

（1）其电流函数 $i(t)$；

（2）$t = 2$ 时的电流.

解 （1）根据题意，电流函数 $i(t) = q'(t) = (t^5 + 3t)' = 5t^4 + 3$.

（2）当 $t = 2$ 时，$i(2) = 5 \times 2^4 + 3 = 83$.

工业领域——制冷效果

例 2-10 某电器厂在对冰箱制冷后断电测试其制冷效果，t 小时后冰箱的温度为 $T = \dfrac{2t}{0.05t + 1} - 20$. 问冰箱温度 T 关于时间 t 的变化率是多少？

解 $T' = \left(\dfrac{2t}{0.05t + 1} - 20 \right)' = \dfrac{(2t)'(0.05t + 1) - (0.05t + 1)'(2t)}{(0.05t + 1)^2} = \dfrac{2}{(0.05t + 1)^2}.$

练习题 2.2

1. 若函数 $y = 3x^2 - \dfrac{2}{x^2} + 5$，则 $y' = $ _____.

2. 若函数 $y = 5\cos x \sin x$，则 $y'\Big|_{x = \frac{x}{4}} = $ _____.

3. 若函数 $y = x^{15} + 15^x$，则 $y' = $ _____.

4. 求下列函数的导数：

（1）$y = 3x^4 - \dfrac{1}{x^2} + \sin x$；

（2）$y = x^2(\ln x + \sqrt{x})$；

（3）$y = e^x + \cos x + \ln 2$；

（4）$y = \sqrt[5]{x^3} + 2^x - \arctan x$；

（5）$y = \left(x^3 + \dfrac{1}{x}\right)(2 - x)$；

（6）$y = \dfrac{2x^3 - 5x + 3\sqrt{x}}{x^3}$；

（7）$y = x^2 \sec x$；

（8）$y = x^2 \arctan x$；

（9）$y = \dfrac{\tan x}{x}$；

（10）$y = \dfrac{2x}{1 - x^2}$.

5. 求下列函数在给定点处的导数：

（1）$y = \cos x \sin x$，求 y'，$y'\Big|_{x = \frac{\pi}{2}}$；

（2）$y = \dfrac{x}{5 - x} + \dfrac{x^2}{5}$，求 y'，$y'\big|_{x = \pi}$ 及 $y'\big|_{x = -\pi}$.

任务 2.3　复合函数的导数　高阶导数

任务内容

- 完成与复合函数求导数、高阶导数相关的工作页；
- 学习与复合函数求导数相关的知识；
- 学习与高阶导数相关的知识.

任务目标

- 掌握复合函数求导数的步骤；
- 掌握高阶导数求导步骤；
- 掌握特殊函数的高阶导数.

2.3.1　工作任务

熟悉如下工作页,了解本任务学习内容. 在学习相关知识后,利用工作页在教师的指导下完成本任务,同时完成工作页内相关内容的填写.

任务工作页

1. 复合函数求导的步骤:

2. 高阶导数求导的步骤:

3. 特殊函数的高阶导数:

【案例引入】

设某种汽车刹车后运动规律为 $s = 19.2t - 0.4t^2$,假设汽车做直线运动,求汽车在 $t = 4\ \text{s}$ 时的速度和加速度.

2.3.2　学习提升

2.3.2.1　复合函数的求导法则

定理 2-1　设有函数 $y = f(u)$,$u = \varphi(x)$,如果 $u = \varphi(x)$ 在点 x_0 处可导,而 $y = f(u)$ 在点 $u_0 = \varphi(x_0)$ 处可导,则复合函数 $y = f[\varphi(x)]$ 在点 x_0 处可导,且其导数为

$$\frac{\mathrm{d}y}{\mathrm{d}x}\bigg|_{x=x_0} = f'(u_0) \cdot \varphi'(x_0).$$

注意:上述定理中的定点可以推广到定义域内任意一点.

同时复合函数的求导法则可以推广到多个中间变量的情形. 下面我们以两个中间变量为例得到一个推论.

推论　设 $y = f(u)$,$u = \varphi(v)$,$v = \Psi(x)$ 均可导,则复合函数 $y = f\{\varphi[\Psi(x)]\}$ 也可导,且 $\frac{\mathrm{d}y}{\mathrm{d}x} = \frac{\mathrm{d}y}{\mathrm{d}u} \cdot \frac{\mathrm{d}u}{\mathrm{d}x}$,而 $\frac{\mathrm{d}u}{\mathrm{d}x} = \frac{\mathrm{d}u}{\mathrm{d}v} \cdot \frac{\mathrm{d}v}{\mathrm{d}x}$,则复合函数 $y = f\{\varphi[\Psi(x)]\}$ 的导数为

$$\frac{\mathrm{d}y}{\mathrm{d}x} = \frac{\mathrm{d}y}{\mathrm{d}u} \cdot \frac{\mathrm{d}u}{\mathrm{d}v} \cdot \frac{\mathrm{d}v}{\mathrm{d}x}.$$

当然,这里假设上式右端所出现的导数在相应处都存在. 因此求复合函数时,关键是要分清其复合过程,认清其中间变量.

例 2-11　已知 $y = \cos 5x$,求 $\frac{\mathrm{d}y}{\mathrm{d}x}$.

解 $y = \cos 5x$ 可看作由 $y = \cos u, u = 5x$ 复合而成,则

$$\frac{dy}{dx} = \frac{dy}{du} \cdot \frac{du}{dx} = (\cos u)'(5x)' = -\sin u \cdot 5 = -5\sin 5x.$$

例 2-12   已知 $y = \sqrt[3]{1-2x^2}$,求 $\frac{dy}{dx}$.

解 $\frac{dy}{dx} = \left[(1-2x^2)^{\frac{1}{3}}\right]' = \frac{1}{3}(1-2x^2)^{-\frac{2}{3}} \cdot (1-2x^2)' = \frac{-4x}{3\sqrt[3]{(1-2x^2)^2}}.$

例 2-13   已知 $y = \ln\sin x$,求 $\frac{dy}{dx}$.

解 $\frac{dy}{dx} = (\ln\sin x)' = \frac{1}{\sin x}(\sin x)' = \frac{\cos x}{\sin x} = \cot x.$

注意:在大家熟悉的一般情况下求导数时我们没有必要写出其中间变量,但是千万要分清楚函数的复合过程.

例 2-14   已知 $y = e^{\sin\frac{1}{x}}$,求 y'.

解 $y' = \left(e^{\sin\frac{1}{x}}\right)' = e^{\sin\frac{1}{x}}\left(\sin\frac{1}{x}\right)' = e^{\sin\frac{1}{x}} \cdot \cos\frac{1}{x}\left(\frac{1}{x}\right)' = -\frac{1}{x^2}e^{\sin\frac{1}{x}}\cos\frac{1}{x}.$

2.3.2.2 **高阶导数**

1. 高阶导数.

定义 2-2   如果函数 $y = f(x)$ 的导数 $y' = f'(x)$ 仍是 x 的可导函数,则称 $f'(x)$ 的导数为 $f(x)$ 的二阶导数,相应的 $f'(x)$ 称为 $y = f(x)$ 的一阶导数,二阶导数记为 y'',$f''(x)$ 或 $\frac{d^2y}{dx^2}$,即

$$f''(x) = [f'(x)]', 或 \frac{d^2y}{dx^2} = \frac{d}{dx}\left(\frac{dy}{dx}\right).$$

二阶导数 $f''(x)$ 的导数称为函数 $f(x)$ 的三阶导数,记作 y''',$f'''(x)$ 或 $\frac{d^3y}{dx^3}$.

类似地,$(n-1)$ 阶导数的导数称为 $f(x)$ 的 n 阶导数,记作 $y^{(n)}$,$f^{(n)}(x)$ 或 $\frac{d^ny}{dx^n}$.

二阶及二阶以上的导数统称为高阶导数.

例 2-15   已知 $y = 4x^2 + 3x - 1$,求 y''.

解 $y' = 8x + 3, y'' = 8.$

例 2-16   已知 $y = x^2\ln x$,求 y''.

解 $y' = 2x\ln x + x, y'' = 2\ln x + 2x \cdot \frac{1}{x} + 1 = 2\ln x + 3.$

2. 特殊函数的高阶导数.

(1) $(e^x)^{(n)} = e^x$;

(2) $(\sin x)^{(n)} = \sin\left(x + n \cdot \frac{\pi}{2}\right)$;

$(3)\ (\cos x)^{(n)} = \cos\left(x + n \cdot \dfrac{\pi}{2}\right);$

$(4)\ (x^{\mu})^{(n)} = \mu(\mu-1)(\mu-2) \cdot \cdots \cdot (\mu-n+1)x^{\mu-n}\ (\mu>n),$

$\qquad (x^{n})^{(n)} = n(n-1)(n-2) \cdot \cdots \cdot 3 \cdot 2 \cdot 1 = n!,$

$\qquad (x^{n})^{(n+1)} = 0;$

$(5)\ \left[\ln(1+x)\right]^{(n)} = (-1)^{n-1}(n-1)!\ (1+x)^{-n}.$

【案例解答】

解　刹车后的速度为

$$v = \frac{\mathrm{d}s}{\mathrm{d}t} = (19.2t - 0.4t^{3})' = 19.2 - 1.2t^{2}\ (\mathrm{m/s}).$$

刹车后的加速度为

$$a = \frac{\mathrm{d}^{2}s}{\mathrm{d}t^{2}} = (1.92 - 1.2t^{2})' = -2.4t\ (\mathrm{m/s^{2}}).$$

当 $t = 4\ \mathrm{s}$ 时汽车的速度为

$$v = (19.2 - 1.2t^{2})\big|_{t=4} = 0\ (\mathrm{m/s}).$$

加速度为

$$a = -2.4t\big|_{t=4} = -9.6\ (\mathrm{m/s^{2}}).$$

2.3.3　专业应用案例

经济领域——国防运算的增长

2017 年美国国防部抱怨国会和参议院削减了国防预算. 事实上, 国会只是削减了国防预算增长的变化率. 若总费用 $f(x)$ 表示国防预算关于时间 x 的函数, 则预算的导数 $f'(x) > 0$ 表示预算仍然在增加, 只是 $f''(x) < 0$, 即预算的增长变缓了.

一阶导数的符号可以反映事物是增长还是减少, 二阶导数的符号则说明增长或减少的快慢.

练习题 2.3

1. 求下列函数的导数:

$(1)\ y = \cos(x^{2}+1);$　　　　　　　　$(2)\ y = (\arctan x)^{2};$

$(3)\ y = (x^{2}+2x)^{100};$　　　　　　　$(4)\ y = \ln(1-3x);$

$(5)\ y = \arcsin\dfrac{1}{x};$　　　　　　　$(6)\ y = \sin(\ln x);$

$(7)\ y = \ln(x - \sqrt{x^{2}-1});$　　　　　$(8)\ y = \ln\dfrac{3-2x}{1+\sqrt{x}};$

（9）$y = 3\cos\dfrac{x}{2} + \mathrm{e}^{3x}$；

（10）$y = x\sqrt{1 + x^2}$；

（11）$y = 2^{\sin x} + \cos\sqrt{x}$；

（12）$y = \mathrm{e}^{-2x} + \mathrm{e}^{x^2}$；

（13）$y = \mathrm{e}^{3x}\sin(4x + 1)$；

（14）$y = \dfrac{\cos 5x}{(3x + 1)^3}$.

2. 求下列函数的二阶导数：

（1）$y = 4x^2 + \ln x$；

（2）$y = \mathrm{e}^{-x}\cos x$；

（3）$y = \dfrac{1}{x^3 + 1}$；

（4）$y = \dfrac{\sin x}{x}$；

（5）$y = x\arctan x$；

（6）$y = x\sqrt{2x - 3}$.

3. 求下列函数的 n 阶导数：

（1）$y = 2^x$；

（2）$y = x\mathrm{e}^x$；

（3）$y = \ln(1 + x)$；

（4）$y = (1 + x)^n$.

任务 2.4   函数的微分

任务内容

- 完成与微分概念及性质相关的工作页；
- 学习与微分相关的知识；
- 理解微分的概念及其几何意义.

任务目标

- 掌握微分的基本概念；
- 掌握求微分的基本公式；
- 掌握微分的运算方法.

2.4.1   工作任务

熟悉如下工作页，了解本任务的学习内容. 在学习相关知识后，利用工作页在教师的指导下完成本任务，同时完成工作页内相关内容的填写.

任务工作页

1. 微分的表示方法：
   _____

2. 微分公式：
   (1) _____ (2) _____
   (3) _____ (4) _____
   (5) _____ (6) _____
   (7) _____ (8) _____
   (9) _____ (10) _____

3. 微分与导数的关系：
   _____

4. 求函数微分的步骤：
   _____

【案例引入】 铁轨缝隙问题

经常坐火车的人都知道，每隔一段很短的时间就可以听到"咯噔"一声响，你还可能感觉到车体有一点轻微的颠簸. 靠近钢轨细细地观察，会发现每隔10余米，两截钢轨之间就可能留有一点空隙. 那么，为什么钢轨间要留一点空隙呢？原来，这样做是为了解决钢轨的热胀冷缩问题. 在一般的情况下，不同物体在外界温度变化时会产生热胀冷缩的现象，即随着温度升高，体积就增大，温度降低，体积就缩小(但也有例外，如水结冰以后，体积反而会增大. 另外压力等条件的变化，引起物体体积变化的情形也会有所不同). 在一定的温度下，钢轨的长度是不变的，可是当温度发生变化时，它的长、宽、高都会随之变化. 假如安装钢轨时，钢轨之间严丝合缝，确实可以减少列车通过时产生的使人讨厌的"咯噔"声和颠簸，可是，因为热胀冷缩现象的存在，夏天天气炎热时，钢轨长度就会增大，没有预留缝隙的钢轨就会向上隆起，很明显这样对行车安全很不利. 为了避免这种现象的发生，就必须在钢轨之间预留缝隙，那么钢轨间的缝隙应该留多大才合适呢？

2.4.2 学习提升

2.4.2.1 微分的概念

【案例解答】

设有一块边长为 x 的正方形金属钢轨，其长度随气温的变化而变化，热胀冷缩，它的面积 $A = x^2$ 是 x 的函数. 当气温变化时，其边长由 x 变到 $x + \Delta x$ (图2-3)，问此时钢轨的面积改变了多少？

解 若边长由 x 增加到 $x + \Delta x$，相应地，正方形增加的面积为

$$\Delta A = (x + \Delta x)^2 - x^2 = 2x\Delta x + (\Delta x)^2.$$

式中包括两部分：第一部分 $2x\Delta x$ 是 Δx 线性函数，图中带有斜线的两个矩形面积之和；

第二部分 $(\Delta x)^2$ 是图中带有交叉斜线的小正方形面积. 当 $\Delta x \to 0$ 时,第二部分是比 Δx 高阶的无穷小,即 $(\Delta x)^2 = o(\Delta x)$. 由此可见,如果边长改变量很微小,即 $|\Delta x|$ 很小时,面积的改变量 ΔA 可近似用第一部分来表示,从而得到面积改变量的近似值,即 $\Delta A \approx 2x\Delta x$.

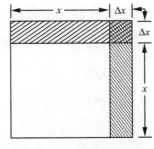

图 2-3　正方形金属钢轨

1. 微分的概念.

定义 2-3　设函数 $y = f(x)$ 在某区间内有定义,x_0 及 $x_0 + \Delta x$ 在该区间内,如果函数的增量 $\Delta y = f(x_0 + \Delta x) - f(x_0)$ 可表示为

$$\Delta y = A\Delta x + o(\Delta x),$$

其中,A 是不依赖于 Δx 的常数,而 $o(\Delta x)$ 是比 Δx 高阶的无穷小,那么称函数 $y = f(x)$ 在点 x_0 处是可微的. 而 $A\Delta x$ 称为函数 $y = f(x)$ 在点 x_0 处相应于自变量增量 Δx 的微分,记作 $\mathrm{d}y$,即

$$\mathrm{d}y = A\Delta x.$$

函数的微分 $A\Delta x$ 是 Δx 的线性函数,且与函数的改变量 Δy 相差一个比 Δx 高阶的无穷小. 当 $A \neq 0$ 时,它是 Δy 的主要部分,所以也称微分 $\mathrm{d}y$ 是改变量 Δy 的线性主部.

2. 微分与导数的关系.

函数 $f(x)$ 在点 x_0 处可微的充分必要条件:函数 $f(x)$ 在点 x_0 处可导,且当 $f(x)$ 在点 x_0 处可微时,它的微分一定是 $\mathrm{d}y = f'(x_0)\Delta x$.

3. 微分的表示方法.

(1) $\mathrm{d}y = f'(x)\Delta x$;　(2) $\mathrm{d}y = f'(x)\mathrm{d}x$.

导数也叫"微商".

例 2-17　求函数 $y = x^3$ 当 $x = 1$,$\Delta x = 0.01$ 时的微分.

解　函数在任意点的微分

$$\mathrm{d}y = (x^3)'\Delta x = 3x^2\Delta x.$$

当 $x = 1$,$\Delta x = 0.01$ 时的微分

$$\mathrm{d}y \Big|_{\substack{x=1 \\ \Delta x = 0.01}} = 3x^2\Delta x \Big|_{\substack{x=1 \\ \Delta x = 0.01}} = 3 \times 1^2 \times 0.01 = 0.03.$$

2.4.2.2　微分的几何意义

在直角坐标系中作函数 $y = f(x)$ 的图形,在曲线上取定一点 $M(x_0, y_0)$,当自变量在点 x_0 处有微小增量 Δx 时,得曲线上另一点 $N(x_0 + \Delta x, y_0 + \Delta y)$,由图 2-4 可知:$MQ = \Delta x$,$QN = \Delta y$.

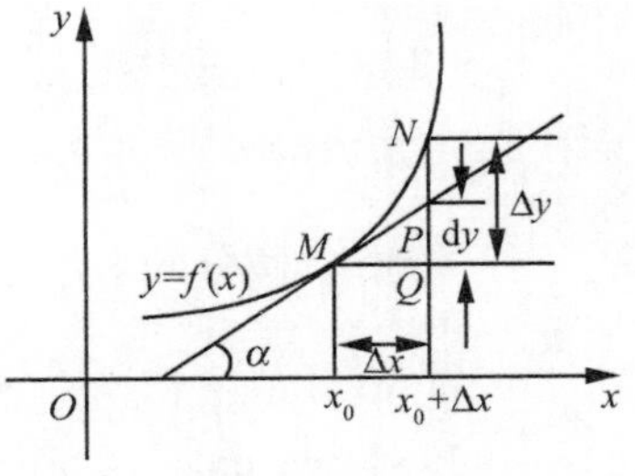

过点 M 作曲线的切线 MT,它的倾斜角为 α,则

图 2-4　微分的几何意义

$$QP = MQ \cdot \tan\alpha = \Delta x \cdot f'(x_0),$$

即

$$\mathrm{d}y = QP.$$

由此可见,当 Δy 是曲线 $y = f(x)$ 上点的纵坐标的增量时,$\mathrm{d}y$ 就是曲线切线上点的纵坐

标的相应增量. 当 $|\Delta x|$ 很小时, $|\Delta y - \mathrm{d}y|$ 比 $|\Delta x|$ 小得多.

2.4.2.3 基本初等函数的微分公式与微分运算法则

1. 微分基本公式.

(1) $\mathrm{d}(x^{\mu}) = \mu x^{\mu-1}\mathrm{d}x$;　　　　(2) $\mathrm{d}(\sin x) = \cos x\mathrm{d}x$;

(3) $\mathrm{d}(\cos x) = -\sin x\mathrm{d}x$;　　　(4) $\mathrm{d}(\tan x) = \sec^2 x\mathrm{d}x$;

(5) $\mathrm{d}(\cot x) = -\csc^2 x\mathrm{d}x$;　　(6) $\mathrm{d}(\sec x) = \sec x\tan x\mathrm{d}x$;

(7) $\mathrm{d}(\csc x) = -\csc x\cot x\mathrm{d}x$;　(8) $\mathrm{d}(a^x) = a^x\ln a\mathrm{d}x$;

(9) $\mathrm{d}(\mathrm{e}^x) = \mathrm{e}^x\mathrm{d}x$;　　　　(10) $\mathrm{d}(\log_a x) = \dfrac{1}{x\ln a}\mathrm{d}x$;

(11) $\mathrm{d}(\ln x) = \dfrac{1}{x}\mathrm{d}x$;　　　(12) $\mathrm{d}(\arcsin x) = \dfrac{1}{\sqrt{1-x^2}}\mathrm{d}x$;

(13) $\mathrm{d}(\arccos x) = -\dfrac{1}{\sqrt{1-x^2}}\mathrm{d}x$;　(14) $\mathrm{d}(\arctan x) = \dfrac{1}{1+x^2}\mathrm{d}x$;

(15) $\mathrm{d}(\mathrm{arccot}\,x) = -\dfrac{1}{1+x^2}\mathrm{d}x$.

2. 函数的和、差、积、商的微分运算法则(其中 $u = u(x)$, $v = v(x)$).

(1) $\mathrm{d}(u \pm v) = \mathrm{d}u \pm \mathrm{d}v$;　　　(2) $\mathrm{d}(Cu) = C\mathrm{d}u$;

(3) $\mathrm{d}(uv) = v\mathrm{d}u + u\mathrm{d}v$;　　　(4) $\mathrm{d}\left(\dfrac{u}{v}\right) = \dfrac{v\mathrm{d}u - u\mathrm{d}v}{v^2}(v \neq 0)$.

3. 复合函数的微分法则.

设函数 $y = f(x)$ 及 $u = \varphi(x)$ 都可导, 则复合函数 $y = f[\varphi(x)]$ 的微分为

$$\mathrm{d}y = y'_{(x)}\mathrm{d}x = f'(u)\varphi'(x)\mathrm{d}x,$$

其中 $y'_{(x)}$ 表示复合函数对 x 的导数.

由于 $\varphi'(x)\mathrm{d}x = \mathrm{d}u$, 所以复合函数 $y = f[\varphi(x)]$ 的微分公式也可以写成

$$\mathrm{d}y = f'(u)\mathrm{d}u.$$

由此可见, 无论 u 是自变量或中间变量, 函数 $y = f(u)$ 的微分总是 $\mathrm{d}y = f'(u)\mathrm{d}u$, 这个性质称为微分形式不变性.

简单地说, 微分的求法分两步:

(1) 求导数 y';

(2) $\mathrm{d}y = y'\mathrm{d}x$.

例 2-18 已知 $y = \sin(5x+7)$, 求 $\mathrm{d}y$.

解　$\mathrm{d}y = y'\mathrm{d}x = [\sin(5x+7)]'\mathrm{d}x = 5\cos x(5x+7)\mathrm{d}x$.

注: 在求复合函数的微分时, 可以和求复合函数的导数一样不写出中间变量.

例 2-19　已知 $y = \mathrm{e}^{5-x}\cos x$，求 $\mathrm{d}y$.

解　$\mathrm{d}y = \mathrm{d}(\mathrm{e}^{5-x}\cos x) = (\mathrm{e}^{5-x}\cos x)' \mathrm{d}x$

$\qquad = [(\cos x)\mathrm{e}^{5-x}(-1) + \mathrm{e}^{5-x}(-\sin x)] \mathrm{d}x$

$\qquad = -\mathrm{e}^{5-x}(\cos x + \sin x) \mathrm{d}x.$

例 2-20　在下列等式左端的括号中填入适当的函数，使等式成立.

（1）$\mathrm{d}(\quad) = x\mathrm{d}x$；　（2）$\mathrm{d}(\quad) = \cos\omega t\,\mathrm{d}t.$

解　（1）由 $\mathrm{d}(x^2) = 2x\mathrm{d}x$，得 $\mathrm{d}\left(\dfrac{x^2}{2}\right) = x\mathrm{d}x.$

一般地，有 $\mathrm{d}\left(\dfrac{x^2}{2} + C\right) = x\mathrm{d}x\,(C\ \text{为任意常数}).$

（2）由 $\mathrm{d}(\sin\omega t) = \omega\cos\omega t\,\mathrm{d}t$，得 $\mathrm{d}\left(\dfrac{1}{\omega}\sin\omega t\right) = \cos\omega t\,\mathrm{d}t.$

一般地，有 $\mathrm{d}\left(\dfrac{1}{\omega}\sin\omega t + C\right) = \cos\omega t\,\mathrm{d}t\,(C\ \text{为任意常数}).$

2.4.3　专业应用案例

工业领域——金属受热

例 2-21　一块正方形金属体的边长为 2 cm，当金属体受热边长增加 0.01 cm 时，体积的微分是多少？体积的改变量又是多少？

解　若边长由 x_0 增加到 $x_0 + \Delta x$，相应地，正方形的体积增加了

$$\Delta V = (x_0 + \Delta x)^3 - x_0^3 = (2 + 0.01)^3 - 2^3 = 8.120601 - 8 = 0.120601,$$

$$\mathrm{d}V = V'\Delta x = (x^3)'\Delta x = 3x^2\Delta x = 3 \times 2^2 \times 0.01 = 0.12.$$

练习题 2.4

1. 求下列函数的微分：

（1）$y = x\sin 2x$；

（2）$y = \arctan(\mathrm{e}^x)$；

（3）$y = 3^{\sin x}$；

（4）$y = \cos(x^2)$；

（5）$y = \arcsin\sqrt{1 - x^2}$；

（6）$y = \mathrm{e}^{-x}\cos(3 - x)$；

（7）$y = \dfrac{x}{\sqrt{x^2 + 1}}$；

（8）$y = \arctan\dfrac{1 + x}{1 - x}.$

2. 利用微分求下列函数的近似值：

（1）$\tan 136°$；

（2）$\sqrt[4]{1.003}.$

3. 设 $A > 0$，且 $|B| \ll A^n$，证明：

$$\sqrt[n]{A^n + B} \approx A + \frac{B}{nB^{n-1}}$$

并计算 $\sqrt[10]{1000}$ 的近似值.

4. 已知测量球的直径 D 的相对误差为 1%，求使用公式 $V = \dfrac{\pi}{6}D^3$ 计算球体积时的相对误差.

自测题二

一、单项选择题

1. 若函数 $y = f(x)$ 在点 x_0 处的导数 $f'(x_0) = 0$，则曲线 $y = f(x)$ 在点 $(x_0, f(x_0))$ 处的法线（   ）.

A. 与 x 轴垂直   B. 与 x 轴相平行

C. 与 y 轴相垂直   D. 与 y 轴即不平行也不垂直

2. 若 $f(x) = \begin{cases} x^2, & x \leqslant 1, \\ ax - b, & x > 1 \end{cases}$ 在 $x = 1$ 处可导，则实数 a, b 的值为（   ）.

A. $a = 1, b = 2$ B. $a = 2, b = 1$ C. $a = -1, b = 2$ D. $a = -2, b = 1$

3. 设 $f(x)$ 是可导函数，且 $\lim\limits_{\Delta x \to 0} \dfrac{f(x_0 + 2\Delta x) - f(x_0)}{\Delta x} = 1$，则 $f'(x_0) = $（   ）.

A. 1   B. 0   C. 2   D. $\dfrac{1}{2}$

4. 设 $y = \dfrac{\ln x}{x}$，则 $y' = $（   ）.

A. $\dfrac{1 - \ln x}{x^2} dx$ B. $\dfrac{1 - \ln x}{x^2}$ C. $\dfrac{\ln x - 1}{x^2}$ D. $\dfrac{\ln x - 1}{x^2} dx$

5. 设 $f(x) = \sin \dfrac{1}{x}$，则 $f'\left(\dfrac{1}{\pi}\right) = $（   ）.

A. 1   B. -1 C. π^2 D. $-\pi^2$

6. 设 $y = \sin x$，则 $y'''\left(\dfrac{\pi}{2}\right) = $（   ）.

A. 0   B. 1   C. -1 D. $\dfrac{1}{2}$

7. 设 $y = xe^{\sin x}$，则 $dy = $（   ）$dx$.

A. $e^{\sin x}(1 - x\cos x)$ B. $e^{\sin x}(x - \cos x)$

C. $e^{\sin x}(1 + x\cos x)$ D. $e^{\sin x}(-1 + \cos x)$

8. 设函数 $y = f(-x^2)$，则 $dy = $（   ）.

A. $xf'(-x^2) dx$ B. $2f(-x^2) dx$

C. $2xf'(-x^2) dx$ D. $-2xf'(-x^2) dx$

9. 下列论断正确的是（   ）.

A. $f(x)$ 在点 x_0 处有极限,则 $f(x)$ 在点 x_0 处可导

B. $f(x)$ 在点 x_0 处连续,则 $f(x)$ 在点 x_0 处可导

C. $f(x)$ 在点 x_0 可导,则 $f(x)$ 在点 x_0 处有极限

D. $f(x)$ 在点 x_0 不可导,则 $f(x)$ 在点 x_0 处不连续但有极限

二、填空题

1. 设 $y = f(x)$ 在 $x = x_0$ 处可导,则 $\lim\limits_{h \to 0} \dfrac{f(x_0 + h) - f(x_0 - h)}{h} = $ _____.

2. 设 $f(x) = x^2 e^{-x}$,则 $f'(x) = $ _____.

3. 设 $f(x) = \ln(1 + x^2)$,则 $f''(-1) = $ _____.

4. 设 $y = f(\cos x)$,则 $\dfrac{\mathrm{d}y}{\mathrm{d}x} = $ _____.

5. 设 $y = e^{\sin x^2}$,则 $\mathrm{d}y = $ _____.

6. 设一质点按 $s(t) = t^3 + 2t^2 + 1$ 做直线运动,则质点在时刻 $t = 2$ 时的速度 $v(2) = $ _____,加速度 $a(2) = $ _____.

7. 已知 $y = x^2(3x^5 - 2x^4 - 3x + 1)^5$,则 $y^{(27)} = $ _____,$y^{(28)} = $ _____.

三、计算题

1. 求下列函数的导数:

(1) $y = \dfrac{1}{x} - \sqrt{x} - e^2$;　　　　　(2) $y = 2x\sin 3x$;

(3) $y = e^x \cos x$;　　　　　(4) $y = x^2 \arctan x - \ln x$;

(5) $y = e^{\cos 2x}$;　　　　　(6) $y = (4x^2 + 1)^{100}$;

(7) $y = \sqrt{1 - 2x^2}$;　　　　　(8) $y = \ln[\sin(2x - 5)]$;

(9) $y = \dfrac{e^{5x}}{3x^2 + 1}$;　　　　　(10) $y = x(x - 1)(x + 1)$;

(11) $y = 3\sqrt{x}(x - 1)$;　　　　　(12) $y = \ln \dfrac{a + bx}{a - bx}$;

(13) $y = \cos\left(\dfrac{\pi}{3} - 2x\right)$;　　　　　(14) $y = e^{-\frac{1}{\sqrt{x}}}$;

(15) $y = (x - 2)\sqrt[3]{\dfrac{(x + 3)^2}{1 + x^2}}$;　　　　　(16) $y = (x + 1)^{\sin x}$.

2. 求下列函数的微分:

(1) $y = \cos x + \ln x + 2$;　　　　　(2) $y = e^{-x}\sin x$;

(3) $y = \ln(2x^2 + e^x)$;　　　　　(4) $y = a^x + 2xe^x$;

(5) $y = e^x + \arcsin(x^2)$;　　　　　(6) $y = \cos[\ln(1 + 2x)]$.

3. 求下列函数的二阶导数:

(1) $y = (1 + x^2)\arctan x$;　　　　　(2) $y = (e^x + e^{-x})^3$.

阅读材料

微积分的准备工作

众所周知,微积分是牛顿(I. Newton,1643—1727)和莱布尼茨(G. W. Leibniz,1646—1716)创立的.但如果把人类文明史上这一伟大成果仅仅归功于他们二人,就有失公允了.正如牛顿所说:"我所以有这样的成就,是因为我站在巨人们的肩上."仅就发明微积分而言,属于他所谓"巨人"之列的,至少可以举出斯蒂文、开普勒、伽利略、卡瓦列里、费马、帕斯卡、沃利斯、巴罗等光辉的名字.如果追根溯源,作为微积分基础的极限思想,甚至与古希腊的阿基米德及中国三国时代的刘徽相联系,他们各自在自己的国土上,提出了计算圆周率的科学方法——割圆术,从而跨入极限领域.当然,微积分的直接准备工作还是从16世纪开始的,体现在微分和求积两个方面.

一、求积理论的发展

在16世纪,积分思想是围绕求积问题发展的,而计算物体重心是与求积有关的一个重要问题.微积分的先驱之一——斯蒂文,首先在这方面有了突破.他在1586年出版的《平衡的原理》一书中,用极限思想证明了三角形的重心落在中线上.

如图2-5所示,AD 是 $\triangle ABC$ 的一条中线.斯蒂文在 $\triangle ABC$ 内作一系列平行四边形,根据阿基米德证明过的对称原理,内接图形的重心应在中线上.当平行四边形的个数无限增加时,内接图形便无限接近 $\triangle ABC$,假定 $\triangle ABD$ 与 $\triangle ACD$ 的"重量"不等,其差必为一常数.当平行四边形的个数增加到某一数值时,必使内接图形与 $\triangle ABC$ 的差小于任意给定常数,从而使 $\triangle ABD$ 与 $\triangle ACD$ 之差小于所给常数.这就证明了 $\triangle ABD$ 与 $\triangle ACD$"重量"相等,即 $\triangle ABC$ 的重心

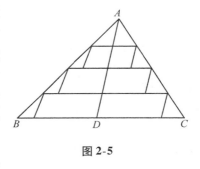

图 2-5

落在中线上.显然,斯蒂文把三角形看成平行四边形和的极限,其中蕴含着积分思想的萌芽.

开普勒进一步发展了求积中的极限方法,他把球看成是由无穷多个棱锥组成的,每个棱锥的顶点都在球心,底面在球的表面上,高等于球半径 r.把这些棱锥的体积加起来,由棱锥体积公式立即得到

$$V = \frac{1}{3}Ar = \frac{4}{3}\pi r^3 \text{(其中 } A = 4\pi r^2 \text{ 是球的表面积)}.$$

开普勒的这一杰出思想,还体现在1615年发表的《测定酒桶体积的新方法》一书中.据说他对求积问题的兴趣,起源于对啤酒商的酒桶体积的怀疑.他在该书中讨论了许多旋转体

的体积,其基本思想是化曲为直,即把曲线形看作边数无限多的直线形. 例如,他把圆看作边数为无限的多边形,因此圆面积等于无穷多个等腰三角形面积之和,这些三角形的顶点在圆心,底在圆上,而高为半径 r. 显然,圆面积等于圆周长与半径的乘积之半. 他对球体积公式的推导就是在此基础上发展而来的,著名的开普勒行星三定律中的第二定律——由太阳到行星的向径扫过的面积与经过的时间成正比,其推导过程也应用了这种求积方法. 用无穷多个同维的无限小元素之和来确定曲边形面积和体积,这是开普勒求积术的核心,是他对积分学的最大贡献. 他的许多后继者都吸取了这一精华.

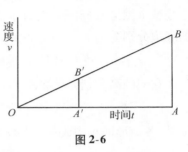

图 2-6

在《两种新科学》(全名是《关于两种新科学的论述与数学证明》,1634)一书中,伽利略的求积方法与开普勒一脉相承. 在处理匀加速运动问题时,他证明了在时间-速度曲线下的面积就是距离. 如图 2-6 所示,假定物体以变速 $v = 32t$ 运动,则在时间 OA 内通过的距离就是面积 OAB. 伽利略所以得到这个结论,是因为他不仅把 $A'B'$ 当作某个时刻的速度,而且把 $A'B'$ 当作无穷小距离(即把 $A'B'$ 看作速度与无穷短时间之积). 他认为由动直线 $A'B'$ 组成的面积 OAB 必定是总的距离. 因为 AB 是 $32t$, OA 是 t,所以 OAB 的面积为 $16t^2$,即在时间 t 内走过的距离为 $16t^2$. 结论显然是正确的,但推理不够严格.

系统运用无限小元素来计算面积和体积,是通过伽利略的学生卡瓦列里实现的. 从 1635 年发表的《不可分连续量的几何学》一书可以看出,他不仅继承了开普勒与伽利略的思想,而且有明显的变革. 第一,他不再把几何图形看作同维无穷小元素所组成,而是看作由维数较低的无穷小元素所组成,并把这些无穷小元素称为“不可分量”. 例如,体积的不可分量是无数个平行的平面. 第二,他建立起两个给定几何图形的不可分量之间的一一对应关系,若每对量的比都等于同一个常数,则他断定两个图形的面积或体积也具有同样比例. 所谓卡瓦列里原理便是在此基础上提出的,下面我们以他对球体积的推导为例,说明他是怎样通过不可分量的比较来求积的.

如图 2-7 所示,设 DHC 是以 O 为圆心的半圆,$ABCD$ 是它的外切矩形. 以 OH 为旋转轴,则正方形 $OHBC$ 画出圆柱,三角形 OHB 画出圆锥,而弧 HC 画出半球面. 用平行于底面的任意平面去截这些图形,则产生以 G 为圆心的半径分别为 RG,FG 和 EG 的圆,它们分别为圆柱、圆锥和半球的不可分量,这些不可分量存在如下关系:

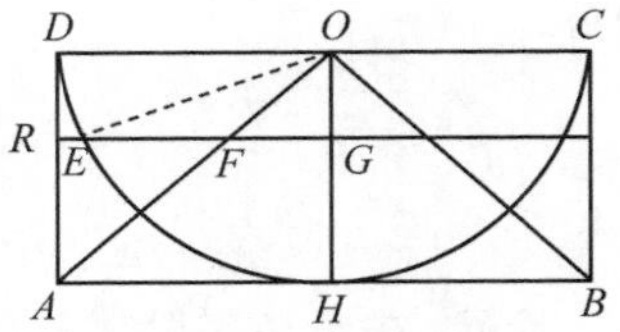

图 2-7

$$OE^2 = GO^2 + EG^2,$$

即

$$RG^2 = FG^2 + EG^2,$$

所以

$$\pi RG^2 = \pi FG^2 + \pi EG^2.$$

由于截面的任意性,所以圆柱体积等于半球与圆锥体积之和. 设球半径为 r,则

$$\pi r^3 = 半球 + \frac{1}{3}\pi r^3,$$

所以半球 $=\dfrac{2}{3}\pi r^3$，球 $=\dfrac{4}{3}\pi r^3$.

大约在 1636 年，费马提出一种新的求积方法. 他吸收了开普勒的同维无限小元素思想，又保留了卡瓦列里不可分量法在求积问题上的有效性. 例如，为求抛物线 $y=x^{\frac{p}{q}}$ 从 0 到 a 所围成的面积，费马在横轴上取横坐标为 $a,\alpha a$，$\alpha^2 a,\cdots$ 的点（比例常数 $\alpha<1$），然后在这些点上作纵坐标，于是整个图形被分割成无数个小矩形（图 2-8），这些矩形的底边分别为

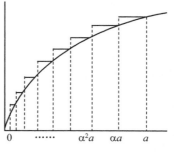

图 2-8

$$(1-\alpha)a,\alpha(1-\alpha)a,\alpha^2(1-\alpha)a,\cdots,$$

它们的高分别为抛物线 $y=x^{\frac{p}{q}}$ 在相应点上的纵坐标：

$$a^{\frac{p}{q}},\alpha^{\frac{p}{q}}a^{\frac{p}{q}},\alpha^{\frac{2p}{q}}a^{\frac{p}{q}},\cdots,$$

于是，各矩形面积构成一个几何级数：

$$(1-\alpha)a^{\frac{p+q}{q}},(1-\alpha)\alpha^{\frac{p+q}{q}}a^{\frac{p+q}{q}},(1-\alpha)\alpha^{\frac{2(p+q)}{q}}a^{\frac{p+q}{q}},\cdots,$$

其和为

$$\frac{1-\alpha}{1-\alpha^{\frac{p+q}{q}}}\cdot a^{\frac{p+q}{q}}.$$

为使矩形和充分接近抛物线所围面积，须将矩形的宽无限缩小，即令 $\alpha\to 1$. 为此，费马先令 $\alpha=\beta q$，则

$$\frac{1-\alpha}{1-\alpha^{\frac{q+p}{q}}}=\frac{1-\beta^q}{1-\beta^{p+q}}=\frac{(1-\beta)(1+\beta+\beta^2+\cdots+\beta^{q-1})}{(1-\beta)(1+\beta+\beta^2+\cdots+\beta^{p+q-1})}$$

$$=\frac{1+\beta+\beta^2+\cdots+\beta^{q-1}}{1+\beta+\beta^2+\cdots+\beta^{p+q-1}}.$$

若 $\alpha\to 1$，则 $\beta\to 1$，上式分子为 q 个 1 之和，而分母为 $p+q$ 个 1 之和，即 $\dfrac{q}{p+q}$. 这相当于定积分

$$\int_0^k x^{\frac{p}{q}}\mathrm{d}x=\frac{q}{p+q}\cdot a^{\frac{p+q}{q}}=\frac{1}{\dfrac{p}{q}+1}a^{\frac{p}{q}+1}.$$

显然，在费马辛勤耕耘的数学园地里，已经看得见定积分的曙光了. 费马的思想与定积分的差距仅仅在于：第一，尚未抽象出定积分的概念；第二，还未建立一般的积分公式.

与费马相比，帕斯卡的求积方法更为有效，因为他采取了略去无穷序列之和的高次项的方法（1654 年），这种思想对莱布尼茨和牛顿有很大影响. 例如，帕斯卡在计算以曲线 $y=x^2$ 为一边的曲边三角形面积时，把由曲线 $y=x^2$，x 轴和直线 $x=a$ 围成图形的底分成 n 等分，于是得到 n 个矩形（图 2-9），他称这些矩形为"无穷小矩形"，它们取

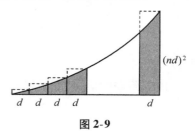

图 2-9

$$d \cdot d^2 + d \cdot (2d)^2 + d \cdot (3d)^2 + \cdots + d \cdot (nd)^2$$

$$= d^3(1^2 + 2^2 + 3^2 + \cdots + n^2) = d^3\left(\frac{2n^3 + 2n^2 + n}{6}\right)$$

$$= a^3\left(\frac{1}{3} + \frac{1}{2n} + \frac{1}{6n^2}\right).$$

帕斯卡说，n 充分大时，$\frac{1}{2n} + \frac{1}{6n^2}$ 可以略去，因而得出 $\frac{1}{3}a^3$. 他用这种方法证明了由一般曲线 $y = x^n$, x 轴和直线 $x = a$ 所围成的曲边梯形面积为 $\frac{a^{n+1}}{n+1}$, 这显然与现代积分结果一致. 但对于为什么可以略去诸如 $\frac{1}{2n}$ 和 $\frac{1}{6n^2}$ 这样的项, 他并未解释清楚, 也没有得出一般的积分法则.

在牛顿和莱布尼茨之前, 为发明微积分做准备工作最多的是英国的沃利斯. 他的《无限算术》一书, 把不可分量法译成了数的语言, 从而把几何方法算术化. 他把几何中的极限方法转移到数的世界, 首次引入变量极限的概念, 他说:"变量的极限——这是变量所能如此逼近的一个常数, 使得它们之间的差能够小于任何给定的量." 他使无限的概念以解析形式出现在数学中, 从而把有限算术变成无限算术, 为微积分的确立准备了必要的条件. 牛顿便曾直接得益于《无穷算术》. 我们从下面的例子可以清楚地看出沃利斯的思想特点.

在求曲线 $y = x^n$ 下的面积时, 沃利斯不是直接去求, 而是考虑该面积与横轴及过端点的纵线为边而成的矩形 $OABC$ (图 2-10)之比, 即

$$\frac{S}{a \cdot a^n}.$$

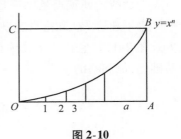

图 2-10

把横轴从 0 到 a 分为 m 等分, 则曲线 $y = x^n$ 下的面积近似为

$$0^n + 1^n + 2^n + \cdots + a^n,$$

而与此相比较的矩形面积为

$$a^n + a^n + a^n + \cdots + a^n,$$

它们的比为

$$\frac{0^n + 1^n + 2^n + \cdots + a^n}{a^n + a^n + a^n + \cdots + a^n}.$$

当 $m \to \infty$ 时, 上式的极限便是曲线下的面积与矩形面积之比.

沃利斯分别考虑了 $n = 1, 2, 3, 4, 5, 6$ 的情况. 当 $n = 2$ 时, 有

$$\frac{0 + 1}{1 + 1} = \frac{1}{3} + \frac{1}{6},$$

$$\frac{0 + 1 + 4}{4 + 4 + 4} = \frac{1}{3} + \frac{1}{12},$$

$$\frac{0 + 1 + 4 + 9}{9 + 9 + 9 + 9} = \frac{1}{3} + \frac{1}{18},$$

$$\cdots,$$

项数越多,比值越接近 $\frac{1}{3}$,所以沃利斯说:"最后比与 $\frac{1}{3}$ 的差可以小于任意给定的量." 如果项数趋于无限,则这个差将"趋于消失",因此当项数无限时,比值是 $\frac{1}{3}$. 类似地,当 $n=3$ 时,比值 $\to\frac{1}{4}$;当 $n=4$ 时,比值 $\to\frac{1}{5}$;等等. 他推测这个结果对所有的 n 成立,即当 $m\to\infty$ 时,比值 $\to\frac{1}{n+1}$. 若用现代符号表示,则为

$$\lim_{m\to\infty}\frac{\sum\limits_{k=1}^{n}k^{n}}{a\cdot a^{n}}=\frac{1}{n+1},$$

即

$$\lim_{m\to\infty}\sum_{k=1}^{n}k^{n}=\frac{1}{n+1}a^{n+1}.$$

显然,沃利斯已经接近现代意义的定积分了.

二、微分方法的形成

微分方法形成于对速度、切线和极值的研究.

关于切线的新观点是伽利略首先提出的,他认为做斜抛运动的物体具有两个方向的速度——水平速度 PQ 和垂直速度 PR,它们的合速度是以 PQ 和 PR 为边的平行四边形的对角线 PC(图 2-11),它代表了物体在 P 点运动的方向,即运动轨迹在 P 点的切线. 在这一认识的基础上,伽利略的学生、意大利数学家托里切利对切线作了进一步的研究.

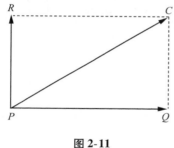

图 2-11

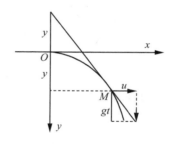

图 2-12

托里切利的方法可用现代数学语言叙述如下:设 O 是抛射体 M 的初始位置(图 2-12),M 具有垂直下落的速度 gt(g 是重力加速度)及水平速度 u,于是在瞬间 t 有

$$y=\frac{1}{2}gt^{2}\ \text{和}\ x=ut,$$

消去 t 后得

$$x^{2}=\frac{2u^{2}}{g}\cdot y.$$

可见动点 M(即抛射体)的轨迹是抛物线. 由于垂直速度与水平速度之比为

$$\frac{gt}{u}=\frac{gt^{2}}{ut}=\frac{2y}{x}.$$

再应用相似三角形的性质,可知 M 点的切线同抛物线对称轴的交点与顶点的距离为 y. 所以,只要由 O 点向上量出 y,就很容易作出 M 点的切线了. 不过这种方法只局限于力学范畴,不能适用于一般的曲线切线.

图 2-13

同托里切利相比,费马的方法就普遍多了. 在"求最大值和最小值的方法"一文中,费马求切线的方法大致如下:

设 PT 是曲线在 P 点的切线(图 2-13),$PQ \perp TQ$. 费马称 TQ 为次切线,只要知其长,便可确定 T 点,从而作出切线 TP.

为确定 TQ,设 QQ_1 为 TQ 的微小增量,其长为 E(相当于今天的 Δx).

$\because \triangle TQP \backsim \triangle PRT_1$,

$\therefore \dfrac{TQ}{QP} = \dfrac{PR}{RT_1}.$

费马认为,当 E 很小时,RT_1 同 RP_1 几乎相等,因此有

$$\frac{TQ}{QP} = \frac{PR}{RP_1} = \frac{e}{Q_1P_1 - QP},$$

故

$$TQ = \frac{e \cdot QP}{Q_1P_1 - QP}.$$

若改写成现在的符号,以 $f(x)$ 代替 QP,则上式变为

$$TQ = \frac{e \cdot f(x)}{f(x+E) - f(x)}.$$

这时,费马先用 e 同除分子和分母,然后再让 $e=0$,便得到 TQ 的数值. 显然,他的方法已接近微分了,只是还未提炼出 $e \to 0$ 的极限概念. 数学史家伊夫斯称费马的工作是"微分方法的第一个真正值得注意的先驱工作."

在同一篇论文中,费马还用类似的方法处理了如下的极值问题:分一个量为两部分,使它们的乘积最大. 费马令 b 为给定的量,以 a 和 $b-a$ 表示所求的两部分. 他认为在 e 很小时,$a-e$ 与 a 几乎相等,所以他写成

$$a(b-a) = (a-e)[b-(a-e)],$$

即

$$2ae - be - e^2 = 0.$$

除以 e 后,得 $2a - b - e = 0$.

令 $e = 0$,得 $2a = b$,这便是所求的划分. 从本质上来说,费马的方法等价于

$$\lim_{\Delta x \to 0} \frac{f(x+\Delta x) - f(x)}{\Delta x} = 0.$$

如果我们注意一下图 2-13,就会发现一个含微小增量的三角形 PRT_1,它被莱布尼茨称为"微分三角形",沿用至今. 帕斯卡认真研究了这种三角形. 在他的《戴东维尔的某些几何发现的信件》中正确指出,当区间(即 PR)很小时,"弧可以代替切线",因此可由微分三角形来决定切线. 从微积分的观点来看,微分三角形即是由自变量增量 Δx 与函数增量 Δy 为直角边所组成的直角三角形. 由于两边的商 $\dfrac{\Delta y}{\Delta x}$ 可以用来决定变化率(即导数),因此是十分重要

的. 实际上,揭示微分三角形的实质就等于掌握微分概念. 不过帕斯卡却忽视了微分三角形两边的商对于决定切线的重要性,所以没有击中微积分的要害.

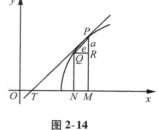

认识微分三角形两边之商对于决定切线的重要性的是英国的巴罗. 在《几何讲义》一书中,巴罗叙述的方法大致如下:

如图 2-14 所示,欲求给定曲线上 P 点的切线,令 Q 为曲线上点 P 的邻点,则 $\triangle PTM$ 与 $\triangle PQR$ 接近于相似. 巴罗认为,当小三角形变得无限小时,则

图 2-14

$$\frac{RP}{QR} = \frac{MP}{TM}.$$

令 $QR = e$,$RP = a$,若 P 的坐标是 x 和 y,则 Q 的坐标是 $x - e$ 和 $y - a$. 将这些值代入曲线方程,并略去 e 和 a 的二次以上的项,即可求出比值 $\dfrac{a}{e}$. 例如,对于曲线方程 $x^3 + y^3 = r^3$,有

$$(x - e)^3 + (y - a)^3 = r^3,$$

即

$$x^3 - 3x^2 e + 3xe^2 - e^3 + y^3 - 3y^2 a + 3ya^2 - a^3 = r^3.$$

略去 e 和 a 的二次以上的项,得

$$x^3 - 3x^2 e + y^3 - 3y^2 a = r^3,$$

即

$$3x^2 e = -3y^2 a,$$

所以

$$\frac{a}{c} = -\frac{x^2}{y^2}.$$

显然,比值 $\dfrac{a}{e}$ 相当于今天的 $\dfrac{\mathrm{d}y}{\mathrm{d}x}$(即微分). 从这个例子也可以看出解析几何与微积分的关系,如果没有解析几何中的坐标观念和以方程表示曲线的理论,是不会产生微分概念的.

巴罗的贡献不仅在于微分,还在于他首次认识到作切线与求积的互逆关系,这说明他已对微积分基本定理有了局部的认识. 他的这项成果反映在《几何讲义》第十讲中.

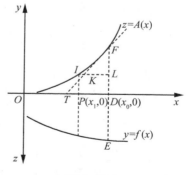

为方便起见,设 y 轴和 z 轴方向相反,并设 $f(x)$ 为增函数. 如图 2-15 所示,以曲线 $y = f(x)$ 为一边的曲边梯形面积用 $z = A(x)$ 表示. 给定 x 轴上的一点 $D(x_0, 0)$,设 T 是 x 轴上一点,使得 $DT = \dfrac{DF}{DE} = \dfrac{A(x_0)}{f(x_0)}$. 这时 TF 的斜率是

$$\frac{DF}{DT} = \frac{A(x_0)}{A(x_0)/f(x_0)} = f(x_0).$$

巴罗断言:直线 TF 与曲线 $z = A(x)$ 只在点 $F(x_0, A(x_0))$ 相接触,即 TF 是 $z = A(x)$ 的切线. 从微积分的观点看,这相当于由 $z = \displaystyle\int_0^x f(x)\,\mathrm{d}x$ 推出 $z' = f(x)$,即面积曲线的

图 2-15

切线斜率等于速度曲线的纵坐标. 这显然与微积分基本定理相符. 不过,巴罗并没有用分析的方法定义斜率,也没有从理论上总结出微分与积分的互逆关系. 他只用如下方法证明了他

的结论.

设 $x_1 < x_0$，由 $I(x_1, A(x_1))$ 作 $IL /\!\!/ x$ 轴，交 TF 于 K.

$\because \dfrac{LF}{LK} = \dfrac{DF}{DT} = DE$，

$\therefore LF = LK \cdot DE$.

但$\because LF = DF - PI = A(x_0) - A(x_1) < DP \cdot DE$（考虑到 $f(x)$ 是增函数），

$\therefore LK \cdot DE < DP \cdot DE$，

故 $LK < DP = LI$.

即 K 在 I 的右边.

同理可证 $x_1 > x_0$ 时 K 亦在 I 的右边，所以直线 TF 与曲线 $A(x)$ 只有一个接触点 F.

显然，巴罗的思想完全是以几何面貌出现的，所以还不能看作微积分的真正创始.

综上所述，数学家们已经做了大量属于微积分范畴的工作. 但如果说他们已经发明微积分，那就不合适了. 因为微积分的产生需要三个不可或缺的条件：一是引入变化率的概念；二是建立具有普遍意义的微分和积分方法；三是确认微分与积分的互逆关系. 但上述数学家的兴趣都在于今天说来应该算是微积分应用的那些方面——作切线、求面积、求体积等. 尽管在具体工作中一步步接近微积分，但谁也没有抽象出变化率这个微积分的基本概念，谁也没有建立起普遍适用的方法. 巴罗虽然在几何问题中注意到作切线与求积的互逆关系，但并没有从理论上概括出微积分基本定理. 至于其他数学家，则从未考虑过这种互逆关系.

实际上，数学中的重大突破总是与许多人的辛勤工作分不开的. 在此基础上需要一位杰出人物走那最后的，也是最关键的一步，这个人要能够从大量材料中清理出前人的有价值的思想，能够洞察问题的本质，给予理论上的概括和提升. 在微积分方面，这个人就是牛顿.

项目 3　一元函数微分的应用

任务 3.1　一阶导数的应用

任务内容

- 完成与一阶导数的应用概念及性质相关的工作页；
- 学习与一阶导数的应用相关的知识；
- 理解求函数极限的第 10 种方法；
- 理解驻点、不可导点、洛必达法则.

任务目标

- 掌握求函数单调性的方法；
- 掌握求函数极值的方法；
- 掌握求 $\dfrac{0}{0}$ 与 $\dfrac{\infty}{\infty}$ 型函数极限的方法.

3.1.1　工作任务

　　熟悉如下工作页,了解本任务学习内容. 在学习相关知识后,利用工作页在教师的指导下完成本任务,同时完成工作页内相关内容的填写.

任务工作页

1. 判断函数单调区间的步骤：
   _____

2. 求函数极值的步骤：
   _____

3. 一阶导数的应用范围：
   _____

4. 求函数极限的第 10 种方法：
   _____

【案例引入】　房租定价问题

由于国家对房屋购买出台了很多政策,某城市制定政策限制了外来人口买房,导致租房市场日趋火热.某房地产公司有 50 套公寓要出租,当每套租金定为每月 800 元时,公寓会全部租出去;当每套租金每月增加 40 元时,就有一套公寓租不出去,而租出去的房子每套每月需花费 50 元的整修维护费.试问房租定为多少可获得最大收入?

3.1.2　学习提升

函数的单调性、极值是函数的重要性质,在实际生活中,有很多问题都需要用函数的单调性和极值来解决,因此求函数的单调性和极值就很重要.在初等函数中求函数极值较难,而在高等数学中利用导数来判断函数的单调性和极值就容易得多了.

3.1.2.1　函数单调性的判定

如图 3-1 所示,从直观上可以看出递增函数的切线的倾斜角为锐角,递减函数的切线的倾斜角为钝角.

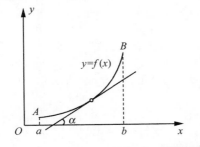 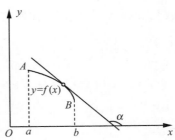

图 3-1　递增函数和递减函数的倾斜角

而切线的斜率 $k = \tan\alpha$,当切线的倾斜角 α 为锐角时,切线的斜率 $k > 0$;当切线的倾斜角 α 为钝角时,切线的斜率 $k < 0$.又因为函数的导数值即为函数切线的斜率,因此可以得出如下定理.

定理 3-1 设函数 $y=f(x)$ 在区间 $[a,b]$ 上连续,在区间 (a,b) 内可导:

(1) 如果在 (a,b) 内 $f'(x)>0$,那么函数 $y=f(x)$ 在 $[a,b]$ 上单调增加;

(2) 如果在 (a,b) 内 $f'(x)<0$,那么函数 $y=f(x)$ 在 $[a,b]$ 上单调减少.

例 3-1 求函数 $f(x)=2x^3-3x^2-12x+21$ 的单调区间.

解 (1) 函数 $f(x)$ 的定义区间为 $x\in(-\infty,+\infty)$.

(2) $f'(x)=6x^2-6x-12$.

(3) 令 $f'(x)=0$,求得 $x=2,x=-1$.

(4) 用 $x_1=-1$ 及 $x_2=2$ 把定义区间分为 3 个区间:$(-\infty,-1]$,$(-1,2)$,$[2,+\infty)$.

(5) 列表确定 $f(x)$ 的单调区间(表 3-1).

表 3-1

x	$(-\infty,-1)$	$(-1,2)$	$(2,+\infty)$
$f'(x)$	+	−	+
$f(x)$	↗	↘	↗

(6) 函数 $f(x)$ 在 $(-\infty,-1]$ 和 $[2,+\infty)$ 上单调递增,在 $(-1,2)$ 上单调递减.

判断函数单调性的步骤:

(1) 写出函数的定义区间;

(2) 求出函数的导数 $f'(x)$;

(3) 令 $f'(x)=0$,求出 x 的值和不可导点;

(4) 用求出的 x 值和不可导点划分定义区间;

(5) 列表确定 $f(x)$ 的单调区间;

(6) 写出结论.

例 3-2 求函数 $f(x)=\dfrac{1}{3}x-\sqrt[3]{x}$ 的单调区间.

解 (1) 函数 $f(x)$ 的定义区间为 $(-\infty,+\infty)$.

(2) $f'(x)=\dfrac{1}{3}-\dfrac{1}{3\sqrt[3]{x^2}}=\dfrac{\sqrt[3]{x^2}-1}{3\sqrt[3]{x^2}}$.

(3) 令 $f'(x)=0$,求得 $x_1=-1,x_2=1$,又 $x_3=0$ 为 $f'(x)$ 不存在的点.

(4) 用 $x_1=-1,x_2=1,x_3=0$ 把定义区间分成 4 个区间:$(-\infty,-1]$,$(-1,0]$,$(0,1)$ 和 $[1,+\infty)$.

(5) 列表确定 $f(x)$ 的单调区间(表 3-2).

表 3-2

x	$(-\infty,-1)$	$(-1,0)$	$(0,1)$	$(1,+\infty)$
$f'(x)$	+	−	−	+
$f(x)$	↗	↘	↘	↗

（6）函数 $f(x)$ 在区间 $(-\infty,-1]$ 和 $[1,+\infty)$ 上单调增加,在区间 $(-1,0]$ 和 $(0,1)$ 上单调减少.

例 3-3 求函数 $y=x-\ln(1+x^2)$ 的单调区间.

解 （1） $f(x)$ 的定义域为 $(-\infty,+\infty)$.

（2） $f'(x)=1-\dfrac{2x}{1+x^2}=\dfrac{1+x^2-2x}{1+x^2}=\dfrac{(1-x)^2}{1+x^2}$.

（3）令 $f'(x)=0$,求得 $x=1$.

（4）用 $x=1$ 把定义区间分为 2 个区间: $(-\infty,1),(1,+\infty)$.

（5）列表确定 $f(x)$ 的单调区间（表 3-3）.

表 3-3

x	$(-\infty,1)$	$(1,+\infty)$
$f'(x)$	+	+
$f(x)$	↗	↗

（6）函数 $f(x)$ 在 $(-\infty,1)$ 和 $(1,+\infty)$ 上单调递增.

3.1.2.2　函数极值的判断

在初等函数中,学过了函数的最大值和最小值,现在来学习函数的另一特殊的值——极大值和极小值.

定义 3-1 设函数 $f(x)$ 在区间 (a,b) 内有定义, x_0 是 (a,b) 内的一个点. 如果存在点 x_0 的一个邻域,对于这个邻域内的任何点,除 x_0 外, $f(x)<f(x_0)$ 均成立,那么就称 $f(x_0)$ 是函数 $f(x)$ 的一个极大值,点 x_0 称为 $f(x)$ 的一个极大值点;如果存在点 x_0 的一个邻域,对于这个邻域内的任何点 x,除点 x_0 外, $f(x)>f(x_0)$ 均成立,那么就称 $f(x_0)$ 是函数 $f(x)$ 的一个极小值,点 x_0 称为 $f(x)$ 的一个极小值点.

定义 3-2 函数的极大值与极小值统称为极值,使函数取得极值的极大值点与极小值点统称为极值点.

注意:

（1）函数的极大值和极小值是指函数值,而极值点是指自变量的值,两者不应混淆.

（2）函数的极值是局部性概念——局部最大或最小.

（3）一个函数在一个区间内只可能有一个最大值、一个最小值,但可能有多个极大值和极小值.

（4）极大值不一定比极小值大.

（5）函数的极值一定出现在区间内部,在区间端点处不能取得极值,而使函数取得最大值、最小值的点可能在区间的内部,也可能在区间的端点.

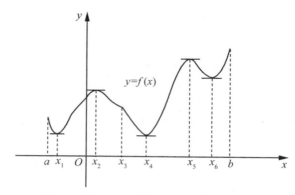

图 3-2 函数极值处的切线

如图 3-2 所示,函数 $f(x)$ 在点 x_1, x_2, x_4, x_5, x_6 处取得极值,曲线 $f(x)$ 在对应点处有水平切线,即这些点处的切线平行 x 轴,于是有 $f'(x_1) = 0$, $f'(x_2) = 0$, $f'(x_4) = 0$, $f'(x_5) = 0$, $f'(x_6) = 0$. 由此得如下定理.

定理 3-2(极值的必要条件) 设函数 $f(x)$ 在点 x_0 处可导,且在点 x_0 处取得极值,则必有 $f'(x_0) = 0$.

定义 3-3 通常把导数等于零的点(即方程 $f'(x) = 0$ 的实根)称为函数 $f(x)$ 的驻点.

> **注意:**
>
> (1) 可导函数 $f(x)$ 的极值点必为它的驻点;反之,函数 $f(x)$ 的驻点不一定是它的极值点. 例如,$x = 0$ 是函数 $y = x^5$ 的驻点,但不是它的极值点.
>
> (2) 函数在它的导数不存在的点处也可能取得极值. 例如,$y = \sqrt[3]{x^2}$ 在 $x = 0$ 处不可导,但函数在该点取得极小值.

既然驻点及不可导点仅是函数可能的极值点,那么怎样判定函数在驻点或不可导点处究竟是否取得极值?如果取得极值,究竟是极大值还是极小值?下面将给出判定函数 $f(x)$ 极值的两个判定法.

定理 3-3(极值的第一充分条件) 设函数 $f(x)$ 在点 x_0 处连续,且在点 x_0 的某个邻域内可导(点 x_0 除外),在该邻域内:

(1) 当 $x < x_0$ 时,$f'(x) > 0$,当 $x > x_0$ 时,$f'(x) < 0$,则函数 $f(x)$ 在点 x_0 处取得极大值 $f(x_0)$,x_0 为 $f(x)$ 的极大值点;

(2) 当 $x < x_0$ 时,$f'(x) < 0$,当 $x > x_0$ 时,$f'(x) > 0$,则函数 $f(x)$ 在点 x_0 处取得极小值 $f(x_0)$,x_0 为 $f(x)$ 的极小值点;

(3) 若在点 x_0 的左右两侧近旁,$f'(x)$ 的符号相同,则函数 $f(x)$ 在点 x_0 处没有极值.

这一定理的正确性是显然的,由图 3-2 可知,$f(x)$ 在点 x_2, x_5 处取得极大值,在点 x_1, x_4, x_6 处取得极小值,在点 x_3 处没有极值.

> 综合上述分析可知,用极值的第一充分条件求函数 $f(x)$ 的极值的步骤如下:
>
> (1) 确定函数 $f(x)$ 的定义区间;
>
> (2) 求出导数 $f'(x)$;
>
> (3) 求函数 $f(x)$ 的全部驻点和不可导的点;

（4）以这些点为分界点，划分定义区间为若干个小区间；

（5）列表讨论 $f'(x)$ 在上述各个区间的符号；

（6）按定理3-3判定函数的极值点并求出函数的极值.

例 3-4 求函数 $f(x) = (x-1)x^{\frac{2}{3}}$ 的极值点与极值.

解 （1）函数 $f(x)$ 的定义域为 $(-\infty, +\infty)$.

（2） $f'(x) = x^{\frac{2}{3}} + \frac{2}{3}(x-1)x^{-\frac{1}{3}} = \frac{5x-2}{3\sqrt[3]{x}}$.

（3）令 $f'(x) = 0$，得驻点 $x = \frac{2}{5}$，$x = 0$ 是不可导点.

（4）用 $x = \frac{2}{5}$，$x = 0$ 把定义区间分为3个区间：$(-\infty, 0)$，$\left(0, \frac{2}{5}\right)$，$\left(\frac{2}{5}, +\infty\right)$.

（5）列表讨论（表3-4）.

表 3-4

x	$(-\infty, 0)$	0	$\left(0, \frac{2}{5}\right)$	$\frac{2}{5}$	$\left(\frac{2}{5}, +\infty\right)$
$f'(x)$	+	不存在	−	0	+
$f(x)$	↗	极大值 $f(0) = 0$	↘	极小值 $f\left(\frac{2}{5}\right) = -\frac{3}{5}\sqrt[3]{\frac{4}{25}}$	↗

（6）$x = \frac{2}{5}$ 为函数的极小值点，$f\left(\frac{2}{5}\right) = -\frac{3}{5}\sqrt[3]{\frac{4}{25}}$ 为函数的极小值；$x = 0$ 为函数的极大值点，$f(0) = 0$ 为函数的极大值.

例 3-5 求函数 $y = x - \ln(1+x^2)$ 的极值.

解 （1）函数 $f(x)$ 的定义域为 $(-\infty, +\infty)$.

（2） $f'(x) = 1 - \frac{2x}{1+x^2} = \frac{1+x^2-2x}{1+x^2} = \frac{(1-x)^2}{1+x^2}$.

（3）令 $f'(x) = 0$，求得驻点 $x = 1$.

（4）用 $x = 1$ 把定义区间分为2个区间：$(-\infty, 1)$，$(1, +\infty)$.

（5）列表讨论（表3-5）.

表 3-5

x	$(-\infty, 1)$	1	$(1, +\infty)$
$f'(x)$	+	0	+
$f(x)$	↗	无极值	↗

（6）由表可见，该函数在其定义域内无极值.

根据极值的第一充分条件，必须考察驻点或导数不存在的点左右 $f'(x)$ 的符号，有时比较麻烦，为此给出极值的第二充分条件.

定理 3-4(极值的第二充分条件) 设函数 $f(x)$ 在点 x_0 处具有二阶导数,且 $f'(x_0)=0$,$f''(x_0)\neq 0$,则

(1)当 $f'(x)<0$ 时,函数 $f(x)$ 在点 x_0 处取得极大值 $f(x_0)$;

(2)当 $f'(x)>0$ 时,函数 $f(x)$ 在点 x_0 处取得极小值 $f(x_0)$.

例 3-6 求出函数 $f(x)=x^3+3x^2-24x-20$ 的极值.

解 $f'(x)=3x^2+6x-24=3(x+4)(x-2)$,令 $f'(x)=0$,得驻点 $x_1=-4$,$x_2=2$.

又因 $f''(x)=6x+6$,且有 $f''(-4)=-18<0$,故极大值 $f(-4)=60$.

同理 $f''(2)=18>0$,故极小值 $f(2)=-48$.

而且函数没有不可导点,因此函数只有极大值 $f(-4)=60$,极小值 $f(2)=-48$.

注意:函数的极值点也有可能是不可导的点及二阶导数为零的点.

3.1.2.3 洛必达(L'hospital)法则

如果函数 $\dfrac{f(x)}{g(x)}$ 当 $x\to x_0$(或 $x\to\infty$)时,其分子、分母都趋于零或都趋于无穷大,那么极限 $\lim\limits_{\substack{x\to x_0 \\ (x\to\infty)}}\dfrac{f(x)}{g(x)}$ 可能存在,也可能不存在,通常称这种极限为 $\dfrac{0}{0}$ 型或 $\dfrac{\infty}{\infty}$ 型未定式. 本节介绍求这类未定式的一种有效方法——洛必达法则,在此基础上进一步讨论其他类型的未定式.

定理 3-5 设函数 $f(x)$,$F(x)$ 满足:

(1)当 $x\to x_0$ 时,函数 $f(x)$ 及 $F(x)$ 都趋于零;

(2)在点 x_0 的某个去心邻域内,$f'(x)$ 及 $F'(x)$ 都存在且 $F'(x)\neq 0$;

(3)若 $\lim\limits_{x\to x_0}\dfrac{f'(x)}{F'(x)}$ 存在(或为无穷大),则

$$\lim_{x\to x_0}\frac{f(x)}{F(x)}=\lim_{x\to x_0}\frac{f'(x)}{F'(x)}.$$

若将定理 3-5 中 $x\to x_0$ 换成 $x\to x_0^+$,$x\to x_0^-$,$x\to+\infty$,$x\to-\infty$,则只需要相应地修正条件,结论也成立.

例 3-7 求 $\lim\limits_{x\to 0}\dfrac{e^x-1}{x}$.

解 $\lim\limits_{x\to 0}\dfrac{e^x-1}{x}=\lim\limits_{x\to 0}\dfrac{e^x}{1}=1$.

例 3-8 求 $\lim\limits_{x\to 0}\dfrac{\sqrt[3]{1+x}-1}{x}$.

解 $\lim\limits_{x\to 0}\dfrac{\sqrt[3]{1+x}-1}{x}=\lim\limits_{x\to 0}\dfrac{\dfrac{1}{3}(1+x)^{-\frac{2}{3}}}{1}=\dfrac{1}{3}$.

例 3-9 求 $\lim\limits_{x\to 1}\dfrac{\ln x}{x-1}$.

解 $\lim\limits_{x \to 1}\dfrac{\ln x}{x-1} = \lim\limits_{x \to 1}\dfrac{(\ln x)'}{(x-1)'} = \lim\limits_{x \to 1}\dfrac{\dfrac{1}{x}}{1} = 1.$

例 3-10 求 $\lim\limits_{x \to 0}\dfrac{\ln(1-x)}{x^2}.$

解 $\lim\limits_{x \to 0}\dfrac{\ln(1-x)}{x^2} = \lim\limits_{x \to 0}\dfrac{[\ln(1-x)]'}{(x^2)'} = \lim\limits_{x \to 0}\dfrac{-\dfrac{1}{1-x}}{2x} = \infty.$

例 3-11 求 $\lim\limits_{x \to 0}\dfrac{x - x\cos x}{x - \sin x}.$

解 $\lim\limits_{x \to 0}\dfrac{x - x\cos x}{x - \sin x} = \lim\limits_{x \to 0}\dfrac{1 - \cos x + x\sin x}{1 - \cos x} = \lim\limits_{x \to 0}\dfrac{\sin x + \sin x + x\cos x}{\sin x}$

$$= \lim\limits_{x \to 0}\left(2 + \dfrac{x\cos x}{\sin x}\right) = 2 + \lim\limits_{x \to 0}\dfrac{\cos x}{\dfrac{\sin x}{x}} = 2 + 1 = 3.$$

例 3-12 求 $\lim\limits_{x \to 1}\dfrac{x^3 - 3x + 2}{x^3 - x^2 - x + 1}.$

解 $\lim\limits_{x \to 1}\dfrac{x^3 - 3x + 2}{x^3 - x^2 - x + 1} = \lim\limits_{x \to 1}\dfrac{3x^2 - 3}{3x^2 - 2x - 1} = \lim\limits_{x \to 1}\dfrac{6x}{6x - 2} = \dfrac{3}{2}.$

通过此例,总结出用洛必达法则求极限的步骤:

(1) 代入 x 趋近的值,判断函数是否是 $\dfrac{0}{0}$ 型或 $\dfrac{\infty}{\infty}$ 型.

(2) 若函数是 $\dfrac{0}{0}$ 型或 $\dfrac{\infty}{\infty}$ 型,则对函数分子、分母分别求导再求极限.

(3) 分子、分母求导后,再次代入 x 趋近的值,判断函数是否是 $\dfrac{0}{0}$ 型或 $\dfrac{\infty}{\infty}$ 型.

(4) 若代入 x 趋近的值后,得出的是数值,则直接得出结果即可;若代入后函数仍是 $\dfrac{0}{0}$ 型或 $\dfrac{\infty}{\infty}$ 型,则再重复步骤(2).

例 3-13 求 $\lim\limits_{x \to 0}\dfrac{\sin ax}{\sin bx}(b \neq 0).$

解 $\lim\limits_{x \to 0}\dfrac{\sin ax}{\sin bx} = \lim\limits_{x \to 0}\dfrac{a\cos ax}{b\cos bx} = \dfrac{a}{b}.$

例 3-14 求 $\lim\limits_{x \to 0}\dfrac{x - \sin x}{5x^3}.$

解 $\lim\limits_{x \to 0}\dfrac{x - \sin x}{5x^3} = \lim\limits_{x \to 0}\dfrac{1 - \cos x}{5 \cdot 3x^2} = \lim\limits_{x \to 0}\dfrac{\sin x}{30x} = \dfrac{1}{30}.$

例 3-15 求 $\lim\limits_{x \to 0}\dfrac{e^x - 1}{x^2 - x}.$

解 $\lim\limits_{x \to 0}\dfrac{e^x - 1}{x^2 - x} = \lim\limits_{x \to 0}\dfrac{e^x}{2x - 1} = -1.$

例 3-16 求 $\lim\limits_{x \to +\infty} \dfrac{\ln x}{x}$.

解 $\lim\limits_{x \to +\infty} \dfrac{\ln x}{x} = \lim\limits_{x \to +\infty} \dfrac{1}{x} = 0$.

例 3-17 求 $\lim\limits_{x \to +\infty} \dfrac{x^n}{e^x} (n \in \mathbf{N}^+)$.

解 $\lim\limits_{x \to +\infty} \dfrac{x^n}{e^x} = \lim\limits_{x \to +\infty} \dfrac{n x^{n-1}}{e^x} = \lim\limits_{x \to +\infty} \dfrac{n(n-1) x^{n-2}}{e^x} = \cdots = \lim\limits_{x \to +\infty} \dfrac{n!}{e^x} = 0$.

3.1.2.4 其他类型未定式

未定式除有 $\dfrac{0}{0}$ 型与 $\dfrac{\infty}{\infty}$ 型以外,还有 $0 \cdot \infty$,$\infty - \infty$,1^∞,0^0,∞^0 等类型. 计算这些极限可通过变形或代换先化成 $\dfrac{0}{0}$ 型或 $\dfrac{\infty}{\infty}$ 型未定式,再使用洛必达法则.

例 3-18 求 $\lim\limits_{x \to 0^+} x^n \ln x \,(n > 0)$.

解 这是 $0 \cdot \infty$ 型未定式,可变换为 $x^n \ln x = \dfrac{\ln x}{x^{-n}}$,这时等式右端为 $\dfrac{\infty}{\infty}$ 型未定式,所以得

$$\lim\limits_{x \to 0^+} x^n \ln x = \lim\limits_{x \to 0^+} \dfrac{\ln x}{x^{-n}} = \lim\limits_{x \to 0^+} \dfrac{\frac{1}{x}}{-n x^{-n-1}} = \lim\limits_{x \to 0^+} \left(\dfrac{-x^n}{n} \right) = 0.$$

例 3-19 求 $\lim\limits_{x \to 0} \left(\dfrac{1}{\sin x} - \dfrac{1}{x} \right)$.

分析 这是 $\infty - \infty$ 型不定式极限,我们可将它化为 $\dfrac{0}{0}$ 型.

解 $\lim\limits_{x \to 0} \left(\dfrac{1}{\sin x} - \dfrac{1}{x} \right) = \lim\limits_{x \to 0} \dfrac{x - \sin x}{x \sin x} = \lim\limits_{x \to 0} \dfrac{1 - \cos x}{\sin x + x \cos x} = \lim\limits_{x \to 0} \dfrac{\sin x}{2 \cos x - x \sin x} = 0$.

例 3-20 求 $\lim\limits_{x \to 0^+} x^x$.

解 这是 0^0 型未定式,取对数后可化为 $0 \cdot \infty$ 型.

设 $y = x^x$,两边取对数得 $\ln y = x \ln x$,即 $y = e^{x \ln x}$.

因为 $\lim\limits_{x \to 0^+} \ln y = \lim\limits_{x \to 0^+} x \ln x = \lim\limits_{x \to 0^+} \dfrac{\ln x}{\frac{1}{x}} = \lim\limits_{x \to 0^+} \dfrac{\frac{1}{x}}{-\frac{1}{x^2}} = \lim\limits_{x \to 0^+} (-x) = 0$,

所以 $\lim\limits_{x \to 0^+} x^{-x} = e^0 = 1$.

注:由以上例题可以看出,只要是能够通过变换变成 $\dfrac{0}{0}$ 与 $\dfrac{\infty}{\infty}$ 型,且 $\lim \dfrac{f'(x)}{F'(x)}$ 存在,同样可以使用洛必达法则.

例 3-21 求 $\lim\limits_{x \to +\infty} \dfrac{x - \sin x}{x + \sin x}$.

解 由于 $\lim\limits_{x \to +\infty} \dfrac{1-\cos x}{1+\cos x}$ 不存在,故洛必达法则失效,但可以通过简单的恒等变形来求其极限,即

$$\lim_{x \to +\infty} \frac{x-\sin x}{x+\sin x} = \lim_{x \to +\infty} \frac{1-\dfrac{\sin x}{x}}{1+\dfrac{\sin x}{x}} = \frac{1-0}{1+0} = 1.$$

注意:在使用洛必达法则时,如果 $\lim \dfrac{f'(x)}{F'(x)}$ 不存在且不是 ∞,并不表明 $\lim \dfrac{f(x)}{F(x)}$ 不存在,只表明洛必达法则失效,这时应改用别的方法求极限.

例 3-22 求 $\lim\limits_{x \to +\infty} \dfrac{\sqrt{1+x^2}}{x}$.

解
$$\lim_{x \to +\infty} \frac{\sqrt{1+x^2}}{x} = \lim_{x \to +\infty} \frac{(\sqrt{1+x^2})'}{(x)'} = \lim_{x \to +\infty} \frac{x}{\sqrt{1+x^2}}$$

$$= \lim_{x \to +\infty} \frac{(x)'}{(\sqrt{1+x^2})'} = \lim_{x \to +\infty} \frac{\sqrt{1+x^2}}{x} = \cdots.$$

如此周而复始,总也不能求出其极限,因此洛必达法则对此题失效. 但是我们很容易求出此题的极限 1.

【案例解答】

解 设房租为每月 x 元,租出去的房子有 $\left(50 - \dfrac{x-800}{40}\right)$ 套,则每月总收入为

$$R(x) = (x-50)\left(50 - \frac{x-800}{40}\right)$$

$$= (x-50)\left(70 - \frac{x}{40}\right)(x > 0),$$

则
$$R'(x) = \left(70 - \frac{x}{40}\right) + (x-50)\left(-\frac{1}{40}\right) = \frac{285}{4} - \frac{x}{20}.$$

令 $R'(x) = 0$,得 $x = 1425$(唯一驻点),故每月每套租金为 1425 元时收入最高,最大收入为

$$R(x) = (1425 - 50)\left(70 - \frac{1425}{40}\right) = 47265.63(元).$$

3.1.3 专业应用案例

电容中电流与电压的关系

例 3-23 在电容器两端加正弦电压 $u_C = U_m\sin(\omega t + \varphi)$,求电流 i.

解 因为 $i = C\dfrac{du_C}{dt} = C[U_m\sin(\omega t + \varphi)]' = C[U_m\omega\cos(\omega t + \varphi)]$

$$= \omega C U_\mathrm{m} \sin\left(\omega t + \varphi + \frac{\pi}{2} \right) = I_\mathrm{m} \sin\left(\omega t + \theta \right),$$

其中 $\omega C U_\mathrm{m} = I_\mathrm{m}$ 是电流的峰值（最大值），称振幅，相应的 $\theta = \varphi + \frac{\pi}{2}$.

由 $u_C = U_\mathrm{m} \sin(\omega t + \varphi)$，$i = \omega C U_\mathrm{m} \sin\left(\omega t + \varphi + \frac{\pi}{2} \right) = I_\mathrm{m} \sin(\omega t + \theta)$，从而可知，电容器上电流与电压有下列关系：

（1）电流 i 与电压 u 是同频率的正弦波；

（2）电流 i 比电压 u_C 相位提前 $\frac{\pi}{2}$；

（3）电压峰值与电流峰值之比为 $\dfrac{U_\mathrm{m}}{I_\mathrm{m}} = \dfrac{U_\mathrm{m}}{\omega C U_\mathrm{m}} = \dfrac{1}{\omega C}$.

电工中称 $\dfrac{1}{\omega C}$ 为容抗（容性电抗）.

练习题 3.1

1. 求下列各函数的单调区间：

（1）$f(x) = 2x^3 - 9x^2 + 12x - 3$；

（2）$f(x) = x^4 - 2x^2 - 5$；

（3）$f(x) = x - \ln(1+x)$；

（4）$f(x) = (x+2)^2(x-1)^3$；

（5）$f(x) = \dfrac{x}{1+x^2}$；

（6）$f(x) = \ln(x + \sqrt{1+x^2})$.

2. 求下列各函数的极值：

（1）$f(x) = \dfrac{x^4}{4} - \dfrac{2}{3}x^3 + \dfrac{x^2}{2} + 2$；

（2）$f(x) = x^3 - 6x^2 + 9x - 4$；

（3）$f(x) = x + \sqrt{1-x}$；

（4）$f(x) = x^2 \mathrm{e}^{-x}$；

（5）$f(x) = 2x^3 - 3x^2 - 12x + 25$；

（6）$f(x) = (x^2 - 1)^3 + 1$.

3. 求下列极限：

（1）$\lim\limits_{x \to 0} \dfrac{1 - \cos x}{x^2}$；

（2）$\lim\limits_{x \to 0} \dfrac{\sin 3x}{5x}$；

（3）$\lim\limits_{x \to 1} \dfrac{\sin(x^2 - 1)}{x - 1}$；

（4）$\lim\limits_{\theta \to \frac{\pi}{2}} \dfrac{\cos\theta}{\pi - 2\theta}$；

（5）$\lim\limits_{x \to 0} \dfrac{\mathrm{e}^{x^3} - 1 - x^3}{x^6}$；

（6）$\lim\limits_{x \to 0} \dfrac{x}{\sqrt{x+4} - 2}$；

（7）$\lim\limits_{x \to +\infty} \dfrac{\ln x}{x^2}$；

（8）$\lim\limits_{x \to 1} \dfrac{x^2 + 5x - 6}{x^2 - 1}$；

（9）$\lim\limits_{x \to 0} \dfrac{\mathrm{e}^x - 1}{x^2 + 3x}$；

（10）$\lim\limits_{x \to +\infty} \dfrac{\mathrm{e}^x}{x^n}$；

（11）$\lim\limits_{x \to 0}\left(\dfrac{1}{x} - \dfrac{1}{\sin x}\right)$;

（12）$\lim\limits_{x \to 1}\left(\dfrac{x}{x-1} - \dfrac{1}{\ln x}\right)$;

（13）$\lim\limits_{x \to 0^{+}} x^2 \ln x$;

（14）$\lim\limits_{x \to \infty}\dfrac{3x^3 - 5x + 1}{7x^3 + 4x^2 - 2}$;

（15）$\lim\limits_{x \to 0}\dfrac{x - \sin x}{\sin^3 x}$;

（16）$\lim\limits_{x \to 1} x^{\frac{1}{1-x}}$;

（17）$\lim\limits_{x \to 0^{+}}(\sin x)^{2x}$;

（18）$\lim\limits_{x \to 0^{+}} x^{\tan x}$.

任务3.2　二阶导数的应用

任务内容

- 完成与二阶导数应用相关的概念及其性质相关的工作页；
- 学习与二阶导数应用相关的知识；
- 学习求函数拐点的方法；
- 学习判断函数凹凸区间的方法.

任务目标

- 掌握函数凹凸性的判断方法；
- 掌握曲线形态的判断方法.

3.2.1　工作任务

熟悉如下工作页，了解本任务学习内容. 在学习相关知识后，利用工作页在教师的指导下完成本任务，同时完成工作页内相关内容的填写.

任务工作页

1. 判断函数凹凸性的步骤：
2. 描绘函数曲线图象的方法：

【案例引入】　通货膨胀问题

随着社会经济的发展，物价也在不断地变化. 通货膨胀作为经济发展是否在可控范围内的一个重要指标，对国家经济有着重要影响. 如何利用数学知识来判断经济是否出现通货膨胀现象呢？

3.2.2 学习提升

前面已经讨论了函数的单调性与极值,从中可知曲线在哪个区间内上升,在哪个区间内下降. 然而曲线弯曲方向不一样,其上升或下降的方式也各不相同. 例如,函数 $y=x^2$ 与 $y=\sqrt{x}$ 在 $[0,1]$ 上虽然都是单调增加,但是这两个函数的图形弯曲的方向却不同,往上弯曲称为凹,往下弯曲称为凸. 为了能够准确地描绘函数的图象,现在将利用导数来研究曲线的弯曲方向.

3.2.2.1 曲线的凹凸定义和判定法

曲线弧 $y=f(x)$ 在向上弯曲时呈"凹"形,此时曲线弧 $y=f(x)$ 上任意一点处切线总是位于该曲线弧段的下方(图3-3);曲线弧 $y=f(x)$ 向下弯曲时呈"凸"形,此时曲线弧 $y=f(x)$ 上任意一点处的切线总位于该曲线弧段的上方(图3-4). 由此可以得出曲线的凹凸定义.

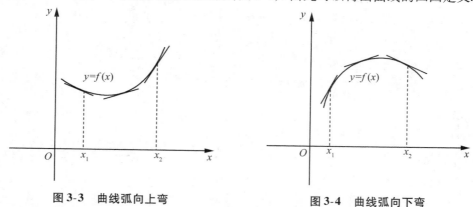

图 3-3　曲线弧向上弯　　　　　图 3-4　曲线弧向下弯

定义 3-4　设函数 $y=f(x)$ 在闭区间 $[a,b]$ 上连续,在开区间 (a,b) 内可导.

(1) 若对于任意的 $x_0 \in (a,b)$,曲线弧 $y=f(x)$ 过点 $(x_0,f(x_0))$ 的切线总位于曲线弧 $y=f(x)$ 的下方,则称曲线弧 $y=f(x)$ 在 $[a,b]$ 上为凹,$[a,b]$ 为曲线的凹区间;

(2) 若对于任意的 $x_0 \in (a,b)$,曲线弧 $y=f(x)$ 过点 $(x_0,f(x_0))$ 的切线总位于曲线弧 $y=f(x)$ 的上方,则称曲线弧 $y=f(x)$ 在 $[a,b]$ 上为凸,$[a,b]$ 为曲线的凸区间.

如何判定曲线 $y=f(x)$ 在区间 $[a,b]$ 上是凹还是凸呢?

如图 3-5 所示,曲线弧是凹的,弧上各点的切线斜率随着 x 增大而增大,即函数 $f'(x)$ 在区间 (a,b) 内是单调增加的;图 3-6 中的曲线弧是凸的,弧上各点的切线斜率随 x 的增大而减少,即函数 $f'(x)$ 在区间 (a,b) 内是单调减少的. 这样判定曲线弧的凹凸性问题就转化为判定函数 $f'(x)$ 的单调性问题了. 而函数 $f'(x)$ 的单调性可以由它的导函数 $f''(x)$ 的正负来判定,于是便得到曲线凹凸性的判定定理.

定理 3-6　设函数 $y=f(x)$ 在闭区间 $[a,b]$ 上连续,在开区间 (a,b) 内具有二阶导数.

(1) 若在 (a,b) 内,$f''(x)>0$,则曲线弧 $y=f(x)$ 在 $[a,b]$ 上是凹的;

(2) 若在 (a,b) 内,$f''(x)<0$,则曲线弧 $y=f(x)$ 在 $[a,b]$ 上是凸的.

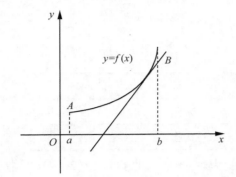

图3-5　曲线弧呈凹状

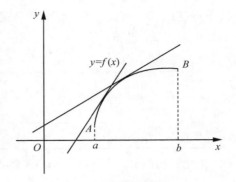

图3-6　曲线弧呈凸状

例3-24　判断曲线 $y = \ln x$ 的凹凸性.

解　由题意知, $f'(x) = \dfrac{1}{x}$, $f''(x) = -\dfrac{1}{x^2}$, 所以函数 $y = \ln x$ 在定义域 $(0, +\infty)$ 内恒有 $f''(x) < 0$, 则由定理3-6可知, 曲线 $y = \ln x$ 是凸的.

例3-25　判断曲线 $y = \sin x$ 在 $[0, 2\pi]$ 上的凹凸性.

解　由题意知, $y' = \cos x$, $y'' = -\sin x$.

当 $0 < x < \pi$ 时, $y'' < 0$, 所以在区间 $(0, \pi)$ 内对应的曲线 $y = \sin x$ 是凸的;

当 $\pi < x < 2\pi$ 时, $y'' > 0$, 所以在区间 $(\pi, 2\pi)$ 内对应的曲线 $y = \sin x$ 是凹的.

3.2.2.2　拐点的定义和判定

定义3-5　连续曲线上凹凸(或凸凹)两部分曲线弧的分界点称为曲线的拐点.

由前面的讨论可知, 曲线的凹凸性可以用 $f''(x)$ 的符号来判定, 而拐点又是曲线凹凸(或凸凹)区间的分界点, 由此可知: 在拐点横坐标左右两侧近旁内 $f''(x)$ 必然异号, 即曲线拐点的横坐标 x_0 是 $f'(x)$ 的极值点. 由此可知, 拐点横坐标 x_0 只能是使 $f''(x) = 0$ 或 $f''(x_0)$ 不存在的点, 所以曲线的拐点可以用函数的二阶导数来求, 其步骤基本类似于求函数极值的步骤.

> 由此我们可以得到求函数曲线的拐点的步骤:
> (1) 求函数 $y = f(x)$ 的定义域;
> (2) 求 $f'(x)$, $f''(x)$, 在定义域内求出使 $f''(x) = 0$ 的点或 $f''(x)$ 不存在的点, 并由这些点将定义域分成若干个子区间;
> (3) 讨论 $f''(x)$ 在各个子区间上的正负性, 从而确定凹凸性及其拐点;
> (4) 写出结论.

例3-26　讨论曲线 $f(x) = x^3 - 6x^2 + 9x + 1$ 的凹凸区间与拐点.

解　(1) $f(x) = x^3 - 6x^2 + 9x + 1$ 的定义域为 $(-\infty, +\infty)$.

(2) $f'(x) = 3x^2 - 12x + 9$, $f''(x) = 6x - 12 = 6(x - 2)$.

令 $f''(x) = 0$, 得 $x = 2$.

这个点将$(-\infty,+\infty)$划分成两个子区间$(-\infty,2),(2,+\infty)$.

(3) 列表讨论(表3-6).

表3-6

x	$(-\infty,2)$	2	$(2,+\infty)$
y''	$-$	0	$+$
y	凸	$(2,3)$为拐点	凹

(4) 故函数$f(x)=x^3-6x^2+9x+1$的凸区间为$(-\infty,2)$,凹区间为$(2,+\infty)$,拐点为$(2,3)$.

例3-27 求曲线$y=\sqrt[3]{x-4}+2$的凹凸区间和拐点.

解 (1) $y=\sqrt[3]{x-4}+2$的定义域为$(-\infty,+\infty)$.

(2) $y'=\dfrac{1}{3}(x-4)^{-\frac{2}{3}}$,$y''=-\dfrac{2}{9}(x-4)^{-\frac{5}{3}}=-\dfrac{2}{9\sqrt[3]{(x-4)^5}}$.

令$y''=0$,x不存在;又$x=4$是使y''不存在的点,这个点将$(-\infty,+\infty)$划分成两个子区间$(-\infty,4),(4,+\infty)$.

(3) 列表讨论(表3-7).

表3-7

x	$(-\infty,4)$	4	$(4,+\infty)$
y''	$+$	不存在	$-$
y	凹	$(4,2)$为拐点	凸

(4) 故函数$y=\sqrt[3]{x-4}+2$的凹区间为$(-\infty,4)$,凸区间为$(4,+\infty)$,拐点为$(4,2)$.

3.2.2.3 曲线图象的确定

定义3-6 若曲线$y=f(x)$上的动点$P(x,y)$沿着曲线无限远离坐标原点时,它与某条直线l的距离趋向于零,则称直线l为该曲线的渐近线.

这里我们着重讨论两种特殊位置的渐近线:

(1) 垂直渐近线. 若$\lim\limits_{x\to x_0}f(x)=\infty$或$\lim\limits_{x\to x_0^-}f(x)=\infty$或$\lim\limits_{x\to x_0^+}f(x)=\infty$,则称直线$x=x_0$为曲线$y=f(x)$的垂直渐近线. 例如,$f(x)=\dfrac{1}{x}$,直线$x=0$就是其函数曲线的垂直渐近线.

(2) 水平渐近线. 若$\lim\limits_{x\to-\infty}f(x)=b$或$\lim\limits_{x\to+\infty}f(x)=b$,则称直线$y=b$为曲线$y=f(x)$的水平渐近线. 例如,$y=e^x$,$y=0$就是其函数曲线的水平渐近线.

渐近线的作用就是用它来说明曲线$y=f(x)$在无穷远处的变化趋势,但同时要注意并不是所有的函数曲线都有渐近线. 例如,$y=x^3$就没有渐近线.

描绘函数图象的一般步骤：

（1）求函数 $y = f(x)$ 的定义域，并讨论其对称性（一般指的是函数的奇偶性）和周期性；

（2）讨论函数 $y = f(x)$ 的单调性、极值点和极值；

（3）讨论函数 $y = f(x)$ 的凹凸区间和拐点；

（4）讨论函数 $y = f(x)$ 曲线的水平渐近线和垂直渐近线；

（5）根据需要补充函数 $y = f(x)$ 曲线上的一些关键点（如曲线与坐标轴的交点等）；

（6）描绘函数的图象.

例 3-28 作出函数 $y = \dfrac{x}{1-x^2}$ 的图象.

解 （1）函数的定义区间为 $(-\infty, -1) \cup (-1, 1) \cup (1, +\infty)$，所给函数是奇函数，只需研究 $[0, +\infty)$ 内函数的性态.

（2）$y' = \dfrac{x^2+1}{(1-x^2)^2}$，$y'$ 无零点，在定义区间内无一阶导数不存在的点.

$y'' = \dfrac{2x(3+x^2)}{(1-x^2)^3}$，令 $y'' = 0$，得 $x = 0$，在定义区间内无二阶导数不存在的点.

（3）列表讨论（表 3-8）.

表 3-8

x	0	$(0,1)$	$(1, +\infty)$
y'	+	+	+
y''	0	+	−
y	拐点$(0,0)$	↗,凹	↗,凸

因为函数是连续奇函数，在 $x > 0$ 的邻域内，曲线是凹的，故在 $x < 0$ 的邻域内，曲线是凸的，所以点 $(0,0)$ 是拐点.

（4）$\because \displaystyle\lim_{x \to +\infty} \dfrac{x}{1-x^2} = 0$，$\therefore \ y = 0$ 是水平渐近线；

$\because \displaystyle\lim_{x \to \pm 1} \dfrac{x}{1-x^2} = \infty$，$\therefore \ x = \pm 1$ 是垂直渐近线.

（5）补充辅助点 $y(0.5) \approx 0.67$，$y(1.5) = -1.2$，$y(2) \approx -0.67$. 描点作图，便可画出函数在 $[0, +\infty)$ 上的图象，然后再利用图象的对称性，便可得到函数在 $(-\infty, -1) \cup (-1, 1) \cup (1, +\infty)$ 上的图象，如图 3-7 所示.

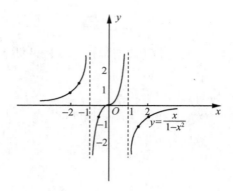

图 3-7　函数 $y = \dfrac{x}{1-x^2}$ 的图象

例 3-29　作出函数 $y = \dfrac{1-x}{x^2} - 1$ 的图象.

解　（1）函数的定义域为 $(-\infty,0) \cup (0,+\infty)$.

（2）$y' = \dfrac{1}{x^2}\left(-\dfrac{2}{x} + 1 \right)$，令 $y' = 0$，得驻点 $x_1 = 2$，在定义域内无一阶导数不存在的点.

（3）$y'' = \dfrac{2}{x^3}\left(\dfrac{3}{x} - 1 \right)$，令 $y'' = 0$，得 $x_3 = 3$，在定义域内无二阶导数不存在的点.

（4）列表讨论（表 3-9）.

表 3-9

x	$(-\infty,0)$	$(0,2)$	2	$(2,3)$	3	$(3,+\infty)$
y'	$+$	$-$	0	$+$	$+$	$+$
y''	$+$	$+$	$+$	$+$	0	$-$
y	↗,凹	↘,凹	极小值点	↗,凹	拐点	↗,凸

（5）算出极值点、拐点以及辅助点：$(-1,1)$，$\left(-2,-\dfrac{1}{4}\right)$，$(1,1)$，$\left(2,-\dfrac{5}{4}\right)$，$\left(3,-\dfrac{11}{9}\right)$，$\left(4,-\dfrac{19}{16}\right)$，$\displaystyle\lim_{x \to 0}\left(\dfrac{1-x}{x^2} - 1 \right) = +\infty$，描点作图，效果如图 3-8 所示.

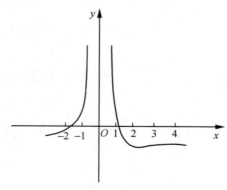

图 3-8　函数 $y = \dfrac{1-x}{x^2} - 1$ 的图象

【案例解答】

解　一阶导数的符号可以反映事物是增长还是减少,二阶导数的符号则说明增长或减少的快慢.

设函数 $P(t)$ 表示食品在时刻 t 的价格,一段时间内 $P(t)$ 迅速增加,若 $P'(t)>0$, $P''(t)<0$,则可以判断得出如下结论:

(1) $P(t)$ 迅速增加,则 $P'(t)>0$,说明通货膨胀存在;

(2) $P''(t)<0$,说明通货膨胀率正在下降.

练习题 3.2

1. 求下列各曲线的凹凸区间与拐点:

(1) $y=xe^x$;

(2) $y=3x^4-4x^3+1$;

(3) $y=x+\dfrac{x}{x^2-1}$;

(4) $y=(2x-5)\sqrt[3]{x^2}$;

(5) $y=\dfrac{1}{x^2+1}$;

(6) $y=(1+x)^4$.

2. 求下列各曲线的渐近线:

(1) $f(x)=\dfrac{2x+3}{5x-1}$;

(2) $f(x)=\dfrac{x^2+1}{3x}$;

(3) $f(x)=\dfrac{1}{4-x^2}$;

(4) $f(x)=\dfrac{1}{x^2-4x+5}$;

(5) $f(x)=\dfrac{x-2}{x^2+x-6}$;

(6) $f(x)=\dfrac{x^2-1}{x^2-5x-6}$.

任务 3.3　最优化模型

任务内容

- 完成与求最大值、最小值等最优化问题相关的工作页;
- 学习与求最值相关的知识;
- 能够建立简单的数学模型,利用导数求解.

任务目标

- 掌握求最大值、最小值的步骤;
- 了解最值与极值的区别;

● 掌握利用导数求解最优化模型的方法.

3.3.1 工作任务

熟悉如下工作页,了解本任务学习内容.在学习相关知识后,利用工作页在教师的指导下完成本任务,同时完成工作页内相关内容的填写.

任务工作页

1. 求最大值、最小值的步骤:
2. 最值与极值的区别:
3. 最优化模型的建立步骤:

【案例引入】 建材使用问题

由于企业发展的需要,某养殖中心需要扩建一个面积为 $288\ \text{m}^2$ 的饲养场,因此需要重新设立围墙.为了节约开支,决定利用原有的一面墙壁,实际需要新建的只有三面墙壁,如图 3-9 所示.现有一批高度足够、总长度为 $50\ \text{m}$ 的用于建设围墙的建筑材料,问这批建材是否够用?

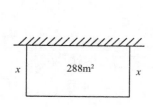

图3-9 饲养场围墙平面图

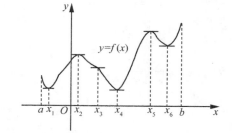

图3-10 函数的极值与最值

3.3.2 学习提升

在现实生活中很多时候都需要求出最值,如求时间最短、利润最大、成本最低等.在初等函数中对二次函数、三角函数等如何求最值进行了研究,但具有局限性.现在将用导数更为有效地解决最优化问题.

3.3.2.1 求最值的方法

如图 3-10 所示,很显然,最值只能在极值和端点函数值处产生.

求函数 $f(x)$ 在 $[a,b]$ 上的最大值或最小值的步骤如下:

(1) 求出 $f(x)$ 在开区间 (a,b) 内所有可能是极值点的函数值;

(2) 计算出端点的函数值 $f(a),f(b)$;

(3) 比较以上函数值,其中最大的便是函数的最大值,最小的便是函数的最小值.

例 3-30　求函数 $y = x^5 - 5x^4 + 5x^3 + 1$ 在区间 $[-1,2]$ 上的最值.

解　$y' = 5x^4 - 20x^3 + 15x^2$.

令 $y' = 0$,得驻点 $x_1 = 0, x_2 = 1, x_3 = 3$(舍).

故 $y|_{x_1=0} = 1, y|_{x_2=1} = 1 - 5 + 5 + 1 = 2, y|_{x=-1} = -1 - 5 - 5 + 1 = -10, y|_{x=2} = 32 - 5 \times 16 + 40 + 1 = -7$.

比较以上各值可得,函数 $y = x^5 - 5x^4 + 5x^3 + 1$ 在区间 $[-1,2]$ 上的最大值为 2,最小值为 -10.

例 3-31　求函数 $f(x) = (x-5) \cdot x^{\frac{2}{3}}$ 在区间 $[-1,3]$ 上的最值.

解　$f'(x) = x^{\frac{2}{3}} + (x-5) \cdot \frac{2}{3} x^{-\frac{1}{3}} = \frac{5x - 10}{3\sqrt[3]{x}} = \frac{5(x-2)}{3\sqrt[3]{x}}$.

令 $f'(x) = 0$,得驻点 $x = 2$;当 $x = 0$ 时,$f'(x)$ 不存在.

计算得 $f(-1) = -6, f(0) = 0, f(2) = -3\sqrt[3]{4}, f(3) = -2\sqrt[3]{9}$.

比较以上各值可得,函数 $f(x)$ 在 $[-1,3]$ 上的最大值为 $f(0) = 0$,最小值为 $f(-1) = -6$.

在下面两种特殊情况下,求最大值、最小值很简便:

(1) 若函数 $f(x)$ 是 $[a,b]$ 上的连续单调增加(减少)函数,则 $f(a)$ 必为 $f(x)$ 在 $[a,b]$ 上的最小(大)值,$f(b)$ 必为 $f(x)$ 在 $[a,b]$ 上的最大(小)值;

(2) 若 $f(x)$ 是 (a,b) 内的可导函数,x_0 是 $f(x)$ 在 (a,b) 内唯一的极值点,则当 x_0 为极大(小)值点时,$f(x_0)$ 必为 $f(x)$ 在 (a,b) 内的最大(小)值.

【案例解答】

解　设场地的宽为 x,为使场地的面积为 288 m²,则场地的长应为 $\frac{288}{x}$. 若以 l 表示新建墙壁总长度,则目标函数为 $l(x) = 2x + \frac{288}{x}, x \in (0, +\infty)$.

现在该实际问题即转化为:当 $x = ?$ 时,函数 $l(x) = 2x + \frac{288}{x}, x \in (0, +\infty)$ 有最小值. 按照求最值的步骤,计算如下.

(1) 求导数:$l'(x) = 2 - \frac{288}{x^2}$.

(2) 令 $l'(x) = 2 - \frac{288}{x^2} = 0$,求得驻点 $x = 12$,没有不可导点.

(3) 求二阶导数:$l''(x) = \left(\frac{2x^2 - 288}{x^2} \right)' = \frac{576}{x^3}, l''(12) = \frac{576}{x^3} \Big|_{x=12} > 0$.

因此，$x=12$ 是极小值点. 由于函数 $l(x)$ 在其定义域 $(0,+\infty)$ 内只有一个极值点，且是极小值点，此极小值点就是最小值点，即当新建墙壁的宽 $x=12$ m，长为 $\dfrac{288}{12}=24$ m 时，所用建材最少. 此时，$l(12)=2\times12+\dfrac{288}{12}=48<50$，所以建材够用.

3.3.3 专业应用案例

电学领域——最大输出功率

例 3-32 设在电路中，电源电动势为 E，内阻为 r（E,r 均为常量），问负载电阻 R 多大时，输出功率 P 最大？

解 消耗在电阻 R 上的功率 $P=I^2R$，其中 I 是回路中的电流，由欧姆定律知 $I=\dfrac{E}{R+r}$，所以 $P=\dfrac{E^2R}{(R+r)^2}(0<R<\infty)$. 要使 P 最大，应使 $\dfrac{dP}{dR}=0$，即 $\dfrac{dP}{dR}=\dfrac{E^2}{(R+r)^3}(r-R)=0$，得 $R=r$. 此时，$P=\dfrac{E^2}{4R}$.

由于此闭合电路的最大输出功率一定存在，且在 $(0,+\infty)$ 内取得，所以必在 P 的唯一驻点 $R=r$ 处取得. 因此，当 $R=r$ 时，输出功率最大为 $P=\dfrac{E^2}{4R}$.

经济领域——利润最大问题

例 3-33 某厂生产某种电子元件，如果生产出一件正品，可获利 200 元，如果生产出一件次品，则损失 100 元. 已知该厂在制造电子元件过程中次品率 p 与日产量 x 的函数关系是 $p=\dfrac{3x}{4x+32}(x\in\mathbf{N}^*)$.

（1）求该厂的日盈利额 T（元）用日产量 x（件）表示的函数；

（2）为获最大盈利，该厂的日产量应定为多少件？

解 （1）由题意可知，次品率 $p=$ 日产次品数／日产量，设每天生产 x 件，次品数为 xp，正品数为 $x(1-p)$，又 $p=\dfrac{3x}{4x+32}(x\in\mathbf{N}^*)$，故

$$T=200\cdot x\left(1-\dfrac{3x}{4x+32}\right)-100\cdot x\cdot\dfrac{3x}{4x+32}=25\cdot\dfrac{64x-x^2}{x+8}.$$

（2）由于 $T'=-25\cdot\dfrac{(x+32)(x-16)}{(x+8)^2}$，令 $T'=0$，得 $x_1=16$，$x_2=-32$（舍去），而当 $0<x<16$ 时，$T'>0$，当 $x>16$ 时，$T'<0$，所以当 $x=16$ 时，T 取最大值，即该厂的日产量定为 16 件时，能获取最大盈利.

注：在实际问题的定义域内，如果函数只有一个极值点，即为此函数所取的最值点，此题中要及时将中间变量 p 转化为含 x 的式子.

经济领域——费用最省问题

例 3-34 一火车锅炉每小时消耗煤费用与火车行驶的速度的立方成正比,已知当速度为 20 km/h 时,每小时消耗的煤价值为 40 元,其他费用每小时需 200 元,问火车行驶的速度多大时,才能使火车从甲城开往乙城的总费用为最省?(已知火车最高速度为 100 km/h)

解 设甲、乙两城距离为 a km,火车速度为 x km/h,每小时消耗的煤价为 p,依题意,有 $p = kx^3$(k 为比例常数). 由 $x = 20, p = 40$,得 $k = \dfrac{1}{200}$,故而总费用

$$y = \left(\frac{1}{200}x^3 + 200 \right) \cdot \frac{a}{x} = a\left(\frac{x^2}{200} + \frac{200}{x} \right) (x > 0).$$

由于 $y' = a\left(\dfrac{x}{100} - \dfrac{200}{x^2} \right)$,令 $y' = 0$,则 $\dfrac{x}{100} = \dfrac{200}{x^2}$,即 $x = 10\sqrt[3]{20}$;又因为当 $0 < x < 10\sqrt[3]{20}$ 时,$y' < 0$,当 $10\sqrt[3]{20} < x < 100$ 时,$y' > 0$,故当 $x = 10\sqrt[3]{20}$ 时,y 取最小值,所以要使费用最省,火车速度应为 $10\sqrt[3]{20}$ km/h.

注:在建立函数关系时,要注意引入适当参数和变量以方便列式,同时应根据已知条件及时地求出一些中间变量的值.

经济领域——投资最优化问题

例 3-35 商品每件成本为 9 元,售价为 30 元,每星期卖出 432 件,如果降低价格,销售量可以增加,且每星期多卖出的商品件数与商品单价的降低值 x(单位:元,$0 \le x \le 30$)的平方成正比. 已知商品单价降低 2 元时,一星期多卖出 24 件.

(1)求一个星期的商品销售利润函数;

(2)如何定价才能使一个星期的商品销售利润最大?

分析 商品销售利润是根据卖出的件数与实际售价共同决定的,由于每星期多卖出的商品件数与商品单价的降低值的平方成正比,所以应当合理降价,以便多卖,这样必然存在一个数,使两者之积最大,即商品销售利润最大.

解 (1)设商品降价 x 元,则多卖的商品数为 kx^2,若记商品一个星期的获利为 $f(x)$,则依题意有

$$f(x) = (30 - x - 9)(432 + kx^2) = (21 - x)(432 + kx^2).$$

又由已知条件 $24 = k \cdot 2^2$,于是有 $k = 6$,所以

$$f(x) = -6x^3 + 126x^2 - 432x + 9072, x \in [0, 30].$$

(2)根据(1)有 $f'(x) = -18x^2 + 252x - 432 = -18(x - 2)(x - 12)$.

故 $x = 12$ 时,$f(x)$ 达到极大值.

因为 $f(0) = 9072, f(12) = 11264$,所以定价为 $30 - 12 = 18$ 元时能使一个星期的商品销售利润最大.

练习题 3.3

1. 求下列各函数的最值:

（1）$y = x^3 - 3x^2 - 9x + 5$ 在区间 $[-4, 4]$ 上;

（2）$y = 2x^3 + 3x^2 - 12x + 14$ 在区间 $[-3, 4]$ 上;

（3）$y = 2x^3 - 3x^2$ 在区间 $[-1, 4]$ 上;

（4）$y = x^4 - 8x^2 + 2$ 在区间 $[-1, 3]$ 上;

（5）$y = x + \sqrt{1-x}$ 在区间 $[-5, 1]$ 上;

（6）$y = x^4$ 在区间 $[-1, 3]$ 上.

2. 要建造一个体积为 $50\ \mathrm{m}^3$ 的有盖圆柱形仓库,问高和底面半径为多少时用料最省?

3. 设 $y = ax^3 - 6ax^2 + b$ 在 $[-1, 2]$ 上最大值为 3,最小值为 -29,又 $a > 0$,求 a, b 的值.

4. 一房地产公司有 50 套公寓要出租,当租金定为每套每月 1000 元时,公寓可全部租出;当租金每套每月增加 50 元时,租不出的公寓就多一套. 而租出的房子每套每月需 100 元的整修维护费,问房租定为多少时可获得最大收入?

5. 要设计一个容积为 $V\ \mathrm{m}^3$ 的有盖圆柱形贮油桶,已知侧面单位面积造价是底面的一半,而盖的单位面积造价又是侧面的一半. 问贮油桶的尺寸如何设计,造价最低?

自测题三

一、选择题

1. 函数 $y = x - \ln(1 + x)$ 的单调递减区间是（　　）.

A. $(-1, +\infty)$ 　　　　　　　　B. $(-1, 0)$

C. $(0, +\infty)$ 　　　　　　　　D. $(-\infty, -1)$

2. 若在 (a, b) 内,$f'(x) > 0$,$f''(x) < 0$,则函数 $f(x)$ 在此区间内（　　）.

A. 单调减少,曲线是凹的 　　　　B. 单调减少,曲线是凸的

C. 单调增加,曲线是凹的 　　　　D. 单调增加,曲线是凸的

3. 已知函数 $y = 3x^2 - x^3$,下列说法正确的是（　　）.

A. 有极大值 0 和极小值 4 　　　　B. 有极小值 0 和极大值 4

C. 有极大值 4 和极小值 1 　　　　D. 有极小值 4 和极大值 1

4. 在以下各式中,极限存在,但不能用洛必达法则计算的是（　　）.

A. $\lim\limits_{x \to 0} \dfrac{x^2}{\sin x}$ 　　　　　　B. $\lim\limits_{x \to 1} \dfrac{x^2 - 2x + 1}{\ln x - x + 1}$

C. $\lim\limits_{x \to \infty} \dfrac{x + \sin x}{x}$ 　　　　　　D. $\lim\limits_{x \to +\infty} \dfrac{x^n}{e^x}$

5. 已知 $f(x) = A \cdot 2^x + \dfrac{1}{x}$ 在 $x = 1$ 处取得极值, 则 $A = ($ 　　 $)$.

A. $\dfrac{1}{2\ln 2}$　　　B. $-\dfrac{1}{2\ln 2}$　　　C. $\dfrac{\ln 2}{2}$　　　D. $-\dfrac{\ln 2}{2}$

6. 函数 $f(x) = \sqrt{5 - 4x}$, $x \in [-1, 1]$ 的最大值、最小值分别是 $($ 　　 $)$.

A. 3 和 0　　　B. 3 和 1　　　C. $\sqrt{5}$ 和 1　　　D. $\sqrt{5}$ 和 0

7. 曲线 $y = 6x - 24x^2 + x^4$ 的凸区间是 $($ 　　 $)$.

A. $(-2, 2)$　　　B. $(-\infty, 0)$　　　C. $(0, +\infty)$　　　D. $(-\infty, +\infty)$

8. 以下结论正确的是 $($ 　　 $)$.

A. 若 $x = x_0$ 是函数 $f(x)$ 的驻点, 则 $x = x_0$ 必是 $f(x)$ 的极值点

B. 若函数 $f(x)$ 在点 $x = x_0$ 处有极值, 且 $f'(x_0)$ 存在, 则必有 $f'(x_0) = 0$

C. 函数 $f(x)$ 的导数不存在的点, 一定不是 $f(x)$ 的极值点

D. 若在点 x_0 处函数 $f(x)$ 有极限, 则在点 x_0 处 $f(x)$ 一定连续

9. 函数 $f(x) = e^x(x^2 - x - 1)$ 的极大值点是 $($ 　　 $)$.

A. $x = -1$　　　B. $x = 1$　　　C. $x = -2$　　　D. $x = -2, x = 1$

二、填空题

1. $\lim\limits_{x \to 0} \dfrac{\sin x}{\sqrt{1+x} - 1} = $ _____ , $\lim\limits_{x \to \frac{\pi}{2}} \dfrac{\cos 3x}{\cos x} = $ _____ .

2. 函数 $y = \ln(1 + x^2)$ 的单调增加区间是 _____ .

3. 设函数 $f(x) = \dfrac{1+x}{3+2x}$, 则其垂直渐近线为 _____ , 水平渐近线为 _____ .

4. 函数 $y = e^x - x - 1$ 的极值为 _____ .

5. 曲线 $y = 2x^3 + 3x^2 - 12x + 1$ 的拐点为 _____ .

6. 函数 $f(x) = x^3 - 3x^2 + 2$ 在 $[1, 4]$ 上的最大值为 _____ , 最小值为 _____ .

7. 若函数 $f(x) = a\ln x + bx^2 + x$ 在 $x = 1, x = 2$ 处都取得极值, 则函数 $a = $ _____ , $b = $ _____ , 且极大值为 _____ , 极小值为 _____ .

8. 若点 $(1, 3)$ 为曲线 $y = ax^3 + bx^2$ 的拐点, 则函数 $a = $ _____ , $b = $ _____ , 曲线的凹区间为 _____ , 凸区间为 _____ .

9. 若函数 $y = ax^2 + 1$ 在 $(0, +\infty)$ 内单调增加, 则函数 a _____ 0.

三、计算题

1. 求下列极限:

(1) $\lim\limits_{x \to 0} \dfrac{\ln(1+x)}{x}$;

(2) $\lim\limits_{x \to 0} \dfrac{e^x - e^{-x}}{\sin x}$;

(3) $\lim\limits_{x \to a} \dfrac{\sin x - \sin a}{x - a}$;

(4) $\lim\limits_{x \to 1} \dfrac{x^2 + x - 2}{x^2 - 3x + 2}$;

(5) $\lim\limits_{x \to 0} \dfrac{x - \sin x}{x^2}$;

(6) $\lim\limits_{x \to 0} \dfrac{\sqrt{x+1} - 1}{2x}$;

（7）$\lim\limits_{x\to 0}\dfrac{\sin x - x\cos x}{x^2\sin x}$；

（8）$\lim\limits_{x\to 0}\left(\dfrac{1}{x} - \dfrac{2}{e^{2x}-1}\right)$；

（9）$\lim\limits_{x\to 0}(\cos x)^{\frac{1}{x}}$；

（10）$\lim\limits_{x\to 0^+}\left(\dfrac{1}{x}\right)^{\tan x}$．

2. 确定下列函数的单调区间：

（1）$y = 2x^3 - 6x^2 - 18x - 7$；

（2）$y = 2x + \dfrac{8}{x}\,(x>0)$；

（3）$y = e^x - x - 1$；

（4）$y = (2x-5)\sqrt[3]{x^2}$．

3. 求下列函数图形的拐点及凹凸区间：

（1）$y = x^3 - 5x^2 + 3x + 5$；

（2）$y = xe^{-x}$；

（3）$y = (x+1)^4 + e^x$；

（4）$y = \ln(x^2+1)$．

莱布尼茨的微积分

一、莱布尼茨传略

1646年7月1日,莱布尼茨(Leibniz, Gottfried Wilhelm, 1646—1716)(图3-11)生于德国的莱比锡. 父亲是莱比锡大学的哲学教授,在他六岁时便去世了,留给他的是十分丰富的藏书.

1661年,莱布尼茨进入莱比锡大学学习法律,1663年获学士学位,同年转入耶拿大学.

他在耶拿大学一边学哲学,一边在魏格尔的指导下系统学习了欧氏几何. 魏格尔使他开始确信毕达哥拉斯-柏拉图宇宙观:宇宙是一个由数学和逻辑原则所统率的和谐的整体. 1664年,他获得哲学硕士学位,三年后又获

图3-11　莱布尼茨

得法学博士学位. 21岁的莱布尼茨被一位男爵推荐给美因茨选帝侯逊勃伦,从此登上了政治舞台,开始在美因茨宫廷任职.

1672年,莱布尼茨作为外交官出使巴黎,结识了许多科学家,包括从荷兰去的惠更斯. 在惠更斯等人的影响下,他对自然科学特别是数学产生了浓厚的兴趣,真正开始了他的学术生涯. 1673年年初,他又出使伦敦,结识了胡克、波义耳等人,3月回到巴黎,4月即被推荐为英国皇家学会的外籍会员. 莱布尼茨滞留巴黎的四年时间,是他在数学方面的发明创造的黄金时代. 在这期间,他研究了费马、帕斯卡、笛卡尔和巴罗等人的数学著作,写了大约100页的《数学笔记》. 这些笔记虽不系统,且没有公开发表,但其中却包含着莱布尼茨的微积分思想、方法和符号,是他发明微积分的标志,他还于1674年发明了能做四则运算的手摇计算机.

1676年,莱布尼茨返回德国. 在此后的四十年中,他一直担任汉诺威公爵弗里德里希的枢密顾问和图书馆长,汉诺威成了他的永久居住地. 1682年,他与门克创办了拉丁文杂志《博学学报》. 1684年,他在该杂志上首次发表了微积分论文《对有理量和无理量都适用的,求极大值和极小值以及切线的新方法,一种值得注意的演算》(下简称《新方法》),这是他在微积分方面的代表作.

从17世纪90年代起,莱布尼茨就热心从事于科学院的筹划和建设. 1700年,他终于促成柏林科学院成立,并出任第一任院长. 同年被选为法国科学院的外籍院士. 他还建议成立彼得堡科学院和维也纳科学院,这些建设都被采纳了. 他的科学远见和组织才能,有力地推

动了欧洲科学的发展.

除了数学以外,莱布尼茨在哲学、法学、历史学、逻辑学、力学、光学等方面也都做出了卓越贡献.1716 年 11 月 14 日,莱布尼茨平静地离开人世,享年 70 岁.

二、《数学笔记》

从莱布尼茨的《数学笔记》可以看出,他的微积分思想来源于对和、差可逆性的研究.实际上,这一问题可追溯到他于 1666 年发表的论文《论组合的艺术》.他在这篇文章中对数列问题进行了研究,例如,他给出自然数的平方数列

$$0,1,4,9,16,25,36,\cdots,\tag{1}$$

又给出它的一阶差序列

$$1,3,5,7,9,11,\cdots,\tag{2}$$

二阶差序列

$$2,2,2,2,2,\cdots.\tag{3}$$

莱布尼茨注意到如下几个事实:自然数列的二阶差消失而平方序列的三阶差消失;如果原数列从 0 开始,则一阶差的和等于原数列的最后一项;数列(2)中每一项是(1)中相邻两项之差,而(1)中每一项是(2)中左边各项之和.这些事实对他后来发明微积分是有启发的.

1673 年年初,莱布尼茨已经熟悉了费马、巴罗等人的数学著作,他本人对切线问题及求积问题也有了某些研究.他在惠更斯的劝告下,开始攻读帕斯卡的著作.他发现在帕斯卡三角形(图 3-12)中,任何元素是上面一行左边各项之和,也是下面一行相邻两项之差.他立即同自己在 1666 年的工作联系起来,洞察到这种和与差之间的互逆性,正和依赖于坐标之差的切线问题及依赖于坐标之和的求积问题的互逆性相一致.所不同的只是,帕斯卡三角形和平方序列中的两元素之差是有限值,而曲线的纵坐标之差则是无穷小量.

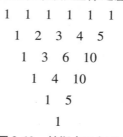

图 3-12　帕斯卡三角形

当然,要把一个数列的求和运算与求差运算的互逆关系同微积分联系起来,必须把数列看作函数的 y 值,而把任何两项的差看作两个 y 值的差.莱布尼茨正是这样做的,他用 x 表示数列的项数而用 y 表示这一项的值,用 $\mathrm{d}x$ 表示数列的相邻项的序数差而用 $\mathrm{d}y$ 表示相邻项的值的差.这时,$\mathrm{d}x$ 显然为 1.借助于数学直观,莱布尼茨把在有限序列表现出来的和与差之间的可逆关系表示成 $y = \int \mathrm{d}g$,符号 $\int$ 表示和.例如,在莱布尼茨的平方序列中,若 $x = 4$,则 $y = (9-4) + (4-1) + (1-0)$.莱布尼茨进一步用 $\mathrm{d}x$ 表示一般函数的相邻自变量的差,用 $\mathrm{d}y$ 表示相邻函数值的差,或者说表示曲线上相邻两点的纵坐标之差.于是,$\int \mathrm{d}y$ 便表示所有

这些差的和. 这说明莱布尼茨已经把求和问题与积分联系起来了.

图 3-13 清楚地说明了 $y = \int \mathrm{d}y$ 的几何含义,该图出现在莱布尼茨的 1673 年笔记中. 不过他在当时还未发明 $\mathrm{d}x, \mathrm{d}y$ 和 $\int$ 等符号,图中的 l 相当于 $\mathrm{d}y$,至于 $\mathrm{d}x$ 和 $\int$,他当时写作 a 和 omn(即拉丁文 omnia 的头三个字母). 在 $y = x$ 的条件下,莱布尼茨得到 omn $\cdot l = y$ (即 $\int \mathrm{d}y = y$). 若以 omn $\cdot l$ 表示首项为 0 的序列的一阶差的和,则上式给出序列的最后一项. 莱布尼茨断言:当 1 很小时,yl 的和就是 $\triangle ABC$ 的面积 $\dfrac{y^2}{2}$,即

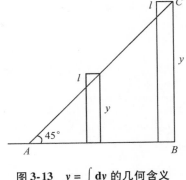

图 3-13　$y = \int \mathrm{d}y$ 的几何含义

$$\text{omn} \cdot yl = \frac{y^2}{2} \left(\text{即} \int y \mathrm{d}y = \frac{y^2}{2} \right).$$

到 1675 年 10 月,莱布尼茨已经推导出分部积分公式,即

$$\int x \mathrm{d}y = xy - \int y \mathrm{d}x.$$

在 10 月 29 日的笔记中,他以原来的符号(即 omn,l 等)记录了这一公式,但他接着便改用符号 $\int$(sum 的头一个字母 s 的变形)代替了 omn. 他明确指出:"$\int$ 意味着和,d 意味着差."11 月 11 日,他开始采用 $\mathrm{d}x$ 表示两个相邻 x 值的差,用 $\mathrm{d}y$ 表示相邻 y 值的差,即曲线上相邻两点的纵坐标之差,莱布尼茨称其为"微差". 从此,他一直采用符号 $\int$ 和 $\mathrm{d}x, \mathrm{d}y$ 来表示积分与微分(微差). 由于这些符号十分简明,逐渐流行于世界,沿用至今.

莱布尼茨深刻认识到 $\int$ 同 d 的互逆关系,他在 10—11 月的笔记中断言:作为求和过程的积分是微分的逆. 这一思想的产生是莱布尼茨创立微积分的标志. 实际上,他的微积分理论就是以这个被称为微积分基本定理的重要结论为出发点的. 在定积分中,这一定理直接导致了牛顿-莱布尼茨公式(如前所述)的发现.

从 11 月 11 日的笔记可以看出,莱布尼茨认为 $\mathrm{d}y$ 和 $\mathrm{d}x$ 可以任意小,他在帕斯卡和巴罗工作的基础上构造出一个包含 $\mathrm{d}x, \mathrm{d}y$ 的"特征三角形",借以表述他的微积分理论.

如图 3-14 所示,P, Q 是曲线上相邻两点,$PR = \mathrm{d}x$,$QR = \mathrm{d}y$,所谓特征三角形即由 $\mathrm{d}x, \mathrm{d}y$ 和弦 PQ 组成的无穷小三角形 PRQ. 莱布尼茨认为,在这个三角形中,弦 PQ 也是 P 和 Q 之间的曲线及过 T 点的切线的一部分. 他进一步认

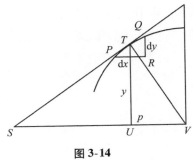

图 3-14

为:三角形 PRQ 相似于由次切线 SU、T 点的纵坐标及切线 ST 组成的三角形 SUT. 所以 $\mathrm{d}y$ 与 $\mathrm{d}x$ 之比有确定的意义,即

$$\frac{\mathrm{d}y}{\mathrm{d}x} = \frac{TU}{SU}.$$

实际上,这里的 $\dfrac{\mathrm{d}y}{\mathrm{d}x}$ 相当于牛顿的 $\dfrac{\dot{y}}{\dot{x}}$,即 y 对 x 的导数. 在笔记中,莱布尼茨利用上述理论解决了一个确定的问题,即寻求次法线与纵坐标成反比的曲线.

在图 3-14 中,法线是 TV,而次法线是 UV,设 $UV = p$,则由三角形 PRQ 及 TUV 的相似性得到

$$\frac{\mathrm{d}y}{\mathrm{d}x} = \frac{p}{y},$$

即

$$p\mathrm{d}x = y\mathrm{d}y. \tag{4}$$

由曲线的已知性质,有 $p = \dfrac{b}{y}$(b 是比例常数). 代入(4)式,得

$$\mathrm{d}x = \frac{y^2}{b}\mathrm{d}y,$$

所以

$$\int \mathrm{d}x = \int \frac{y^2}{b}\mathrm{d}y,$$

即

$$x = \frac{y^3}{3b}.$$

1676 年 11 月左右,莱布尼茨在微积分基本定理的基础上给出一般的微分法则 $\mathrm{d}(x^n) = nx^{n-1}\mathrm{d}x$ 和一般的积分法则 $\int x^n \mathrm{d}x = \dfrac{x^{n+1}}{n+1}$,其中 n 是整数或分数. 从莱布尼茨的笔记可以看出,他和牛顿一样,在微积分中常常采用略去无穷小的方法. 例如,为了求出曲线下的面积(图 3-15),需要计算曲线下各矩形面积之和. 他说可以忽略剩余的三角形,"因为它们同矩形相比是无穷小,所以在我的微积分中,我用 $\int y\mathrm{d}x$ 表示面积."

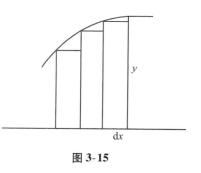

图 3-15

在 1676—1677 年的数学笔记中还提出如下的微积分法则:

(1)微分中的变量代换法即链式法则(1676 年);

(2)函数的和、差、积、商的微分法则(1677 年),即

$$\mathrm{d}(x \pm y) = \mathrm{d}x \pm \mathrm{d}y,$$
$$\mathrm{d}(xy) = x\mathrm{d}y + y\mathrm{d}x,$$
$$\mathrm{d}\left(\frac{x}{y}\right) = \frac{y\mathrm{d}x - x\mathrm{d}y}{y^2};$$

(3)弧微分法则 $\mathrm{d}s = \sqrt{\mathrm{d}x^2 + \mathrm{d}y^2}$(1677 年);

(4)曲线绕 x 轴旋转而得到的旋转体体积公式,即

$$V = \pi \int y^2 \mathrm{d}x \ (1677 \ 年).$$

综上所述,莱布尼茨在发现微积分基本定理的基础上,建立起一套相当系统的微分和积分方法. 他成为与牛顿同时代的另一个微积分发明者. 当然,他们的成果都是独立取得的,当他们开始联系时,已经各自建立起一套具有特色的微积分理论了.

三、《新方法》

《新方法》是莱布尼茨公开发表的第一篇微积分论文,是对他的微分成果的概括.

莱布尼茨在论文中对微分给出如下定义:"横坐标 x 的微分 $\mathrm{d}x$ 是一个任意量,而纵坐标 y 的微分 $\mathrm{d}y$ 则可定义为它与 $\mathrm{d}x$ 之比等于纵坐标与次切线之比的那个量." 即

$$\frac{\mathrm{d}y}{\mathrm{d}x} = \frac{y}{次切线}.$$

用现代标准来衡量,这个定义是相当好的,因为 y 与次切线之比就是切线的斜率,所以该定义与我们的导数定义一致. 不过莱布尼茨没有给出严格的切线定义,他只是说:"求切线就是画一条连接曲线上距离为无穷小的两点的直线."

莱布尼茨还给出微分法则 $\mathrm{d}(x^n) = nx^{n-1}\mathrm{d}x$ 的证明及函数的和、差、积、商的微分法则的证明. 例如,为求 $\mathrm{d}(uv)$(其中 u, v 是 x 的函数),先让 u 变为 $u + \mathrm{d}u$,v 变为 $v + \mathrm{d}v$,于是

$$\mathrm{d}(uv) = (u + \mathrm{d}u)(v + \mathrm{d}v) - uv,$$

而

$$(u + \mathrm{d}u)(v + \mathrm{d}v) = uv + u\mathrm{d}v + v\mathrm{d}u + \mathrm{d}u\mathrm{d}v,$$

所以

$$\mathrm{d}(uv) = u\mathrm{d}v + v\mathrm{d}u + \mathrm{d}u\mathrm{d}v.$$

莱布尼茨认为 $\mathrm{d}u\mathrm{d}v$ 对于 $u\mathrm{d}v + v\mathrm{d}u$ 来说是无穷小,可以舍去,从而得出

$$\mathrm{d}(uv) = u\mathrm{d}v + v\mathrm{d}u.$$

莱布尼茨十分注意微分法的应用,他在文章中讨论了用微分法求切线、求极大值、求极小值以及求拐点的方法. 他指出,当纵坐标 v 随 x 增加而增加时,$\mathrm{d}v$ 是正的;当 v 减少时,$\mathrm{d}v$ 是负的;当 v 既不增加也不减少时,就不会出现这两种情况,这时 v 是平稳的. 所以 v 取得极大值或极小值的必要条件是 $\mathrm{d}v = 0$,这对应于水平切线. 他还说明了拐点的必要条件是 $\mathrm{d}(\mathrm{d}v) = 0$,即二阶微分为 0.

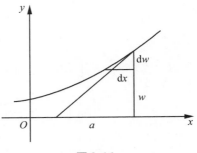

图 3-16

在文章的末尾,莱布尼茨解决了一个笛卡尔未能解决的问题:求纵坐标为 w 的曲线,使其次切距为常数 a. 对于这样的曲线,有

$$\frac{\mathrm{d}w}{\mathrm{d}x} = \frac{w}{a},$$

即

$$w = a \cdot \frac{\mathrm{d}w}{\mathrm{d}x}. \tag{5}$$

莱布尼茨考虑 x 值的一个等差数列,其公差为 $\mathrm{d}x = b$,代入(5)式,得

$$\mathrm{d}w = \frac{b}{a}w.$$

显然,w 的序列与其差的序列成正比,这正是几何级数特有的性质,所以莱布尼茨断言:如果 x 值构成算术序列,则 w 值构成几何序列. 换句话说,如果 w 是一些数,则 x 是它们的对数. 因此,所求的曲线是对数曲线.

莱布尼茨充分认识到微分法的威力,他说:"这种方法可以用来解决一些最困难的、最奇妙的数学问题,如果没有我们的微分学或者类似的方法,这些问题处理起来决不会这样容易."

1686 年,莱布尼茨又在《博学学报》上发表了一篇题为"论一种深刻的几何学与不可分元分析"的论文,它与《新方法》是姊妹篇,前者以讨论微分为主而本文以讨论积分为主. 文中的积分号 $\int$ 是在出版物中首次出现的. 莱布尼茨强调说,不能在 $\int$ 下忽略乘以 $\mathrm{d}x$,因为积分是无穷小矩形 $y\mathrm{d}x$ 之和. 他在文中用积分法导出了摆线方程,即

$$y = \sqrt{2x - x^2} + \int \frac{\mathrm{d}x}{\sqrt{2x - x^2}}.$$

他说:"这个方程完全表示出纵坐标 y 同横坐标 x 间的关系,并能由此推出摆线的一切性质." 他还通过积分来计算圆在第一象限的面积,从而得到 π 的一个十分漂亮的表达式(图 3-17). 由分部积分公式

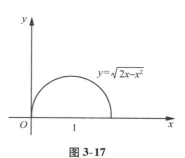

图 3-17

$$\frac{1}{2}\int_0^1 y\mathrm{d}x = \frac{1}{2}\left(xy \,\Big|_0^1 - \int_0^1 x\mathrm{d}y \right),$$

两边加上 $\dfrac{1}{2}\displaystyle\int_0^1 y\mathrm{d}x$,得

$$\int_0^1 y\mathrm{d}x = \frac{1}{2}\left[xy \,\Big|_0^1 + \int_0^1 (y\mathrm{d}x - x\mathrm{d}y) \right]$$

$$= \frac{1}{2}\left[xy \,\Big|_0^1 + \int_0^1 \left(y - \frac{\mathrm{d}y}{\mathrm{d}x}\cdot x \right)\mathrm{d}x \right],$$

所以

$$\frac{\pi}{4} = \int_0^1 y\mathrm{d}x = \frac{1}{2}\left[xy \,\Big|_0^1 + \int_0^1 \left(y - \frac{\mathrm{d}y}{\mathrm{d}x}\cdot x \right)\mathrm{d}x \right]$$

$$= \frac{1}{2}\left(x\sqrt{2x - x^2} \,\Big|_0^1 + \int_0^1 \sqrt{\frac{x}{2 - x}}\mathrm{d}x \right)$$

$$= \frac{1}{2}\left(x\sqrt{2x - x^2} \,\Big|_0^1 - \int_0^1 x\mathrm{d}z \right)\left(\diamondsuit\, z = \sqrt{\frac{x}{2 - x}} \right)$$

$$= \frac{1}{2}\left(1 + xz \,\Big|_0^1 - \int_0^1 x\mathrm{d}z \right)$$

$$= \frac{1}{2}\left(1 + x\cdot\sqrt{\frac{x}{2 - x}} \,\Big|_0^1 - \int_0^1 \frac{2z^2}{1 + z^2}\mathrm{d}z \right)$$

$$= 1 - \int_0^1 \frac{z^2}{1 + z^2}\mathrm{d}z$$

$$= 1 - \int_0^1 z^2(1 - z^2 + z^4 - z^6 + \cdots)\mathrm{d}z$$

$$= 1 - \left(\frac{1}{3}z^3 - \frac{1}{5}z^5 + \frac{1}{7}z^7 - \frac{1}{9}z^9 + \cdots \right) \Big|_0^1$$

$$= 1 - \frac{1}{3} + \frac{1}{5} - \frac{1}{7} + \frac{1}{9} - \cdots.$$

1686 年以后，莱布尼茨继续研究微积分. 在求曲线曲率、曲线族包络、判断级数收敛和求解微分方程方面都取得出色成果.

四、莱布尼茨与牛顿

在创立微积分方面，莱布尼茨与牛顿功绩相当. 他们各自独立地发现了微积分基本定理，并建立起一套有效的微分和积分算法；他们都把微积分作为一种适用于一般函数的普遍方法；都把微积分从几何形式中解脱出来，采用了代数方法和记号，从而扩展了它的应用范围；都把面积、体积及以前作为和来处理的问题归结到反微分（积分）. 这样，四个主要问题——速度、切线、极值、求和，便全部归结为微分和积分.

另外，二人的微积分基础也是一样的，都是无穷小量. 不管是 $\frac{\dot{y}}{\dot{x}}$，还是 $\frac{\mathrm{d}y}{\mathrm{d}x}$，都是两个无穷小量之商，而曲线下的面积则被看作一组面积为无穷小的矩形之和.

但是，如果我们认真比较一下牛顿和莱布尼茨的工作，仍会发现一些明显的不同之处：

第一，牛顿微积分的出发点是力学，他以速度为模型建立起最初的微分学；而莱布尼茨的微积分工作则是从研究和、差的可逆性开始的.

第二，在积分方面，牛顿偏重于不定积分，即由给定的流数来确定流量. 他把面积和体积问题当作变化率的反问题来解决. 而莱布尼茨则偏重于把积分看作微分的无穷和，他把这种算法叫作"求和计算". 所以，莱布尼茨的积分主要是定积分.

第三，尽管牛顿和莱布尼茨的微积分基础都是无穷小量，但他们对无穷小的理解是不同的. 莱布尼茨把无穷小理解为离散的，可分为不同层次，因此他给出高阶微分的概念及符号；实际上，他认为一阶微分是横坐标 x 或纵坐标 y 的序列的差的序列，二阶微分则是这些差的差所组成的序列. 反复取差，便可得到 k 阶微分 $\mathrm{d}^k x$ 或 $\mathrm{d}^k y$. 而牛顿则认为无穷小量无层次可言，他把导数定义为增量比的极限. 其结果，牛顿的极限概念比莱布尼茨清楚，但却未能进入高阶微分领域.

第四，牛顿比莱布尼茨更重视微积分的应用，但对于采用什么样的微积分符号却不大关心. 莱布尼茨对于符号却是精心设计，反复改进，尽量选用能反映微积分实质的、既方便又醒目的符号. 其结果，牛顿的微积分理论对科学技术的影响要大一些，但他那套以点为特征的微积分符号却基本上被淘汰了，而莱布尼茨的符号 $\left(\text{如 } \mathrm{d}x, \mathrm{d}y, \frac{\mathrm{d}y}{\mathrm{d}x}, \int y\mathrm{d}x \text{ 等} \right)$ 至今盛行不衰.

第五，两人的学风也不相同. 牛顿比较谨慎而莱布尼茨比较大胆；牛顿注重经验而莱布尼茨富于想象. 牛顿之所以迟迟不愿发表他的微积分成果，就是担心自己的理论不完善，受到别人反对；而莱布尼茨一旦取得理论上的进展就大胆推广，例如，他在 n 是整数时得到 $\mathrm{d}(x^n) = nx^{n-1}\mathrm{d}x$ 后，便宣布 n 为分数时也适用. 在发表自己的著作方面，他也比牛顿大胆. 他说："我不赞成因过分的细密而阻碍了创造的技巧."这种学风上的差异似与两人的哲学倾向有关——牛顿强调经验而莱布尼茨强调理性.

综上所述,牛顿与莱布尼茨应该分享发明微积分的荣誉.但不幸的是在他们生前引发了一场旷日持久的关于微积分发明权的争论.我们知道,莱布尼茨发表第一篇微积分论文的时间是1684年,比牛顿早三年(牛顿的《原理》发表于1687年),但牛顿早在17世纪60年代就发明了微积分,而莱布尼茨曾于1673年访问过伦敦,并和牛顿及一些知道牛顿工作的人通过信.于是就发生了莱布尼茨是否独立取得微积分成果的问题.牛顿的拥护者们认为只有牛顿才是真正的微积分发明者,公开指责莱布尼茨剽窃牛顿成果.莱布尼茨于1711年为此向英国皇家学会提出申诉(当时他是会员,牛顿是会长),结果遭到学会的驳斥.这场争论把欧洲数学家分成两派——英国派和大陆派.争论双方停止了学术交流,互相攻击,以致影响了数学的正常发展.直到19世纪初,两派的隔阂才消除.当然,这场争论的性质不纯粹是数学的,其中包含着两派的民族主义情绪,对这方面的问题就不详细讨论了.

牛顿和莱布尼茨去世后很久,学者们经过认真的调查研究,逐渐取得一致意见:牛顿和莱布尼茨几乎同时发明了微积分,他们的工作也是互相独立的.在创作时间上,牛顿略早于莱布尼茨(牛顿创立微积分的主要时间是1665—1667年,莱布尼茨是1673—1676年),但在发表时间上,莱布尼茨又略早于牛顿.所以,发明微积分的荣誉属于牛顿和莱布尼茨两人.

积分学

任务4.1 不定积分

任务内容

- 完成与不定积分的概念及性质相关的工作页;
- 学习与不定积分相关的知识;
- 理解原函数和不定积分的概念及性质.

任务目标

- 掌握积分与求导(微分)是互逆运算;
- 掌握不定积分的几何意义;
- 掌握不定积分的基本公式.

4.1.1 工作任务

熟悉如下工作页,了解本任务学习内容.在学习相关知识后,利用工作页在教师的指导下完成本任务,同时完成工作页内相关内容的填写.

任务工作页

1. 积分与求导(微分)的关系:
_____
2. 不定积分的表示方法:
_____
3. 不定积分的几何意义:
_____
4. 不定积分的基本公式:
_____

【案例引入】

电路中某点处的电流 i 是通过该点处的电量 q 关于时间 t 的瞬时变化率,如果一电路中的电流为 $i(t) = t^3$,求其电量函数 $q(t)$. 根据函数变化率的知识可知

$$i(t) = \lim_{t \to 0} \frac{\Delta q}{\Delta t} = q'(t) = \frac{\mathrm{d}q}{\mathrm{d}t},$$

那么,如何由一个函数的导数来推导出这个函数呢? 这就要用到接下来学习的积分.

4.1.2 学习提升

一元函数微分学解决了求函数的变化率的问题,但在科学技术和生产实践中,常常还需要解决相反的问题,即已知函数的变化率,求原来的函数. 这类问题的解决属于一元函数的积分学研究范畴. 本任务主要讨论函数的不定积分的概念和基本性质.

4.1.2.1 原函数与不定积分的概念

因为 $(\sin x)' = \cos x$,那么称 $\cos x$ 是 $\sin x$ 的导数,而 $\sin x$ 是 $\cos x$ 的原函数.

定义 4-1 设 $f(x)$ 是定义在区间 I 上的已知函数,如果存在一个函数 $F(x)$,对任意的 $x \in I$,有

$$F'(x) = f(x) \text{ 或 } \mathrm{d}F(x) = f(x)\mathrm{d}x,$$

则称 $F(x)$ 是 $f(x)$ 在区间 I 上的一个原函数,简称 $F(x)$ 是 $f(x)$ 的原函数.

> 简单地说,谁的导数等于已知函数,谁就是已知函数的原函数.

思考:原函数是否是唯一的?

可以看到,$(\sin x)' = \cos x$,$\sin x$ 是 $\cos x$ 的原函数;$(\sin x + 200)' = \cos x$,$\sin x + 200$ 是 $\cos x$ 的原函数;$(\sin x - 100)' = \cos x$,$\sin x - 100$ 是 $\cos x$ 的原函数.

又因为 $(\sin x + C)' = \cos x$(C 为常数),所以 $\sin x + C$ 也是 $\cos x$ 的原函数.

> 显然,函数的原函数并不唯一,而是有无穷多个,并且每个原函数之间只差常数.

定义 4-2(不定积分的概念) 在区间 I 上,函数 $f(x)$ 的带有任意常数项的原函数称为 $f(x)$ [或 $f(x)\mathrm{d}x$]在区间 I 上的不定积分,记作 $\int f(x)\mathrm{d}x$.

$$\underset{\text{积分号}}{\int} \underset{\text{被积函数}}{f(x)\mathrm{d}x} = F(x) + \underset{\text{积分常数}}{C}.$$

> 一个函数的不定积分既不是一个数,也不是一个函数,而是一个函数族.

例 4-1 已知 $\left(\dfrac{x^7}{7}\right)' = x^6$,则 $\int x^6 \mathrm{d}x = \dfrac{x^7}{7} + C$.

例 4-2 已知 $(\sin x)' = \cos x$,则 $\int \cos x \mathrm{d}x = \sin x + C$.

4.1.2.2 不定积分的几何意义

(1) $f(x)$ 的一个原函数 $F(x)$ 的图象称为函数 $f(x)$ 的一条积分曲线,如图 4-1 所示.

(2) 因为 $F'(x) = f(x)$,故积分曲线上点 x 处切线的斜率恰等于 $f(x)$ 在点 x 处的函数值.

(3) 平移曲线 $y = F(x)$ 得另一条积分曲线 $y = F(x) + C_1$,依据此,可以得到 $y = F(x) + C$ 的整个曲线族.

(4) 因为 $[F(x) + C]' = f(x)$,故在点 x 处,各个积分曲线在该点的切线皆平行.

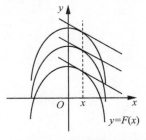

图 4-1 不定积分的几何意义

4.1.2.3 不定积分的性质

(1) $\dfrac{\mathrm{d}}{\mathrm{d}x}\left[\int f(x)\mathrm{d}x\right] = f(x)$;

(2) $\mathrm{d}\left[\int f(x)\mathrm{d}x\right] = f(x)\mathrm{d}x$;

(3) $\int F'(x)\mathrm{d}x = F(x) + C$;

(4) $\int \mathrm{d}F(x) = F(x) + C$.

导数(或微分)运算与求不定积分的运算是互逆的. 当记号 $\int$ 与 $'$、$\dfrac{\mathrm{d}y}{\mathrm{d}x}$ 或 $\mathrm{d}y$ 连在一起时,最外层若是导数,则完全抵消;最外层若是微分,则抵消后函数要乘以 $\mathrm{d}x$;最外层若是 $\int$ 积分,则抵消后函数后要加 C.

4.1.2.4 基本积分公式

积分运算是导数运算的逆运算,所以导数公式表中的每个公式反转过来就得到了不定积分的公式.

(1) $\int 0\mathrm{d}x = C$;

(2) $\int a\mathrm{d}x = ax + C$,其中 a 是常数;

(3) $\int x^a \mathrm{d}x = \dfrac{1}{a+1}x^{a+1} + C(a \neq -1)$;

(4) $\int \dfrac{1}{x}\mathrm{d}x = \ln|x| + C$;

(5) $\int a^x \mathrm{d}x = \dfrac{1}{\ln a}a^x + C(a > 0 \text{ 且 } a \neq 1)$;

(6) $\int \mathrm{e}^x \mathrm{d}x = \mathrm{e}^x + C$;

(7) $\int \sin x \mathrm{d}x = -\cos x + C$;

(8) $\int \cos x \mathrm{d}x = \sin x + C$;

(9) $\int \dfrac{\mathrm{d}x}{\cos^2 x} = \int \sec^2 x \mathrm{d}x = \tan x + C;$ (10) $\int \dfrac{\mathrm{d}x}{\sin^2 x} = \int \csc^2 x \mathrm{d}x = -\cot x + C;$

(11) $\int \dfrac{\mathrm{d}x}{\sqrt{1-x^2}} = \arcsin x + C = -\arccos x + C;$

(12) $\int \dfrac{\mathrm{d}x}{1+x^2} = \arctan x + C = -\text{arccot}x + C;$

(13) $\int \tan x \sec x \mathrm{d}x = \sec x + C;$ (14) $\int \cot x \csc x \mathrm{d}x = -\csc x + C.$

注意：在公式(4)中，

(1) 当 $x > 0$ 时，$(\ln x)' = \dfrac{1}{x}$，有 $\int \dfrac{1}{x}\mathrm{d}x = \ln x + C;$

(2) 当 $x < 0$ 时，$\ln(-x)' = \dfrac{1}{x}$，有 $\int \dfrac{1}{x}\mathrm{d}x = \ln(-x) + C.$

例 4-3 求不定积分 $\int \dfrac{1}{x\sqrt[5]{x}}\mathrm{d}x.$

解 $\quad \int \dfrac{1}{x\sqrt[5]{x}}\mathrm{d}x = \int x^{-\frac{6}{5}}\mathrm{d}x = \dfrac{1}{-\dfrac{6}{5}+1}x^{-\frac{6}{5}+1} + C = -5x^{-\frac{1}{5}} + C.$

例 4-4 求不定积分 $\int 7^x \mathrm{e}^x \mathrm{d}x.$

解 $\quad \int 7^x \mathrm{e}^x \mathrm{d}x = \int (7\mathrm{e})^x \mathrm{d}x = \dfrac{1}{\ln(7\mathrm{e})}(7\mathrm{e})^x + C = \dfrac{7^x \mathrm{e}^x}{1+\ln 7} + C.$

【案例解答】

解 根据函数变化率的知识可知

$$i(t) = \lim_{t \to 0} \dfrac{\Delta q}{\Delta t} = q'(t) = \dfrac{\mathrm{d}q}{\mathrm{d}t},$$

即 $q'(t) = i(t)$，则由求导公式和法则可以反推出 $q(t)$.

$\dfrac{\mathrm{d}q}{\mathrm{d}t} = i(t) = t^3$，则两边同时积分，有

$$q(t) = \int \dfrac{\mathrm{d}q}{\mathrm{d}t}\mathrm{d}t = \int i(t)\mathrm{d}t = \int t^3 \mathrm{d}t = \dfrac{1}{4}t^4 + C.$$

4.1.3 专业应用案例

例 4-5 设曲线通过点 $(1,2)$，且其任一点处的切线斜率等于这点横坐标的两倍，求此曲线方程.

解 设所求的曲线方程为 $y = f(x)$，由已知，得

$$k = \dfrac{\mathrm{d}y}{\mathrm{d}x} = 2x,$$

那么 $f(x)$ 是 $2x$ 的一个原函数,所以

$$y = \int 2x \mathrm{d}x = x^2 + C.$$

又因为曲线通过点 $(1,2)$,代入上式,得

$$2 = 1^2 + C,$$

解得 $C = 1$,故所求的曲线方程为

$$y = x^2 + 1.$$

练习题 4.1

1. 验证下列等式是否成立:

(1) $\displaystyle\int \frac{x}{\sqrt{1+x^2}}\mathrm{d}x = \sqrt{1+x^2} + C$;　　　(2) $\displaystyle\int \mathrm{e}^{2x}\mathrm{d}x = \frac{1}{2}\mathrm{e}^{2x} + C$;

(3) $\displaystyle\int \cos^2 x \mathrm{d}x = \frac{x}{2} + \frac{1}{4}\sin 2x + C$;　　　(4) $\displaystyle\int (\ln x + 1)\mathrm{d}x = x\ln x + C$.

2. 求下列不定积分:

(1) $\displaystyle\int x\sqrt{x}\mathrm{d}x$;

(2) $\displaystyle\int \frac{\mathrm{d}x}{\sqrt{x}}$;

(3) $\displaystyle\int \frac{\mathrm{d}x}{x^2\sqrt{x}}$;

(4) $\displaystyle\int (x^2 - 3x + 2)\mathrm{d}x$;

(5) $\displaystyle\int (x^6 + 7^x)\mathrm{d}x$;

(6) $\displaystyle\int (\sqrt{a} - \sqrt{x})^2\mathrm{d}x$;

(7) $\displaystyle\int \left(\frac{x+2}{x}\right)\mathrm{d}x$;

(8) $\displaystyle\int \frac{3x^3 - 2x^2 + x + 1}{x^3}\mathrm{d}x$;

(9) $\displaystyle\int (\sqrt{x} + 1)(\sqrt{x^3} - 1)\mathrm{d}x$;

(10) $\displaystyle\int \left(\frac{3}{1+x^2} - \frac{2}{\sqrt{1-x^2}}\right)\mathrm{d}x$;

(11) $\displaystyle\int \frac{3x^4 + 3x^2 + 1}{x^2 + 1}\mathrm{d}x$;

(12) $\displaystyle\int \frac{2x^2 + 1}{x^2(1+x^2)}\mathrm{d}x$;

(13) $\displaystyle\int \frac{x^2}{1+x^2}\mathrm{d}x$;

(14) $\displaystyle\int \frac{1}{x^2(1+x^2)}\mathrm{d}x$;

(15) $\displaystyle\int \sin^2 \frac{x}{2}\mathrm{d}x$;

(16) $\displaystyle\int \frac{2 \cdot 3^x - 5 \cdot 2^x}{3^x}\mathrm{d}x$;

(17) $\displaystyle\int \sec x(\sec x - \tan x)\mathrm{d}x$;

(18) $\displaystyle\int \tan^2 x \mathrm{d}x$;

(19) $\displaystyle\int \frac{\cos 2x}{\cos x - \sin x}\mathrm{d}x$;

(20) $\displaystyle\int \frac{\sin 2x}{\sin x}\mathrm{d}x$;

(21) $\displaystyle\int \mathrm{e}^x\left(1 - \frac{\mathrm{e}^{-x}}{x}\right)\mathrm{d}x$;

(22) $\displaystyle\int \frac{\mathrm{e}^{2x} - 1}{\mathrm{e}^x + 1}\mathrm{d}x$.

3. 已知曲线在任一点处的切线斜率为 $3x^2$，且曲线过点 $(1,3)$，求此曲线方程.

4. 已知物体在时刻 t 的瞬时速度为 $v = 3t - 2$，且当 $t = 0$ 时，位移 $s = 5$，试求物体的位移函数.

任务4.2　积分的运算

▶ 任务内容 ◀

- 完成与积分运算相关的工作页；
- 学习与积分运算应用相关的知识；
- 学习求复合函数积分的方法；
- 学习积分运算的方法.

▶ 任务目标 ◀

- 掌握函数运算求积分的方法；
- 掌握复合函数求积分与函数相乘求积分的区别.

4.2.1　工作任务

熟悉如下工作页，了解本任务学习内容. 在学习相关知识后，利用工作页在教师的指导下完成本任务，同时完成工作页的相关内容的填写.

任务工作页

1. 函数加减法求积分：
_____
2. 函数相乘求积分：
_____
3. 分式函数求积分：
_____
4. 复合函数求积分的步骤：

【案例引入】结冰厚度计算

池塘结冰的速度可以由 $\dfrac{\mathrm{d}y}{\mathrm{d}t} = k\sqrt{t} + t$ 表示，其中 y 是自结冰起到时刻 t 时结的冰的厚度，k 是正常数，求 y 关于 t 的函数.

4.2.2 学习提升

对于简单函数的不定积分,可以直接用公式来求,那么,若函数是复合函数或是函数相乘除,如何求不定积分呢?

4.2.2.1 复合函数求积分

对于求积分来讲,应该秉承一个原则,即所有求积分都要立足于基本积分公式.

例 4-6 求不定积分 $\int \cos 5x \mathrm{d}x$.

解 $\int \cos 5x \mathrm{d}x = \dfrac{1}{5}\int \cos 5x \mathrm{d}(5x) = \dfrac{1}{5}\sin 5x + C$.

对于数学或其他学科来讲,遇到未知的问题一定要先观察它的特征. 既然求积分需要根据基本积分公式,那么就要先比较哪个积分公式和要求的积分最相似. 很显然,公式 $\int \cos x \mathrm{d}x = \sin x + C$ 与要求的积分最相似. 为了能够利用公式,不妨把 $5x$ 看作是公式里的 X(为了区别 $5x$ 里的 x,特把公式里的 x 记为 X,以后不做特殊声明 X 均代表公式里的 x). 想要应用公式,$\cos$ 后的 x 与 d 后的 x 应该是一致的,所以 $\mathrm{d}x$ 要凑成 $\mathrm{d}X$. 如何凑出 $\mathrm{d}X$,教大家一句口诀"d 后白加白减不白乘",d 后多乘的数一定要在积分号前面乘以这个数的倒数. 这样,就把所要求的积分化成公式形式,利用积分公式求出结果. 这里注意要把 X 换回 $5x$.

> 求复合函数不定积分的方法 —— 凑微分法:
> (1) 选公式,找出最相似的积分公式;
> (2) 找变量,对应公式找出 X;
> (3) 凑微分,把 $\mathrm{d}x$ 凑成 $\mathrm{d}X$(口诀:白加白减不白乘);
> (4) 套公式,利用积分公式求出积分;
> (5) 回代,把 X 换回关于 x 的函数.

例 4-7 求不定积分 $\int \dfrac{1}{4+3x} \mathrm{d}x$.

解 $\int \dfrac{1}{4+3x} \mathrm{d}x = \dfrac{1}{3}\int \dfrac{1}{4+3x} \mathrm{d}(4+3x) = \dfrac{1}{3}\ln \left| 4+3x \right| + C$.

例 4-8 求不定积分 $\int (2x-1)^5 \mathrm{d}x$.

解 $\int (2x-1)^5 \mathrm{d}x = \dfrac{1}{2}\int (2x-1)^5 \mathrm{d}(2x-1)$

$$= \dfrac{1}{2} \cdot \dfrac{1}{6}(2x-1)^6 + C = \dfrac{1}{12}(2x-1)^6 + C.$$

4.2.2.2　不定积分的运算 —— 加减法积分

$$\int [f(x) + g(x)]\,dx = \int f(x)\,dx + \int g(x)\,dx,$$

$$\int [f(x) - g(x)]\,dx = \int f(x)\,dx - \int g(x)\,dx.$$

函数的和(或差)的不定积分等于各个函数的不定积分的和(或差),有系数的,系数提到积分号前.

推广: $\int [f_1(x) \pm f_2(x) \pm \cdots \pm f_n(x)]\,dx = \int f_1(x)\,dx \pm \int f_2(x)\,dx \pm \cdots \pm \int f_n(x)\,dx.$

例4-9　求不定积分 $\int (2x^3 - 4x^2 + 7x + 5)\,dx.$

解
$$\int (2x^3 - 4x^2 + 7x + 5)\,dx = \int 2x^3\,dx - \int 4x^2\,dx + \int 7x\,dx + \int 5\,dx$$
$$= 2\int x^3\,dx - 4\int x^2\,dx + 7\int x\,dx + 5\int dx$$
$$= 2 \cdot \frac{x^4}{4} - 4 \cdot \frac{x^3}{3} + 7 \cdot \frac{x^2}{2} + 5x + C$$
$$= \frac{1}{2}x^4 - \frac{4}{3}x^3 + \frac{7}{2}x^2 + 5x + C.$$

例4-10　求不定积分 $\int \sqrt{x}(x^3 - 1)\,dx.$

解 $\int \sqrt{x}(x^3 - 1)\,dx = \int (x^{\frac{7}{2}} - x^{\frac{1}{2}})\,dx = \int x^{\frac{7}{2}}\,dx - \int x^{\frac{1}{2}}\,dx = \frac{2}{9}x^{\frac{9}{2}} - \frac{2}{3}x^{\frac{3}{2}} + C.$

例4-11　求不定积分 $\int (e^x - 2\cos x)\,dx.$

解 $\int (e^x - 2\cos x)\,dx = \int e^x\,dx - 2\int \cos x\,dx = e^x - 2\sin x + C.$

例4-12　求不定积分 $\int 3^x e^x\,dx.$

解 $\int 3^x e^x\,dx = \int (3e)^x\,dx = \frac{(3e)^x}{\ln(3e)} + C = \frac{3^x e^x}{1 + \ln 3} + C.$

例4-13　求不定积分 $\int \frac{x^4}{1 + x^2}\,dx.$

解
$$\int \frac{x^4}{1 + x^2}\,dx = \int \frac{x^4 - 1 + 1}{1 + x^2} \cdot dx = \int \frac{(x^2 - 1)(x^2 + 1) + 1}{1 + x^2}\,dx$$
$$= \int \left(x^2 - 1 + \frac{1}{1 + x^2}\right)dx = \int x^2\,dx - \int dx + \int \frac{1}{1 + x^2}\,dx$$
$$= \frac{x^3}{3} - x + \arctan x + C.$$

求不定积分时需注意：

（1）$\int$ 与 $\mathrm{d}x$ 配套使用，缺一不可，有 $\int$ 后面必须有 $\mathrm{d}x$；

（2）利用积分公式后，结果一定要加 C；

（3）以上算例中等式右端的每个不定积分都有一个任意常数，因为有限个任意常数的代数和还是一个任意常数，所以上面各式只写一个任意常数 C.

4.2.2.3　不定积分的运算 —— 凑微分法

提问：$\int[f(x) \cdot g(x)]\mathrm{d}x = ?$

既然求积分都要根据积分基本公式，那么 $\mathrm{d}x$ 前面只能有一个函数，若有两个函数，一定是一个不变，另一个函数凑到 d 后面去.

例 4-14　求不定积分 $\int 2xe^{x^2}\mathrm{d}x$.

分析　积分公式只对一个函数求积分，而乘法求积分在积分号后有两个函数，那么，第一个目标就是一个函数不变（一般来讲复合函数不变），把另一个函数凑到 d 后面去. 如何凑呢？为了方便同学们记忆，用一句话总结：凑进去就积分. 在这道题里 e^{x^2} 是复合函数不变，因此把 $2x$ 凑到 d 后面，而 $2x$ 的积分为 x^2（这里不需要加 C），x^2 替换 d 后面原有的 x. 其他步骤和求复合函数积分相同.

解　$\int 2xe^{x^2}\mathrm{d}x = \int e^{x^2}\mathrm{d}(x^2) = e^{x^2} + C.$

函数乘法求积分的步骤：

（1）复合函数不变，简单函数凑到 d 后面，凑进去就积分，替换 d 后面原有的 x；

（2）选公式，找出最相似的积分公式；

（3）找变量，对应公式找出 X；

（4）凑微分，把 $\mathrm{d}x$ 凑成 $\mathrm{d}X$；

（5）套公式，利用积分公式求出积分；

（6）回代：把 X 换回关于 x 的函数.

例 4-15　求不定积分 $\int x\sqrt{1-x^2}\mathrm{d}x$.

解　$\int x\sqrt{1-x^2}\mathrm{d}x = -\dfrac{1}{2}\int(1-x^2)^{\frac{1}{2}}\mathrm{d}(1-x^2) = -\dfrac{1}{3}(1-x^2)^{\frac{3}{2}} + C.$

有时需要通过代数或三角函数恒等变形，将被积表达式适当变形，再用凑微分法求之.

例 4-16　求不定积分 $\int \cot x\,\mathrm{d}x$.

解　$\int \cot x\,\mathrm{d}x = \int \dfrac{\cos x}{\sin x}\mathrm{d}x = \int \dfrac{1}{\sin x} \cdot \cos x\,\mathrm{d}x = \int \dfrac{1}{\sin x}\mathrm{d}(\sin x) = \ln\left|\sin x\right| + C.$

例 4-17 求不定积分 $\int \dfrac{1}{x(5+7\ln x)}dx$.

解 $\displaystyle\int \frac{1}{x(5+7\ln x)}dx = \int \frac{1}{x} \cdot \frac{1}{5+7\ln x}dx = \int \frac{1}{5+7\ln x}d(\ln x)$

$$= \frac{1}{7}\int \frac{d(5+7\ln x)}{(5+7\ln x)} = \frac{1}{7}\ln(5+7\ln x) + C.$$

例 4-18 求不定积分 $\int \cos^3 x dx$.

解 $\displaystyle\int \cos^3 x dx = \int \cos^2 x \cos x dx = \int (1-\sin^2 x)\cos x dx$

$$= \int (1-\sin^2 x)d(\sin x) = \int 1d(\sin x) - \int \sin^2 x d(\sin x)$$

$$= \sin x - \frac{1}{3}\sin^3 x + C.$$

例 4-19 求不定积分 $\int \sin^2 x \cos^5 x dx$.

解 $\displaystyle\int \sin^2 x \cos^5 x dx = \int \sin^2 x \cos^4 x \cos x dx = \int \sin^2 x(1-\sin^2 x)^2 d(\sin x)$

$$= \int (\sin^2 x - 2\sin^4 x + \sin^6 x)d(\sin x)$$

$$= \frac{1}{3}\sin^3 x - \frac{2}{5}\sin^5 x + \frac{1}{7}\sin^7 x + C.$$

小窍门：奇数次正(余)弦函数与偶数次正(余)弦函数相乘积分的求法.

(1) 若 $\int \sin^2 x \cos^5 x dx$ 相乘求积分，则把次数为奇数的函数写成一次方与偶数次方相乘的形式，即 $\int \sin^2 x \cos^4 x \cos x dx$.

(2) 把一次方的函数凑到 d 后面变成 $\int \sin^2 x \cos^4 x d(\sin x)$.

(3) 利用三角函数平方和公式把 d 前面的函数变成以 d 后面的函数为自变量的函数，即

$$\int \sin^2 x(1-\sin^2 x)^2 d(\sin x).$$

(4) 把乘法变成加减法，分别积分.

例 4-20 求 $\int \sin^2 x dx$.

解 $\displaystyle\int \sin^2 x dx = \int \frac{1-\cos 2x}{2}dx = \frac{1}{2}\left[\int dx - \frac{1}{2}\int \cos 2x d(2x)\right]$

$$= \frac{1}{2}\left(x - \frac{1}{2}\sin 2x\right) + C = \frac{1}{2}x - \frac{1}{4}\sin 2x + C.$$

偶数次的正余弦函数求积分需要用到二倍角公式.

4.2.2.4 不定积分的运算 —— 分部积分法

定义 4-3 $\int uv'\mathrm{d}x = uv - \int vu'\mathrm{d}x$ 或 $\int u\mathrm{d}v = uv - \int v\mathrm{d}u$ 称为分部积分公式.

为了方便记忆:

$$\int u\,\mathrm{d}v = u\,v - \int v\,\mathrm{d}u$$

前 后 前后乘积 后前积分

把分部积分公式总结一句口诀:以 d 为分界线,前后乘积减去后前积分.

注:应恰当选取 u 和 v,主要考虑以下两点.

(1)要容易求得;

(2)$\int v\mathrm{d}u$ 要比原积分 $\int u\mathrm{d}v$ 容易积出.

例 4-21 求不定积分 $\int x\sin x\mathrm{d}x$.

解 $\int x\sin x\mathrm{d}x = -\int x\mathrm{d}(\cos x) = -x\cos x + \int \cos x\mathrm{d}x = -x\cos x + \sin x + C.$

例 4-22 求不定积分 $\int 3x\mathrm{e}^x\mathrm{d}x$.

解 $\int 3x\mathrm{e}^x\mathrm{d}x = 3\int x\mathrm{d}(\mathrm{e}^x) = 3\left(x\mathrm{e}^x - \int \mathrm{e}^x\mathrm{d}x\right) = 3x\mathrm{e}^x - 3\mathrm{e}^x + C.$

例 4-23 求不定积分 $\int x^2\mathrm{e}^x\mathrm{d}x$.

解 $\int x^2\mathrm{e}^x\mathrm{d}x = \int x^2\mathrm{d}(\mathrm{e}^x) = x^2\mathrm{e}^x - \int \mathrm{e}^x\mathrm{d}(x^2) = x^2\mathrm{e}^x - 2\int x\mathrm{e}^x\mathrm{d}x$

$\qquad = x^2\mathrm{e}^x - 2\int x\mathrm{d}(\mathrm{e}^x) = x^2\mathrm{e}^x - 2x\mathrm{e}^x + 2\int \mathrm{e}^x\mathrm{d}x$

$\qquad = x^2\mathrm{e}^x - 2x\mathrm{e}^x + 2\mathrm{e}^x + C.$

例 4-24 求不定积分 $\int x\ln x\mathrm{d}x$.

解 $\int x\ln x\mathrm{d}x = \dfrac{1}{2}\int \ln x\mathrm{d}(x^2) = \dfrac{1}{2}x^2\ln x - \dfrac{1}{2}\int x^2\cdot\dfrac{1}{x}\mathrm{d}x = \dfrac{1}{2}x^2\ln x - \dfrac{1}{2}\int x\mathrm{d}x$

$\qquad = \dfrac{1}{2}x^2\ln x - \dfrac{1}{4}x^2 + C.$

下面例子中使用的方法也是较典型的.

例 4-25 求不定积分 $\int \mathrm{e}^x\sin x\mathrm{d}x$.

解 $\int \mathrm{e}^x\sin x\mathrm{d}x = \int \sin x\mathrm{d}(\mathrm{e}^x) = \mathrm{e}^x\sin x - \int \mathrm{e}^x\mathrm{d}(\sin x) = \mathrm{e}^x\sin x - \int \mathrm{e}^x\cos x\mathrm{d}x$

$\qquad = \mathrm{e}^x\sin x - \int \cos x\mathrm{d}(\mathrm{e}^x)$

$$= e^x \sin x - e^x \cos x - \int e^x \sin x dx,$$

则

$$2\int e^x \sin x dx = e^x \sin x - e^x \cos x + C,$$

所以

$$\int e^x \sin x dx = \frac{1}{2} e^x (\sin x - \cos x) + C.$$

注意：

（1）分部积分法能起到化繁为简的作用.

（2）一般来说下列函数的不定积分要用分部积分法，如 $x^k \ln x$，$x^k \sin bx$，$x^k \cos bx$，$x^k e^{ax}$，$x^k \arcsin ax$，$x^k \arctan x$，$e^{ax} \cos bx$.

（3）规律：

若 $x^k \sin x$，应 x^k 不变，把 $\sin x$ 凑到 d 后面；

若 $x^k \cos x$，应 x^k 不变，把 $\cos x$ 凑到 d 后面；

若 $x^k e^x$，应 x^k 不变，把 e^x 凑到 d 后面；

若 $x^k \ln x$，应 $\ln x$ 不变，把 x^k 凑到 d 后面；

若 $e^x \sin x$，$e^x \cos x$，应 $\sin x$，$\cos x$ 不变，把 e^x 凑到 d 后面.

4.2.2.5 不定积分的运算——分式变成两个多项式相乘再积分

例 4-26 求不定积分 $\int \dfrac{x dx}{x^2 + 1}$.

解 $\int \dfrac{x dx}{x^2 + 1} = \int x \cdot \dfrac{dx}{x^2 + 1} = \int \dfrac{1}{x^2 + 1} d\left(\dfrac{1}{2} x^2\right)$

$$= \frac{1}{2} \int \frac{1}{x^2 + 1} d(x^2 + 1) = \frac{1}{2} \ln(x^2 + 1) + C.$$

例 4-27 求不定积分 $\int \dfrac{x dx}{x + 1}$.

解 $\int \dfrac{x dx}{x + 1} = \int \dfrac{x + 1 - 1}{x + 1} dx = \int \left(1 - \dfrac{1}{x + 1}\right) dx$

$$= \int 1 dx - \int \frac{1}{x + 1} dx = x - \ln|x + 1| + C.$$

由这两道例题可以看出，即使很相像的函数，求积分的方法也不相同，可以总结为：

（1）若分子、分母中自变量 x 的最高次数相同，则把分子凑成分母的形式再相除；

（2）若分子中自变量 x 的最高次数小于分母中自变量 x 的最高次数，则先把除法变成乘法再按乘法求积分.

例 4-28　求不定积分 $\displaystyle\int \frac{\mathrm{d}x}{x(3\ln x - 7)}$.

解　$\displaystyle\int \frac{\mathrm{d}x}{x(3\ln x - 7)} = \int \frac{1}{x} \cdot \frac{1}{3\ln x - 7}\mathrm{d}x = \frac{1}{3}\int \frac{1}{3\ln x - 7}\mathrm{d}(3\ln x - 7)$

$$= \frac{1}{3}\ln|3\ln x - 7| + C.$$

4.2.2.6　不定积分的运算 —— 设 t 法

例 4-29　求不定积分 $\displaystyle\int \frac{1}{1 + \sqrt{2x}}\mathrm{d}x$.

解　设 $\sqrt{2x} = t$，则 $x = \dfrac{1}{2}t^2$，$\mathrm{d}x = x'\mathrm{d}t = \left(\dfrac{1}{2}t^2\right)'\mathrm{d}t = t\mathrm{d}t$.

$$\int \frac{1}{1 + \sqrt{2x}}\mathrm{d}x = \int \frac{1}{1 + t} \cdot t\mathrm{d}t = \int \frac{1 + t - 1}{1 + t}\mathrm{d}t$$

$$= \int \left(1 - \frac{1}{1 + t}\right)\mathrm{d}t = \int 1\mathrm{d}t - \int \frac{1}{1 + t}\mathrm{d}t = t - \int \frac{1}{1 + t}\mathrm{d}(1 + t)$$

$$= t - \ln|1 + t| + C = \sqrt{2x} - \ln|1 + \sqrt{2x}| + C.$$

通过以上例子，可以总结出设 t 法的求解步骤.

设 t 法求解步骤：

(1) 设带根号的函数为 t；

(2) 求出 x，$\mathrm{d}x(\mathrm{d}x = x'\mathrm{d}t)$；

(3) 把原式都换成以 t 为自变量的函数；

(4) 利用公式求积分；

(5) 把 t 换回带根号的函数.

【案例解答】

解　由于池塘结冰的速度可以由 $\dfrac{\mathrm{d}y}{\mathrm{d}t} = k\sqrt{t} + t$ 表示，根据

$$\int \frac{\mathrm{d}y}{\mathrm{d}t}\mathrm{d}t = \int (k\sqrt{t} + t)\,\mathrm{d}t,$$

因此
$$y = \frac{2k}{3}t^{\frac{3}{2}} + \frac{1}{2}t^2 + C.$$

4.2.3　专业应用案例

质子的速度

例 4-30　电场中质子运动的加速度为 $a = -20(1 + 2t)^{-2}$，求质子的运动速度.

解　因为 $a = \dfrac{\mathrm{d}v}{\mathrm{d}t}$，由此得 $\dfrac{\mathrm{d}v}{\mathrm{d}t} = -20(1 + 2t)^{-2}$.

$$v = \int \frac{\mathrm{d}v}{\mathrm{d}t}\mathrm{d}t = \int \left[-20(1+2t)^{-2} \right]\mathrm{d}t = -20 \cdot \frac{1}{2}\int (1+2t)^{-2}\mathrm{d}(1+2t)$$

$$= 10(1+2t)^{-1} + C = \frac{10}{1+2t} + C.$$

练习题 4.2

计算下列不定积分：

(1) $\int (2x+1)^5 \mathrm{d}x$；

(2) $\int \sqrt{1-4x}\,\mathrm{d}x$；

(3) $\int \frac{\mathrm{d}x}{\sqrt[3]{2-3x}}$；

(4) $\int \frac{1}{1-2x}\mathrm{d}x$；

(5) $\int e^{5x}\mathrm{d}x$；

(6) $\int e^{-2x+1}\mathrm{d}x$；

(7) $\int \sin\frac{x}{3}\mathrm{d}x$；

(8) $\int \cos 5x\mathrm{d}x$；

(9) $\int \frac{x}{1+x^2}\mathrm{d}x$；

(10) $\int \frac{x}{\sqrt{x^2-2}}\mathrm{d}x$；

(11) $\int x\cos(x^2-1)\mathrm{d}x$；

(12) $\int xe^{-x^2}\mathrm{d}x$；

(13) $\int \frac{2x-1}{\sqrt{1-x^2}}\mathrm{d}x$；

(14) $\int \frac{x^2}{1+x^6}\mathrm{d}x$；

(15) $\int \frac{\cos\sqrt{x}}{\sqrt{x}}\mathrm{d}x$；

(16) $\int \frac{1}{\sqrt{x}(1+\sqrt{x})}\mathrm{d}x$；

(17) $\int \frac{1-2\ln x}{x}\mathrm{d}x$；

(18) $\int \frac{\mathrm{d}x}{x\ln x\ln\ln x}$；

(19) $\int \frac{\mathrm{d}x}{x\ln^3 x}$；

(20) $\int \frac{1}{x^2}e^{\frac{1}{x}}\mathrm{d}x$；

(21) $\int \sqrt{2+e^x}\,e^x\mathrm{d}x$；

(22) $\int \frac{\sin x}{\cos^3 x}\mathrm{d}x$；

(23) $\int \frac{\cos x}{2+\sin x}\mathrm{d}x$；

(24) $\int \cos^3 x\mathrm{d}x$；

(25) $\int \cos^3 x\sin^2 x\mathrm{d}x$；

(26) $\int \frac{10^{2\arccos x}}{\sqrt{1-x^2}}\mathrm{d}x$；

(27) $\int \frac{\mathrm{d}x}{(\arcsin x)^2\sqrt{1-x^2}}$；

(28) $\int x\sqrt{x+3}\,\mathrm{d}x$；

(29) $\int \frac{\mathrm{d}x}{1+\sqrt{2x}}$；

(30) $\int \frac{1}{1+\sqrt[3]{x+1}}\mathrm{d}x$；

（31）$\displaystyle\int \frac{1}{x\sqrt{x-1}}\mathrm{d}x$；

（32）$\displaystyle\int \frac{\sqrt{x}}{1+x}\mathrm{d}x$；

（33）$\displaystyle\int \frac{x}{1+\sqrt{x+1}}\mathrm{d}x$；

（34）$\displaystyle\int \frac{x}{\sqrt{5-4x}}\mathrm{d}x$；

（35）$\displaystyle\int x\cos\frac{x}{2}\mathrm{d}x$；

（36）$\displaystyle\int x\sin 3x\mathrm{d}x$；

（37）$\displaystyle\int te^{-2t}\mathrm{d}t$；

（38）$\displaystyle\int x^2 e^x\mathrm{d}x$；

（39）$\displaystyle\int \ln\frac{x}{2}\mathrm{d}x$；

（40）$\displaystyle\int \frac{\ln x}{x^3}\mathrm{d}x$；

（41）$\displaystyle\int x\ln(x-1)\mathrm{d}x$；

（42）$\displaystyle\int \sin\sqrt{x}\mathrm{d}x$．

任务 4.3 定积分的概念、性质

任务内容

- 完成与定积分的概念、性质及其求法相关的工作页；
- 学习与定积分的概念、性质及其求法相关的知识；
- 掌握定积分的性质．

任务目标

- 了解不定积分与定积分的相同点与区别；
- 掌握定积分的性质．

4.3.1 工作任务

熟悉如下工作页，了解本任务学习内容．在学习相关知识后，利用工作页在教师的指导下完成本任务，同时完成工作页内相关内容的填写．

任务工作页

1. 定积分的几何意义：
2. 定积分与不定积分在表达形式上的区别：
3. 定积分的性质：

【案例引入】

某海岛形状如图 4-2 所示, 测算该海岛的面积.

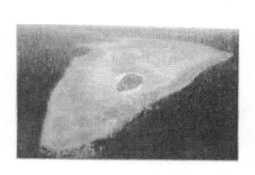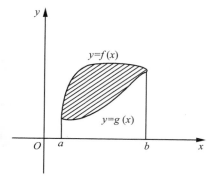

图 4-2　某海岛形状

4.3.2　学习提升

在工程技术和专业技术的学习中, 经常遇到与不定积分密切相关的另一类问题, 即求和的极限, 这就要用到下面要学的定积分. 定积分是已知一个非均匀变化量的变化率, 求此量在自变量某个变化段内的累积量问题. 利用定积分可以解决平面几何中的面积问题、空间旋转体中的体积问题、工程物理中相关路程与速度或力的做功等问题、实际生活中的一些应用问题等. 定积分的应用极其广泛, 下面结合实例加以剖析.

4.3.2.1　定积分的概念

1. 曲边梯形的面积(引例).

在初等数学中, 已经学会计算正多边形及圆形的面积, 现在讨论任意曲线所围成的图形的面积.

任意曲线所围成的平面图形面积的计算依赖于曲边梯形面积的计算, 因此先讨论曲边梯形面积的计算.

定义 4-4　在直角坐标系中, 由曲线 $y = f(x)$, 直线 $x = a, x = b$ 及 x 轴所围成的平面部分称为 $f(x)$ 在 $[a, b]$ 上的曲边梯形, 如图 4-3 所示.

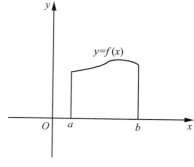

图 4-3　曲边梯形

由于矩形的高是不变的,它的面积可按公式

$$矩形面积 = 高 \times 底$$

来定义和计算. 而曲边梯形在底边上各点处的高 $f(x)$ 在区间 $[a,b]$ 上是变动的,故它的面积不能直接按上述公式来定义和计算.

如图 4-4 所示,为了计算曲边梯形的面积,可以先将它分割成 n 个小曲边梯形,每个小曲边梯形用相应的小矩形近似代替,把这些小矩形的面积累加起来就得到曲边梯形面积的近似值. 当分割无限变细时,这个近似值就会与所求的曲边梯形面积的值误差趋于零.

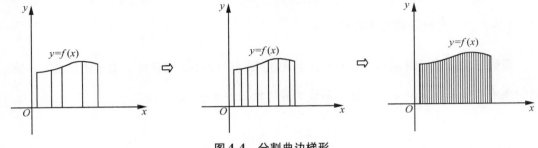

图 4-4 分割曲边梯形

可以把此问题的解决归结为对问题中的变量进行"分割、近似求和、取极限"的过程,从而化为求一个和式的极限. 在科学技术和实际生活中,还有许多问题可以归结为这种和式极限,从而促使人们对它进行分析、整理、概括,抽象出定积分的概念.

2. 定积分的概念.

定义 4-5 设函数在区间 $[a,b]$ 上连续,在区间 $[a,b]$ 上任意插入 $n-1$ 个分点

$$a = x_0 < x_1 < x_2 < \cdots < x_{n-1} < x_n = b,$$

把区间 $[a,b]$ 分成 n 个小区间,其中,第 i 个小区间为 $[x_{i-1}, x_i]$,记 Δx_i 为第 i 个小区间的长度,则

$$\Delta x_i = x_i - x_{i-1} (i = 1, 2, \cdots, n).$$

在第 $i(i = 1, 2, \cdots, n)$ 个小区间上任取一点 $\xi_i \in [x_{i-1}, x_i] (i = 1, 2, \cdots, n)$,作和式

$$A = \sum_{i=1}^{n} f(\xi_i) \Delta x_i.$$

记 $\lambda = \max\{\Delta x_1, \Delta x_2, \cdots, \Delta x_n\}$,如果不管对 $[a,b]$ 的分法,也不管在小区间 $[x_{i-1}, x_i]$ $(i = 1, 2, \cdots, n)$ 上对点 ξ_i 的取法,只要当 $\lambda \to 0$ 时,和 A 总趋于同一个确定的极限 I,这时就称这个极限 I 为函数 $f(x)$ 在区间 $[a,b]$ 上的定积分,记作 $\int_a^b f(x)\mathrm{d}x$,即

$$\int_a^b f(x)\mathrm{d}x = \lim_{\lambda \to 0} \sum_{i=1}^{n} f(\xi_i) \Delta x_i,$$

其中,符号"$\int$"称为积分号,a 与 b 分别称为积分下限与积分上限,$[a,b]$ 称为积分区间,函数 $f(x)$ 称为被积函数,$f(x)\mathrm{d}x$ 称为被积表达式,x 称为积分变量.

$\int_a^b f(x)\mathrm{d}x$ 读作"$f(x)$ 从 a 到 b 的定积分".

定积分的形式探究：

（1）不定积分与定积分形式非常相像，定积分只比不定积分多了上下限，且不定积分的结果是函数与常数 C 的和，定积分的结果是一个数值.

（2）定积分的适用范围：它适用于解决"求总量问题"的数学模型.

（3）定积分是一个数，与被积函数及积分区间有关，与积分变量的符号无关，即

$$\int_a^b f(x)\,dx = \int_a^b f(t)\,dt = \int_a^b f(u)\,du.$$

4.3.2.2　定积分的几何意义

我们已经知道，在 $[a,b]$ 上 $f(x) \geq 0$ 时，定积分 $\int_a^b f(x)\,dx$ 在几何上表示由曲线 $y = f(x)$ 与两条直线 $x = a, x = b$ 及 x 轴所围成的曲边梯形的面积，即

$$\int_a^b f(x)\,dx = A.$$

在区间 $[a,b]$ 上 $f(x) \leq 0$ 时，由曲线 $y = f(x)$ 与两条直线 $x = a, x = b$ 及 x 轴所围成的曲边梯形位于 x 轴的下方. 如图 4-5 所示. 由定义知 $\int_a^b f(x)\,dx$ 为负值. 因此，此时曲边梯形的面积为

$$A = -\int_a^b f(x)\,dx.$$

此时定积分 $\int_a^b f(x)\,dx$ 在几何上表示上述曲边梯形面积的负值，即

$$\int_a^b f(x)\,dx = -A.$$

对于一般函数，若 $f(x)$ 在区间 $[a,b]$ 上有正有负，则函数曲线与 x 轴形成若干个小曲边梯形，有的在 x 轴上方，有的在 x 轴下方. 如图 4-6 所示，函数 $f(x)$ 在区间 $[a,b]$ 上的定积分在几何上表示这些小曲边梯形面积的代数和，即为

$$\int_a^b f(x)\,dx = \int_a^{x_1} f(x)\,dx + \int_{x_1}^{x_2} f(x)\,dx + \int_{x_2}^b f(x)\,dx$$
$$= -A_1 + A_2 - A_3.$$

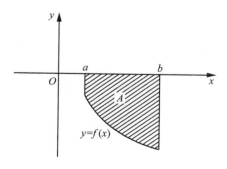

图 4-5　曲线在 x 轴下方

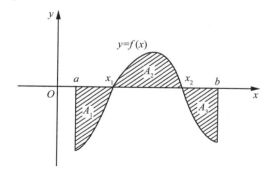

图 4-6　函数 $f(x)$ 在 $[a,b]$ 上有正有负

定积分的几何意义:定积分 $\int_a^b f(x)\mathrm{d}x$ 表示由 $y = f(x)$,$x = a$,$x = b$ 及 x 轴所围成的封闭图形的面积代数和.

由定积分的几何意义得出的结论:

(1) $\int_a^b 1\mathrm{d}x = b - a$,代表高为 1、底为 $b - a$ 的矩形面积;

(2) $\int_0^a x\mathrm{d}x = \dfrac{1}{2}a^2$,代表高为 a、底为 a 的直角三角形面积;

(3) 当 $f(x)$ 在 $[-a,a]$ 上连续且为奇函数时,$\int_{-a}^a f(x)\mathrm{d}x = 0$(表示图形关于原点对称,正负面积相抵消后的面积代数和为 0);

(4) 当 $f(x)$ 在 $[-a,a]$ 上连续且为偶函数时,$\int_{-a}^a f(x)\mathrm{d}x = 2\int_0^a f(x)\mathrm{d}x$(表示图形关于 y 轴对称,面积相加为 2 倍单侧面积);

(5) 两个规定:$\int_a^a f(x)\mathrm{d}x = 0$,$\int_a^b f(x)\mathrm{d}x = -\int_b^a f(x)\mathrm{d}x$.

例 4-31 求定积分 $\int_{-\pi}^{\pi} x^5\cos x\mathrm{d}x$.

解   在区间 $[-\pi,\pi]$ 上,$f(x) = x^5\cos x$ 是奇函数,根据定积分的几何意义有

$$\int_{-\pi}^{\pi} x^5\cos x\mathrm{d}x = 0.$$

4.3.2.3 定积分的性质

在下面的讨论中,总是假定函数在所讨论的区间上是可积的.

性质 1(可加性)   不论 a,b,c 三点位置如何,总有

$$\int_a^b f(x)\mathrm{d}x = \int_a^c f(x)\mathrm{d}x + \int_c^b f(x)\mathrm{d}x.$$

性质 2(保号性)   如果在区间 $[a,b]$ 上 $f(x) \leqslant g(x)$,则

$$\int_a^b f(x)\mathrm{d}x \leqslant \int_a^b g(x)\mathrm{d}x.$$

性质 3(估值定理)   设 M 及 m 分别是函数 $f(x)$ 在区间 $[a,b]$ 上的最大值及最小值,则

$$m(b - a) \leqslant \int_a^b f(x)\mathrm{d}x \leqslant M(b - a).$$

由性质 3 可知,由被积函数在积分区间上的最大值及最小值可以估计积分值的大致范围.

例 4-32   比较 $\int_0^1 x^4\mathrm{d}x$ 与 $\int_0^1 x^5\mathrm{d}x$ 的大小.

解   因为在区间 $[0,1]$ 上 $x^5 \leqslant x^4$,所以由性质 2 有

$$\int_0^1 x^5\mathrm{d}x \leqslant \int_0^1 x^4\mathrm{d}x.$$

例 4-33　比较 $\int_0^{\frac{\pi}{2}} \sin x \mathrm{d}x$ 与 $\int_0^{\frac{\pi}{2}} \sin^2 x \mathrm{d}x$ 的大小.

解　因为在区间 $\left[0, \dfrac{\pi}{2}\right]$ 上 $0 \leqslant \sin x \leqslant 1$，所以 $\sin x \geqslant \sin^2 x$，由性质 2 有

$$\int_0^{\frac{\pi}{2}} \sin x \mathrm{d}x \geqslant \int_0^{\frac{\pi}{2}} \sin^2 x \mathrm{d}x.$$

例 4-34　估计积分 $I = \int_1^4 (3x^2 + 1) \mathrm{d}x$ 的值.

解　易知连续函数 $f(x) = 3x^2 + 1$ 在区间 $[1,4]$ 上有最大值 $M = 49$ 和最小值 $m = 4$，所以由性质 3 可知

$$4 \times (4 - 1) \leqslant \int_1^4 (3x^2 + 1) \mathrm{d}x \leqslant 49 \times (4 - 1),$$

即

$$12 \leqslant \int_1^4 (3x^2 + 1) \mathrm{d}x \leqslant 147.$$

例 4-35　估计积分 $I = \int_0^2 (x^2 - x) \mathrm{d}x$ 的值.

解　易知连续函数 $f(x) = x^2 - x = \left(x - \dfrac{1}{2}\right)^2 - \dfrac{1}{4}$ 在区间 $[0,2]$ 上有最大值 $M = 2$ 和最小值 $m = -\dfrac{1}{4}$，所以由性质 3 可知

$$-\frac{1}{4} \times (2 - 0) \leqslant \int_0^2 (x^2 - x) \mathrm{d}x \leqslant 2 \times (2 - 0),$$

即

$$-\frac{1}{2} \leqslant \int_0^2 (x^2 - x) \mathrm{d}x \leqslant 4.$$

性质 4（积分中值定理）　若函数 $f(x)$ 在闭区间 $[a,b]$ 上连续，则在积分区间 $[a,b]$ 上至少存在一点 ξ，使得

$$\int_a^b f(x) \mathrm{d}x = f(\xi)(b - a)\,(a \leqslant \xi \leqslant b)$$

成立.

积分中值定理的几何意义：在区间 $[a,b]$ 上至少可以找到一点 ξ，使得以区间 $[a,b]$ 为底，以曲线 $y = f(x)$ 为曲边的曲边梯形的面积等于底边相同而高为 $f(\xi)$ 的矩形的面积，如图 4-7 所示.

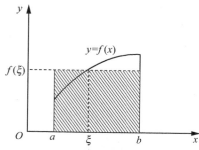

图 4-7　积分中值定理的几何意义

【案例解答】

解　根据定积分的几何意义,该岛的面积为

$$A = \int_a^b \left[f(x) - g(x) \right] dx .$$

练习题 4.3

1. 根据定积分的几何意义推出下列积分的值:

(1) $\int_1^5 3dx$;

(2) $\int_{-3}^3 \sqrt{9 - x^2}dx$;

(3) $\int_0^{2\pi} \cos xdx$;

(4) $\int_{-1}^1 |x| dx$.

2. 根据定积分的性质,比较下列积分的大小:

(1) $\int_0^1 x^2dx$ 与 $\int_0^1 x^3dx$;

(2) $\int_1^2 x^2dx$ 与 $\int_1^2 x^3dx$;

(3) $\int_1^2 \ln xdx$ 与 $\int_1^2 \ln^2 xdx$;

(4) $\int_3^4 \ln xdx$ 与 $\int_3^4 \ln^2 xdx$.

3. 估计下列定积分的值:

(1) $\int_1^4 (x^2 + 1)dx$;

(2) $\int_{-1}^1 e^{-x^2}dx$.

任务 4.4　定积分的计算

任务内容

- 完成与定积分的求法相关的工作页;
- 学习与定积分的计算方法相关的知识;
- 理解微积分的基本定理.

任务目标

- 掌握变上限定积分的形式并能够应用;
- 掌握微积分基本定理在定积分求值中的应用;
- 会利用设 t 法求积分.

4.4.1　工作任务

熟悉如下工作页,了解本任务学习内容.在学习相关知识后,利用工作页在教师的指导

下完成本任务,同时完成工作页内相关内容的填写.

任务工作页

1. 变上限定积分的形式:
_____
2. 微积分基本定理:
_____
3. 设 t 法求定积分的步骤:
_____

【案例引入】 石油消耗问题

世界范围内每年的石油消耗率呈指数增长,增长指数大约为 0.07. 1970 年年初,消耗量大约为 161 亿桶. 设 $R(t)$ 表示从 1970 年起第 t 年的石油消耗率,已知 $R(t) = 161e^{0.07t}$(亿桶). 试用此式建立从 1970 年到 1990 年间石油消耗的总量.

4.4.2 学习提升

一般来说,根据定义计算定积分是十分复杂的,为此,人们一直希望找到一种计算定积分的简便而又一般的方法. 在数学史上,这个认识经历了很长一段时间,最终在 17 世纪由牛顿和莱布尼茨找到了答案. 他们证明了微积分的基本定理,揭示出定积分与不定积分的内在联系,从而把定积分的计算问题归结为求原函数的问题.

4.4.2.1 积分上限的函数及其导数

定义4-6 设函数 $f(x)$ 在区间 $[a,b]$ 上连续,x 为 $[a,b]$ 上的任意一点,于是 $f(x)$ 在 $[a,x]$ 上可积,即积分 $\int_a^x f(x)\,dx$ 存在,这个积分称为变上限的定积分,它是上限 x 的函数. 因为定积分与积分变量的记法无关,所以把积分变量改用 t 表示,记作 $\int_a^x f(t)\,dt$.

当上限 x 在区间 $[a,b]$ 上任意变动时,则对每一个取定的 x 值,定积分 $\int_a^x f(t)\,dt$ 有一个确定的对应值,所以它是上限的函数,记作

$$\Phi(x) = \int_a^x f(t)\,dt \,(a \leqslant x \leqslant b),$$

$\Phi(x)$ 称为积分上限的函数.

定理4-1 如果函数 $f(x)$ 在区间 $[a,b]$ 上连续,则积分上限的函数 $\Phi(x) = \int_a^x f(t)\,dt$ 在 $[a,b]$ 上具有导数,并且它的导数

$$\Phi'(x) = \frac{d}{dx}\int_a^x f(t)\,dt = f(x)\,(a \leqslant x \leqslant b).$$

定理 4-1 给出了一个重要结论:对连续函数 $f(x)$ 的变上限的定积分求导,其结果就是 $f(x)$ 本身. 也就是说, $\Phi(x) = \int_a^x f(t)\mathrm{d}t$ 是连续函数 $f(x)$ 的一个原函数.

定理 4-2　如果函数 $f(x)$ 在区间 $[a,b]$ 上连续,则函数 $\Phi(x) = \int_a^x f(t)\mathrm{d}t$ 就是 $f(x)$ 在区间 $[a,b]$ 上的一个原函数.

例 4-36　已知 $y = \int_0^x \ln(3 + t^2)\mathrm{d}t$,求 $f'(x)$, $f'(1)$.

解　$f'(x) = \left[\int_0^x \ln(3 + t^2)\mathrm{d}t \right]' = \ln(3 + x^2)$,

$f'(1) = \ln(3 + 1^2) = \ln4 = 2\ln2$.

例 4-37　已知 $y = \int_x^1 \dfrac{1}{\sqrt{1 + 2t}}\mathrm{d}t$,求 $\dfrac{\mathrm{d}y}{\mathrm{d}x}$.

解　$\dfrac{\mathrm{d}y}{\mathrm{d}x} = \dfrac{\mathrm{d}}{\mathrm{d}x} \int_x^1 \dfrac{1}{\sqrt{1 + 2t}}\mathrm{d}t = -\dfrac{\mathrm{d}}{\mathrm{d}x}\int_1^x \dfrac{1}{\sqrt{1 + 2t}}\mathrm{d}t = -\dfrac{1}{\sqrt{1 + 2x}}$.

注:若定积分的下限为函数,则需利用定积分的规定调换上下限.

对于 $\Phi(x) = \int_a^{u(x)} f(t)\mathrm{d}t$,根据复合函数的求导法则,不难推得

$$\Phi'(x) = \frac{\mathrm{d}\Phi}{\mathrm{d}x} = \frac{\mathrm{d}\Phi}{\mathrm{d}u} \cdot \frac{\mathrm{d}u}{\mathrm{d}x} = f[u(x)]\mathrm{d}[u(x)].$$

例 4-38　已知 $y = \int_5^{x^2} \dfrac{\mathrm{e}^t}{7t}\mathrm{d}t$,求 $\dfrac{\mathrm{d}y}{\mathrm{d}x}$.

解　$\dfrac{\mathrm{d}y}{\mathrm{d}x} = \dfrac{\mathrm{d}}{\mathrm{d}x}\left(\int_5^{x^2} \dfrac{\mathrm{e}^t}{7t}\mathrm{d}t \right) = \dfrac{\mathrm{e}^{x^2}}{7x^2} \cdot (x^2)' = \dfrac{2\mathrm{e}^{x^2}}{7x}$.

求变上限定积分的步骤:
(1) 积分和导数抵消,只留函数 $f(t)$;
(2) 换 t :把函数 $f(t)$ 中自变量 t 换成上限函数;
(3) 乘导数:再乘以上限函数的导数.

例 4-39　已知 $y = \int_{x^2}^{x^3} \dfrac{1}{\sqrt{4 + 2t^4}}\mathrm{d}t$,求 $\dfrac{\mathrm{d}y}{\mathrm{d}x}$.

解　因为 $y = \int_{x^2}^{x^3} \dfrac{1}{\sqrt{4 + 2t^4}}\mathrm{d}t = \int_{x^2}^{0} \dfrac{1}{\sqrt{4 + 2t^4}}\mathrm{d}t + \int_0^{x^3} \dfrac{1}{\sqrt{4 + 2t^4}}\mathrm{d}t$,

所以　$\dfrac{\mathrm{d}y}{\mathrm{d}x} = \dfrac{\mathrm{d}}{\mathrm{d}x}\left(-\int_0^{x^2} \dfrac{1}{\sqrt{4 + 2t^4}}\mathrm{d}t \right) + \dfrac{\mathrm{d}}{\mathrm{d}x}\left(\int_0^{x^3} \dfrac{1}{\sqrt{4 + 2t^4}}\mathrm{d}t \right)$

$\qquad = -\dfrac{2x}{\sqrt{4 + 2x^8}} + \dfrac{3x^2}{\sqrt{4 + 2x^{12}}}$.

例 4-40 计算极限 $\lim\limits_{x\to 0}\dfrac{\displaystyle\int_1^{\cos x}e^{-t^2}\mathrm{d}t}{x^2}$.

解 此极限是一个 $\dfrac{0}{0}$ 型不定式, 由洛必达法则有

$$\lim_{x\to 0}\frac{\displaystyle\int_1^{\cos x}e^{-t^2}\mathrm{d}t}{x^2}=\lim_{x\to 0}\frac{\left(\displaystyle\int_1^{\cos x}e^{-t^2}\mathrm{d}t\right)'}{(x^2)'}=\lim_{x\to 0}\frac{-\sin x\cdot e^{-\cos^2 x}}{2x}$$

$$=-\frac{1}{2}\lim_{x\to 0}\frac{\sin x}{x}\cdot e^{-\cos^2 x}=-\frac{1}{2e}.$$

4.4.2.2 牛顿-莱布尼茨公式

定理 4-3 如果函数 $f(x)$ 在区间 $[a,b]$ 上连续, $F(x)$ 是 $f(x)$ 在 $[a,b]$ 上的一个原函数, 则

$$\int_a^b f(x)\mathrm{d}x=F(b)-F(a).$$

这个公式称为微积分基本公式, 或称为牛顿-莱布尼茨公式. 可记作

$$\int_a^b f(x)\mathrm{d}x=F(x)\Big|_a^b=F(b)-F(a)$$

或

$$\int_a^b f(x)\mathrm{d}x=\big[F(x)\big]_a^b=F(b)-F(a).$$

牛顿-莱布尼茨公式把不定积分和定积分联系了起来, 也让定积分的运算有了一个完善、令人满意的方法, 因此在整个微积分学中占有重要地位. 该公式也称为微积分基本定理.

> **注**: 求解定积分与求解不定积分的方法是一样的. 区别在于不定积分的结果加 C, 而定积分的结果不加 C, 而是将上限代入所得的值减去下限代入所得的值, 得到的结果是数值.

例 4-41 计算 $\displaystyle\int_0^1 x^7\mathrm{d}x$.

解 $\displaystyle\int_0^1 x^7\mathrm{d}x=\dfrac{x^8}{8}\Big|_0^1=\dfrac{1}{8}-0=\dfrac{1}{8}.$

例 4-42 计算 $\displaystyle\int_{-1}^1\dfrac{e^x}{1+e^x}\mathrm{d}x$.

解 $\displaystyle\int_{-1}^1\dfrac{e^x}{1+e^x}\mathrm{d}x=\int_{-1}^1\dfrac{1}{1+e^x}\mathrm{d}(e^x)=\int_{-1}^1\dfrac{1}{1+e^x}\mathrm{d}(e^x+1)=\Big[\ln|e^x+1|\Big]_{-1}^1$

$$=\ln|e^1+1|-\ln|e^{-1}+1|=\ln\left|\frac{e+1}{e^{-1}+1}\right|=\ln\left|\frac{e+1}{\frac{1}{e}+1}\right|$$

$$=\ln\left|\frac{e+1}{\frac{1+e}{e}}\right|=\ln e=1.$$

例 4-43 计算 $\displaystyle\int_{-2}^{-1}\dfrac{5}{x}\mathrm{d}x$.

解　$\int_{-2}^{-1} \dfrac{5}{x} \mathrm{d}x = (5\ln|x|) \Big|_{-2}^{-1} = -5\ln 2.$

例 4-44　计算 $\int_0^1 \dfrac{x^2}{1+x^2} \mathrm{d}x.$

解　$\int_0^1 \dfrac{x^2}{1+x^2} \mathrm{d}x = \int_0^1 \dfrac{x^2+1-1}{1+x^2} \mathrm{d}x = \int_0^1 \left(1 - \dfrac{1}{1+x^2}\right)\mathrm{d}x = (x - \arctan x) \Big|_0^1 = 1 - \dfrac{\pi}{4}.$

例 4-45　计算 $\int_0^\pi |\cos x| \mathrm{d}x.$

解　$\int_0^\pi |\cos x| \mathrm{d}x = \int_0^{\frac{\pi}{2}} \cos x \mathrm{d}x - \int_{\frac{\pi}{2}}^\pi \cos x \mathrm{d}x = \sin x \Big|_0^{\frac{\pi}{2}} - \sin x \Big|_{\frac{\pi}{2}}^\pi = 2.$

例 4-46　计算 $\int_0^4 \dfrac{x+2}{\sqrt{2x+1}} \mathrm{d}x.$

解　设 $\sqrt{2x+1} = t$，则 $x = \dfrac{t^2-1}{2}, \mathrm{d}x = t\mathrm{d}t.$

当 $x = 0$ 时，$t = 1$；当 $x = 4$ 时，$t = 3$. 所以

$$\int_0^4 \dfrac{x+2}{\sqrt{2x+1}} \mathrm{d}x = \int_1^3 \dfrac{\dfrac{t^2-1}{2}+2}{t} t\mathrm{d}t = \dfrac{1}{2}\int_1^3 (t^2+3)\mathrm{d}t = \dfrac{1}{2}\left(\dfrac{t^3}{3}+3t\right) \Big|_1^3 = \dfrac{22}{3}.$$

【案例解答】

解　设 $T(t)$ 表示从 1970 年起 $(t = 0)$ 到第 t 年石油消耗的总量，则从 1970 年到 1990 年间石油消耗的总量为 $T(20)$.

由于 $T(t)$ 是石油消耗的总量，所以 $T'(t)$ 就是石油的消耗率 $R(t)$，即 $T'(t) = R(t)$，于是

$$T(20) - T(0) = \int_0^{20} T'(t)\mathrm{d}t = \int_0^{20} R(t)\mathrm{d}t = \int_0^{20} 161\mathrm{e}^{0.07t}\mathrm{d}t$$

$$= \dfrac{161}{0.07}\mathrm{e}^{0.07t} \Big|_0^{20} = 2300(\mathrm{e}^{0.07\times 20} - 1) \approx 7027(\text{亿桶}).$$

因此，从 1970 年到 1990 年间石油消耗的总量约为 7027 亿桶.

4.4.3　专业应用案例

例 4-47　列车快进站时必须减速，若列车减速后的速度为 $v(t) = 1 - \dfrac{1}{3}t(\mathrm{km/min})$，问列车应在离站台多远的地方开始减速？

解　当列车速度为 $v(t) = 1 - \dfrac{1}{3}t = 0$ 时停下，解出 $t = 3 \ \mathrm{min}.$

一方面，变速运动路程为

$$s(3) = \int_0^3 v(t)\mathrm{d}t.$$

另一方面，由速度与路程的关系 $v(t) = s'(t)$ 可知路程 $s(t)$ 满足

$$s'(t) = v(t) = 1 - \frac{1}{3}t, 且 s(0) = 0.$$

因此,求 $\int_0^3 v(t)\mathrm{d}t$ 即求 $s(3)$,转化为求 $v(t)$ 的不定积分,而

$$s(t) = \int v(t)\mathrm{d}t = \int\left(1 - \frac{1}{3}t\right)\mathrm{d}t = t - \frac{1}{6}t^2 + C,$$

将 $s(0) = 0$ 代入,得 $C = 0$,故

$$s(t) = t - \frac{1}{6}t^2,$$

将 $t = 3$ 代入,得列车从减速开始到停下来的 3 min 内所经过的路程为

$$\int_0^3 v(t)\mathrm{d}t = s(3) = 3 - \frac{1}{6}\times 3^2 = 1.5(\mathrm{km}).$$

即列车在距站台 1.5 km 处开始减速.

例 4-48 设电流强度 $i = 7\sin\omega t$,试用定积分表示 t 从 t_0 到 t_1 时间段内流过导线横截面的电荷量.

解 电荷量表示为

$$y = \int_{t_0}^{t_1} 7\sin\omega t\mathrm{d}t = -\frac{7}{\omega}\cos\omega t\,\Big|_{t_0}^{t_1} = -\frac{7}{\omega}\cos\omega t_1 + \frac{7}{\omega}\cos\omega t_0.$$

练习题 4.4

1. 计算下列各导数:

(1) $\varphi(x) = \int_0^x \dfrac{t}{1 + t^2}\mathrm{d}t$;

(2) $\varphi(x) = \int_x^{-2} \mathrm{e}^{2t}\sin t\mathrm{d}t$,在 $x = \dfrac{\pi}{2}$ 处的导数;

(3) $\varphi(x) = \int_1^{x^2} t\mathrm{e}^t\mathrm{d}t$;

(4) $\varphi(x) = \int_{x^2}^0 \cos t\mathrm{d}t$.

2. 求下列极限:

(1) $\lim\limits_{x\to 0} \dfrac{\int_0^x \cos t^2\mathrm{d}t}{x}$;   (2) $\lim\limits_{x\to +\infty} \dfrac{\int_0^{x^2} \sqrt{1 + t^4}\mathrm{d}t}{x^6}$.

3. 计算下列各定积分:

(1) $\int_1^2\left(x^2 + \dfrac{1}{x^4}\right)\mathrm{d}x$;   (2) $\int_4^9 \sqrt{x}(1 + \sqrt{x})\mathrm{d}x$;

(3) $\int_{-\frac{1}{2}}^{\frac{1}{2}} \dfrac{\mathrm{d}x}{\sqrt{1 - x^2}}$;   (4) $\int_{-1}^0 \dfrac{3x^4 + 3x^2 + 1}{x^2 + 1}\mathrm{d}x$;

(5) $\int_0^a (\sqrt{a} - \sqrt{x})^2 dx$;　　　(6) $\int_0^{\frac{\pi}{3}} \left(\frac{\sqrt{3}}{2} \cos x - \frac{1}{2} \sin x \right) dx$;

(7) $\int_0^{2\pi} |\sin x| dx$;　　　(8) $\int_0^{\frac{\pi}{4}} \tan^2 \theta d\theta$;

(9) $\int_{-\frac{\pi}{2}}^{\frac{\pi}{2}} \cos^2 \frac{x}{2} dx$;　　　(10) 设 $f(x) = \begin{cases} x^2, & -1 \leqslant x \leqslant 0 \\ x-1, & 0 < x < 1 \end{cases}$，求 $\int_{-\frac{1}{2}}^{\frac{1}{2}} f(x) dx$.

4. 计算下列各定积分:

(1) $\int_{\frac{\pi}{3}}^{\pi} \sin\left(x + \frac{\pi}{3} \right) dx$;　　　(2) $\int_0^1 (2x+1)^3 dx$;

(3) $\int_{-1}^0 \frac{1}{\sqrt{1-x}} dx$;　　　(4) $\int_0^1 x e^{x^2} dx$;

(5) $\int_{\frac{\pi}{3}}^{\sqrt{\pi}} x \sin x^2 dx$;　　　(6) $\int_1^2 \frac{1+\ln x}{x} dx$;

(7) $\int_1^4 \frac{1}{\sqrt{x}(1+\sqrt{x})} dx$;　　　(8) $\int_0^{\ln 2} e^x(1+e^x) dx$;

(9) $\int_0^{\frac{\pi}{2}} \sin\varphi \cos^3\varphi d\varphi$;　　　(10) $\int_0^{\frac{\pi}{2}} \cos^3 x dx$;

(11) $\int_1^4 \frac{dx}{1+\sqrt{x}}$;　　　(12) $\int_{-1}^0 x\sqrt{x+1} dx$;

(13) $\int_2^4 \frac{1}{x\sqrt{x-1}} dx$;　　　(14) $\int_0^1 \frac{\sqrt{x}}{1+x} dx$;

(15) $\int_0^3 \frac{x}{1+\sqrt{x+1}} dx$;　　　(16) $\int_{-1}^1 \frac{x}{\sqrt{5-4x}} dx$;

(17) $\int_{-5}^5 \frac{x^3 \sin^2 x}{x^4 + 2x^2 + 1} dx$;　　　(18) $\int_0^1 x e^{-x} dx$;

(19) $\int_0^1 x^2 e^x dx$;　　　(20) $\int_1^2 \frac{\ln x}{x^2} dx$;

(21) $\int_1^e x^2 \ln x dx$;　　　(22) $\int_1^e \ln^2 x dx$;

(23) $\int_0^{\frac{\pi}{2}} x \sin 2x dx$;　　　(24) $\int_0^{\sqrt{\ln 2}} x^3 e^{x^2} dx$.

自测题四

一、单项选择题

1. 下列等式成立的是( ).

A. $\int x^{\alpha} \mathrm{d}x = \dfrac{1}{\alpha+1}x^{\alpha-1} + C$ B. $\int \tan x \mathrm{d}x = \dfrac{1}{1+x^2} + C$

C. $\int \sin x dx = -\cos x + C$ D. $\int a^x \mathrm{d}x = a^x \ln a + C$

2. 设 $x\sin x$ 为 $f(x)$ 的一个原函数,则 $f(x) = ($).

A. $x\sin x + C$ B. $\sin x + x\cos x$

C. $x\cos x$ D. $x\cos x - \sin x$

3. $\int \dfrac{x^2}{1+x^2} \mathrm{d}x = ($).

A. $\ln(1+x^2) + C$ B. $\dfrac{1}{2}\ln(1+x^2) + x + C$

C. $\dfrac{1}{2}\arctan x + C$ D. $x - \arctan x + C$

4. $\int \dfrac{\ln x + x}{x} \mathrm{d}x = ($).

A. $\dfrac{1}{2}\ln^2 x + x + C$ B. $2\ln^2 x + \ln x + C$

C. $\ln^2 x + x + C$ D. $\dfrac{1}{2}\ln^2 x + x\ln x + C$

5. 下列等式正确的是( ).

A. $\dfrac{\mathrm{d}}{\mathrm{d}x}\int_a^b f(x)\mathrm{d}x = f(x)$ B. $\dfrac{\mathrm{d}}{\mathrm{d}x}\int f(x)\mathrm{d}x = f(x) + C$

C. $\dfrac{\mathrm{d}}{\mathrm{d}x}\int_x^b f(x)\mathrm{d}x = -f(x)$ D. $\int f'(x)\mathrm{d}x = f(x)$

6. 下列定积分不为零的是( ).

A. $\int_{-1}^1 \dfrac{x}{1+x^2}\mathrm{d}x$ B. $\int_{-\frac{\pi}{2}}^{\frac{\pi}{2}} x\sin^2 x dx$

C. $\int_{-\pi}^{\pi} \sin^2 x\cos x \mathrm{d}x$ D. $\int_{-1}^1 |x|\mathrm{d}x$

7. 设 $f(x) = \begin{cases} x^2, & x > 0, \\ x, & x \leqslant 0, \end{cases}$ 则 $\int_{-1}^1 f(x)\mathrm{d}x = ($).

A. $2\int_{-1}^0 x\mathrm{d}x$ B. $2\int_0^1 x^2\mathrm{d}x$

C. $\int_0^1 x^2\mathrm{d}x + \int_{-1}^0 x\mathrm{d}x$ D. $\int_0^1 x\mathrm{d}x + \int_{-1}^0 x^2\mathrm{d}x$

8. $\lim\limits_{x \to 1} \dfrac{\int_1^x e^{t^2} dt}{\ln x} = ($ 　　$)$.

A. e　　　　　　　B. $\dfrac{1}{e}$　　　　　　　C. -1　　　　　　　D. 1

9. 下列广义积分发散的是（　　　）.

A. $\int_1^{+\infty} \dfrac{1}{x^2} dx$　　　　　　　　　　　　B. $\int_0^{+\infty} \dfrac{x}{1+x^2} dx$

C. $\int_0^{+\infty} \dfrac{1}{1+x^2} dx$　　　　　　　　　　　D. $\int_e^{+\infty} \dfrac{1}{x \ln^2 x} dx$

二、填空题

1. 若 $\int f(x) dx = e^x - 2\sqrt{x} + C$，则函数 $f(x) = $ _____.

2. $\int (x - \sin x) dx = $ _____，$\int_0^{\frac{\pi}{2}} (x - \sin x) dx = $ _____.

3. $\int \dfrac{e^{\frac{1}{x}}}{x^2} dx = \int e^{\frac{1}{x}} d($ _____ $) = $ _____.

4. $\int \left(1 - \dfrac{1}{\cos^2 x}\right) d(\cos x) = $ _____.

5. 若 $f(b) = 5$，$f(a) = 3$，则 $\int_a^b f'(x) dx = $ _____.

6. 已知 $\int_2^3 f(x) dx = 8$，$\int_2^5 f(x) dx = 3$，则 $\int_3^5 f(x) dx = $ _____.

7. 若 $\int_0^1 (2x + k) dx = 2$，则实数 $k = $ _____.

8. $\int_{-\pi}^{\pi} (x^2 + \sin^3 x) dx = $ _____.

9. $\int_0^1 \dfrac{x^2}{1+x^2} dx = $ _____.

三、解答题

1. 求下列积分：

(1) $\int \dfrac{3x^2 - 2x - 1}{x\sqrt{x}} dx$；　　　　　　(2) $\int (2^x + 3^x)^2 dx$；

(3) $\int (\tan x - 2\cot x)^2 dx$；　　　　　(4) $\int x\sqrt{2x^2 + 1} dx$；

(5) $\int \dfrac{e^{2x} + 1}{e^x} dx$；　　　　　　　　(6) $\int \dfrac{\cos x}{3 + 4\sin x} dx$；

(7) $\int x\sin x\cos x dx$；　　　　　　　　(8) $\int_0^3 |x - 2| dx$；

(9) $\int_{\pi^2}^{\frac{\pi^2}{4}} \dfrac{\cos\sqrt{x}}{\sqrt{x}} dx$ ；　　　　　　(10) $\int_4^7 \dfrac{x}{\sqrt{x-3}} dx$；

（11）$\int_0^{\frac{1}{2}} \dfrac{1+x}{\sqrt{1-x^2}}\mathrm{d}x$;   （12）$\int_0^1 \ln(1+x^2)\,\mathrm{d}x$.

2. 设 $f(x)$ 为连续函数，且 $f(x) = 2x - 3x^2 \int_0^1 f(x)\,\mathrm{d}x$ ，求函数 $f(x)$.

3. 已知函数 $y = f(x)$ 在 $x = 1$ 处有极小值，在 $x = -1$ 处取得极大值为 4 ，且其导数为 $3x^2 + bx + c$ ，求该函数.

牛顿的微积分

一、牛顿传略

1643 年 1 月 4 日,艾萨克·牛顿(Isaac Newton,1643—1727)(图 4-8)生于英国林肯郡的沃尔索普村,父亲是一个农民,在牛顿出生前就去世了.虽然母亲也希望他务农,但幼年的牛顿却在做机械模型和实验上显示了他的爱好和才能.例如,他做了一个玩具式的以老鼠为动力的磨和一架靠水推动的木钟.14 岁时,由于生活所迫,牛顿停学务农,之后在舅父的帮助下又入学读书.1661 年,不满 19 岁的牛顿考入剑桥大学的三一学院.1665 年年初,他在毕业前夕发现了二项式定理,同年获文学学士学位,并成了研究生.但不久

图 4-8　牛顿

由于伦敦流行鼠疫,剑桥大学关闭,牛顿只好回农村居住.在沃尔索普村的 18 个月里,牛顿发明了微积分,提出了万有引力定律,还研究了光的性质.牛顿一生的重大成就大都发轫于这期间.后来,他在追忆这段岁月时说:"当年我正值发明创造能力最强的年华,比以后任何时期都更专心致志于数学和哲学(科学)."我们特别注意到,他于 1666 年 10 月写成的《流数》(后人加的)是世界上第一篇微积分论文,它标志着这一学科的诞生.虽然论文后来才公开发表,但当时有抄本流传,牛顿的不少朋友和同事都看到过.

1667 年,瘟疫过去,牛顿又回到剑桥大学.第二年,他制成世界上第一架反射望远镜.由于他在科学上的出色成就,他的老师巴罗认为他的学识已超过自己,便于 1669 年 10 月主动把数学教授的职位让给他,于是牛顿开始了他的大学教授生活.

他在 1669 年写成《运用无穷多项方程的分析学》,又于 1671 年写成《流数法和无穷级数》.这两篇论文同《流数简论》一起,奠定了微积分的理论基础.1672 年,他当选为皇家学会会员,并第一次发表论文,内容是关于白色光的组成,引起广泛的兴趣和讨论.1675 年,他将关于光的粒子说的论文送交皇家学会.1685 年,他开始撰写《自然哲学的数学原理》.1687 年,这部伟大著作刚刚写完,便由哈雷出资发表,立即对整个欧洲产生了巨大影响.著名的牛顿力学三定律、万有引力定律及牛顿的微积分成果都载于此书.它成为科学史上的一个里程碑.

1689 年,牛顿代表剑桥大学进入议会.不久,牛顿的母亲病重,他彻夜不眠地守着她,但并没有能挽留住母亲的生命.由于长时期写《1666 年 10 月流数简论》的紧张工作及母亲病逝的精神打击,牛顿得了精神衰竭症,大约一年后才康复.1693 年,牛顿写成他的最后一部微

积分专著《曲线求积术》. 1696 年,牛顿被任命为造币厂督办,三年后当了厂长.

从 1665 年到 1696 年,牛顿纯粹是一名科学家,为科学事业做出了许多卓越贡献. 这以后的 31 年中,他一方面在官场服务,另一方面作为英国科学界的领袖而发挥作用. 1703 年,牛顿开始担任皇家学会会长,1704 年发表了他的名著《光学》,《曲线求积术》作为《光学》的附录同时发表,获得巨大成功. 1705 年被女皇封为爵士,得到了一生的最高荣誉. 但他的研究重心却逐渐由科学转移到神学,晚年写了大量关于神学的文字. 1727 年 3 月 31 日,牛顿病逝于英国的肯辛顿.

纵观牛顿的一生,他在科学上的最重要成就有三个:发明微积分、建立经典力学体系、提出光的性质的理论. 其中任何一项成就都足以使他列入世界上的大科学家行列. 但牛顿并不认为自己发现了真理的海洋,他在逝世前夕给朋友写的信中说:"我不知道世人怎样看待我;但我自己觉得,我不过像在一个海滨玩耍的小孩,为时而拾到一块比寻常更为莹洁的卵石,时而拾到一块更为美丽的贝壳而雀跃欢欣,而对于我面前的真理的海洋,却茫然无知."

二、《流数简论》

《流数简论》表明,牛顿微积分的来源是运动学. 1666 年,他在坐标系中通过速度分量来研究切线,既促使了流数法的产生,又提供了它的几何应用的关键.

牛顿把曲线 $f(x,y)=0$ 看作动点的轨迹,动点的坐标 x,y 是时间的函数,而动点的水平速度分量和垂直速度为边的矩形对角线,所以曲线 $f(x,y)=0$ 的切线斜率是 $\dfrac{x}{y}$ (图 4-9). 由于 x 和 y 是随时间流逝而变化的"流动速度",所以牛顿便在后来称它们为流数,实际上就是 x 和 y 对 t 的导数:

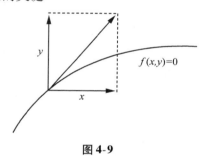

图 4-9

$$\dot{x}=\frac{\mathrm{d}x}{\mathrm{d}t},\dot{y}=\frac{\mathrm{d}y}{\mathrm{d}t}.$$

而它们的比就是 y 对 x 的导数:

$$\frac{\dot{y}}{\dot{x}}=\frac{\mathrm{d}y}{\mathrm{d}x}.$$

这里顺便指出,带点的表示法是牛顿晚些时候才引入的,而符号 $\dfrac{\mathrm{d}y}{\mathrm{d}x}$ 是莱布尼茨发明的,我们这里采用它们是为了叙述方便.

牛顿考虑的第一个问题是:给定 x 和 y 的关系 $f(x,y)=0$,求 $\dfrac{\dot{y}}{\dot{x}}$,即 y 对 x 的导数. 对于多项式 $f(x,y)=\sum a_{ij}x^iy^j$,他给出下述解法:把各项都置于方程一端,其和为零. 首先,把每一项都乘以 $\dfrac{\dot{x}}{x}$,再乘以该项所含 x 的次数. 其次,把每一项都乘以 $\dfrac{\dot{y}}{y}$,再乘以该项所含 y 的次数……令这些乘积的总和等于零. 这个方程就给出速度(流数)之间的关系. 若用式子表示,则为

$$\sum \left(\frac{i\dot{x}}{x} + \frac{i\dot{y}}{y} \right) a_{ij} x^i y^j = 0. \tag{1}$$

它是牛顿用来计算流数之比(即求导)的基本法则. 实际上,这个式子与 $\dot{x}\dfrac{\partial f}{\partial x} + \dot{y}\dfrac{\partial f}{\partial y} = 0$ 等价,即

$$\frac{\dot{y}}{\dot{x}} = \frac{\partial f / \partial x}{\partial f / \partial y}.$$

牛顿是用"无穷小"概念和他一年前发明的二项式定理来证明(1)式的. 他认为,做非匀速运动的物体在无穷小时间间隔 o 中的运动情况同做匀速运动的物体在有限时间间隔中的情况相同,"因此,如果到某一时刻,它们已描绘的线段为 x 和 y,那么到下一时刻所描绘的线段就是 $x + \dot{x}o$ 和 $y + \dot{y}o$." 牛顿用 $x + \dot{x}o$ 和 $y + \dot{y}o$ 代替 $f(x, y) = 0$ 中的 x 和 y,于是有

$$\sum a_{ij}(x + \dot{x}o)^i (y + \dot{y}o)^j = 0.$$

按二项式展开并略去 o 的二次以上(含二次)的项,得

$$\sum a_{ij}(ix^{i-1}y^j \cdot \dot{x}o + jx^i \cdot y^{j-1} \cdot \dot{y}o) = 0.$$

除以 o 后便得到(1)式. 作为一个实例,可把 $y = x^n$ 写成 $f(x, y) = y - x^n$ 的形式,由(1)式推出

$$\frac{\dot{y}}{\dot{x}} = nx^{n-1}.$$

在此基础上,牛顿提出反问题:已知流数比 $\dfrac{\dot{y}}{\dot{x}}$,求 y(即把 y 表示成 x 的代数式). 他对这一问题的研究导致了微积分基本定理的发现,即

$$\frac{\mathrm{d}A}{\mathrm{d}x} = y, \tag{2}$$

其中 A 表示曲线 $y = f(x)$ 下的面积.

从《流数简论》可以看出,他是用如下方法推导这一重要定理的:

设 y 表示曲线 $f(x)$ 下的面积 abc(图 4-10),并把它看作垂直平行移动,描绘出面积 x 和 y,它们随时间而增加的速度是 be 和 bc,显然,$be = 1$ 而 $bc = f(x)$. 因此,牛顿认为面积 y 随时间的变化率是 $f(x)$,而 $\dot{x} = 1$,于是

$$\frac{\dot{y}}{\dot{x}} = f(x). \tag{3}$$

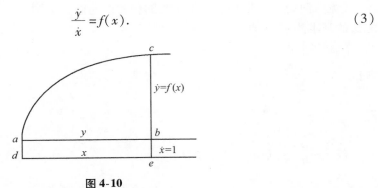

图 4-10

这显然等价于(2)式,就是说函数曲线下的面积的变化率等于曲线的纵坐标. 他把求积

问题看作求变化率的逆过程,即把 y 看作 $f(x)$ 的积分(不定积分).

牛顿的工作可以清楚地说明切线及面积的互逆关系. 如果面积 $y = \dfrac{x^{n+1}}{n+1}$,则由(1)式得到

$$\frac{\dot{y}}{\dot{x}} = x^n.$$

反之,取 $\dot{x} = 1$,则 $\dot{y} = f(x) = x^n$(图4-10),而 $y = \dfrac{x^{n+1}}{n+1}$. 这就是说,纵坐标为 $\dfrac{x^{n+1}}{n+1}$ 的曲线的切线斜率为 x^n,而纵坐标为 x^n 的曲线下的面积是 $\dfrac{x^{n+1}}{n+1}$.

在解决了基本的微积分问题后,牛顿又进一步提出变量代换法,设变量 $z = 1 + x^n$,其流数比为

$$\frac{\dot{z}}{\dot{x}} = nx^{n-1}. \tag{4}$$

因为 $y = z^{\frac{3}{2}}$,所以

$$\frac{\dot{y}}{\dot{z}} = \frac{3}{2}z^{\frac{1}{2}}. \tag{5}$$

由(4)、(5)式易得

$$\frac{\dot{y}}{\dot{x}} = \frac{\dot{y}/\dot{z}}{\dot{x}/\dot{z}} = \frac{3}{2}nx^{n-1}z^{\frac{1}{2}},$$

即

$$\frac{\dot{y}}{\dot{x}} = \frac{3}{2}nx^{n-1}\sqrt{1+x^n}.$$

牛顿利用变量代换法对 $y = [f(x)]^{\frac{m}{n}}$(其中 $f(x)$ 是多项式)进行微分,设 $z = f(x)$,得到

$$\frac{\dot{y}}{\dot{x}} = \frac{m}{n}[f(x)]^{\frac{m}{n}-1} \cdot \frac{\dot{z}}{\dot{x}},$$

这便是我们熟知的幂函数微分公式,它的现代形式为

$$y' = \frac{m}{n}[f(x)]^{\frac{m}{n}-1} \cdot f'(x).$$

类似地,牛顿在积分中也采用了代换法,并在稍后的著作中总结出代换积分公式. 这个问题将在下面讨论.

《流数简论》中,牛顿还导出函数的积和商的微分法则. 设 $y = u(x)v(x)$,则由计算流数之比的基本法则得到

$$\dot{y} = u\dot{v} + \dot{u}v,$$

所以

$$\frac{\dot{y}}{\dot{x}} = \frac{u\dot{v} + \dot{u}v}{\dot{x}},$$

即

$$\frac{\dot{y}}{\dot{x}} = u \cdot \frac{\dot{v}}{\dot{x}} + v \cdot \frac{\dot{u}}{\dot{x}}.$$

若 $y = \dfrac{u(x)}{v(x)}$,则可用类似方法得到

$$\frac{\dot{y}}{\dot{x}} = \frac{\dot{u}/\dot{x} \cdot v - \dot{v}/\dot{x} \cdot u}{v^2}.$$

至于函数和的微分,牛顿认为是显然的,没有作为公式列出.

由于牛顿首次引入"流数"和"变化率"的概念,明确提出一般性的微积分算法,特别是提出微积分基本定理,所以说他"发明"了微积分.不过,他当时只是观察到这一重要定理,至于定理的证明,则是在他的第二本微积分著作中才出现的.

三、《运用无穷多项方程的分析学》(下简称《分析学》)

在这本书中,牛顿假定曲线下的面积为

$$z = ax^m,$$

其中 m 是有理数.他把 x 的无穷小增量叫 x 的瞬,用 o 表示.由曲线、x 轴、y 轴及 $x+o$ 处纵坐标所围成的面积用 $z+oy$ 表示(图 4-11),其中 oy 是面积的瞬,于是有

$$z + oy = a(x+o)^m.$$

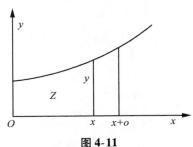

图 4-11

根据二项式定理

$$z + oy = a\left[x^m + mx^{m-1} \cdot o + \frac{m(m-1)}{1 \cdot 2} \cdot x^{m-2} \cdot o^2 + \cdots\right],$$

考虑到 $z = ax^m$,并用 o 去除等式两边,得

$$y = max^{m-1} + a\left[\frac{m(m-1)}{1 \cdot 2} \cdot x^{m-2} \cdot o + \cdots\right].$$

略去仍然含 o 的项,得

$$y = max^{m-1}.$$

这就是相应于面积 z 的纵坐标 y 的表达式,或者说是面积 z 在点的变化率$\left(\text{即} \dfrac{\mathrm{d}z}{\mathrm{d}x}\right)$.这个结果表明,若面积 $z = ax^m$ 给出,那么构成这个面积的曲线为 $y = max^{m-1}$;反之,若曲线是 $y = max^{m-1}$,则它下面的面积是 $z = ax^m$.在这里,牛顿不仅给出了求变化率的普遍方法,而且证明了微积分基本定理.从计算角度来说,它实际上给出了两个基本的求导和积分公式(用现代符号标出):

$$(ax^m)' = max^{m-1}; \quad \int ax^m \mathrm{d}x = \frac{ax^{m+1}}{m+1}.$$

在证明了面积的导数是 y 值,并断言逆过程是正确的以后,牛顿给出下面的法则:若 y 值是若干项的和,则面积是由每一项得到的面积的和,用现在的话来说,就是函数之和的积分等于各函数的积分的和:

$$\int [f_1(x) + f_2(x) + \cdots + f_n(x)] \mathrm{d}x = \int f_1(x) \mathrm{d}x + \int f_2(x) \mathrm{d}x + \cdots + \int f_n(x) \mathrm{d}x.$$

他对如下的积分性质也有明确认识：

$$\int af(x)\,\mathrm{d}x = a\int f(x)\,\mathrm{d}x.$$

他利用上述知识得到各种曲线下的面积，解决了许多能表成和式的问题.

在此基础上，牛顿提出了利用无穷级数进行逐项积分的方法. 例如，为了对 $y = \dfrac{a^2}{b+x}$ 进行积分，他将 a^2 除以 $b+x$，得到

$$y = \frac{a^2}{b} - \frac{a^2 x}{b^2} + \frac{a^2 x^2}{b^3} - \frac{a^2 x^3}{b^4} + \cdots.$$

然后对这个无穷级数逐项积分，得

$$\frac{a^2 x}{b} - \frac{a^2 x^2}{2b^2} + \frac{a^2 x^3}{3b^3} - \frac{a^2 x^4}{4b^4} + \cdots.$$

他说，只要 b 是 x 的倍数，取最初几项就可以了.

同样地，为了对 $y = \dfrac{1}{1+x^2}$ 积分，他利用二项式定理将其写成

$$y = 1 - x^2 + x^4 - x^6 + x^8 - \cdots. \tag{6}$$

他注意到，如果把 y 取成 $\dfrac{1}{x^2+1}$，则可得到

$$y = x^{-2} - x^{-4} + x^{-6} - x^{-8} + \cdots. \tag{7}$$

他说，当 x 很小时，应该用(6)式，若 x 较大就必须用(7)式了. 可见他已意识到级数收敛和发散的区别，不过还没有提出收敛的概念.

同《流数简论》相比，《分析学》的另一项理论进展表现在定积分上. 牛顿把曲线下的面积看作无穷多个面积为无限小的面积之和，这种观念与现代是接近的. 为了求某一个区间的确定的面积即定积分，牛顿提出如下方法：先求出原函数，再将上、下限分别代入原函数而取其差. 这就是著名的牛顿-莱布尼茨公式，是他与莱布尼茨各自独立发明的. 若采用现代数学符号，该公式可表述为：若 $F(x)$ 是 $f(x)$ 在区间 $[a,b]$ 上的一个原函数，则 $\int_a^b f(x)\,\mathrm{d}x = F(b) - F(a)$. 有了这个公式，在实际问题中应用极广的定积分计算问题便转化为求原函数问题，所以它是十分重要的.

《分析学》中还有其他一些出色的成果，如书中给出求高次方程近似根的方法（即牛顿法），导出正弦级数及余弦级数，等等.

到此为止，牛顿已经建立起比较系统的微积分理论及算法. 不过他在概念上仍有不清楚的地方. 第一，他的无穷小增量 o 是不是0？牛顿认为不是. 既然这样，运算中为什么可以略去含 o 的项呢？牛顿没有给出合乎逻辑的论证. 第二，牛顿虽然提出变化率的概念，但没有提出一个普遍适用的定义，只是把它想象成"流动的"速度. 牛顿自己也认为，他的工作主要是建立有效的计算方法，而不是澄清概念，他对这些方法仅仅作了"简略的说明而不是准确的论证."牛顿的态度是实事求是的.

四、《流数法和无穷级数》（下简称《流数法》）

这是一部内容广泛的微积分专著，是牛顿在数学方面的代表作. 在前两部书的基础上，

牛顿提出了更加完整的理论.

从书中可以看出,牛顿的流数概念已发展到成熟的阶段.他把随时间变化的量,即以时间为自变量的函数称为流量,以字母表的后几个字母 v,x,y,z 来表示;把流量的变化速度,即变化率称为流数,以表示流量的字母上加点的方法来表示,如 $\dot{x}\dot{y}$.以前用的瞬的概念仍然保留,并且仍用 o 表示.

他在书中明确表述了他的流数法的理论依据,说:"流数法赖以建立的主要原理,乃是取自理论力学中的一个非常简单的原理,这就是:数学量,特别是外延量,都可以看成是由连续轨迹运动产生的;而且所有不管什么量,都可以认为是在同样方式下产生的."又说:"本人是靠另一个同样清楚的原理来解决这个问题的,这就是假定一个量可以无限分割,或者可以(至少在理论上说)使之连续减小,直至比任何一个指定的量都小."牛顿在这里提出的"连续"思想及使一个量小到"比任何一个指定的量都小"的思想是极其深刻的,他正是在这种思想的主导下解决了如下两类基本问题.

第一类:已知流量的关系求它们的流数之比,即已知 $y=f(x)$ 或 $f(x,y)=0$,求 $\dfrac{\dot{y}}{\dot{x}}$.

例如,书中的问题1:如果流量 x 和 y 之间的关系是 $x^3-ax^2+axy-y^3=0$,求它们的流数之比.

牛顿设 x,y 的瞬分别是 $\dot{x}o,\dot{y}o$,用 $x+\dot{x}o$ 和 $y+\dot{y}o$ 分别代替方程中的 x 和 y,得

$$(x+\dot{x}o)^3-a(x+\dot{x}o)^2+a(x+\dot{x}o)(y+\dot{y}o)-(y+\dot{y}o)^3=0.$$

展开后利用 $x^3-ax^2+axy-y^3=0$ 这一事实再把余下的项除以 o,得

$$3x^2\dot{x}+3x\dot{x}^2o+\dot{x}^3o^2-2ax\dot{x}-a\dot{x}^2o+a\dot{x}y+a\dot{x}yo+ax\dot{y}-3y^2\dot{y}-3y\dot{y}^2o-\dot{y}^3o^2=0.$$

对此,牛顿说:"我们已假定 o 是无限微小,它可以代表流动量的瞬,所以与它相乘的诸项相对于其他诸项来说等于没有."因此我把它们丢掉,而剩下

$$3\dot{x}x^2-2ax\dot{x}+2x\dot{y}+a\dot{y}x-3\dot{y}y^2=0.$$

从上式易得

$$\frac{\dot{y}}{\dot{x}}=\frac{3x^2-2ax+ay}{3y^2-ax}.$$

从表面看,这种方法与《流数简论》中的方法一致.所不同的是,在《简论》中 $\dot{y}$ 和 $\dot{x}$ 只被看作运动速度,而在这里却表示一般意义的流数.《简论》中求流数之比的基本法则也被牛顿赋予一般的意义.

对于 $y=f(x)$ 型的函数,牛顿用类似的方法求出了 $\dot{y}$ 与 $\dot{x}$ 的关系.

例如,假定 $y=x^n$,牛顿首先建立

$$y+\dot{y}o=(x+\dot{x}o)^n,$$

然后用二项式定理展开右边,消去 $y=x^n$,用 o 除两边,略去仍含 o 的项,结果得

$$\dot{y}=nx^{n-1}\dot{x},$$

即

$$\frac{\dot{y}}{\dot{x}}=nx^{n-1}.$$

当然,在对具体函数微分时,不必采用无穷小而可直接代入公式.

第二类:已知一个含流数的方程,求流量,即积分.

牛顿在书中引入强有力的代换积分法(采用现代符号):设 $u=\varphi(x)$,则

$$\int f[\varphi(x)]\varphi'(x)\,dx = \int f(u)\,du. \tag{8}$$

这个公式表明,只要所求的积分可表为(8)式左边的形式,则令 $u = \varphi(x)$,即可化为 $f(u)$ 对 u 的积分,积分后再用 $\varphi(x)$ 代 u 就好了.《流数简论》中,牛顿在具体积分中已经采用了这种方法,只是到这时才明确总结出公式.从《简论》和《流数法》这两书来看,他推导此式的思路大致如下:

设
$$y = \int f[\varphi(x)]\varphi'(x)\,dx,$$

则
$$\frac{\dot{y}}{\dot{x}} = f[\varphi(x)]\varphi'(x). \tag{9}$$

由 $u = \varphi(x)$ 得
$$\frac{\dot{u}}{\dot{x}} = \varphi', \tag{10}$$

由(9),(10)式得
$$\frac{\dot{y}}{\dot{u}} = \frac{\dot{y}/\dot{x}}{\dot{u}/\dot{x}} f[\varphi(x)] = f(u),$$

由微积分基本定理,得
$$y = \int f(u)\,du,$$

所以
$$\int f[\varphi(x)]\varphi'(x)\,dx = \int f(u)\,du.$$

牛顿在书中还推出分部积分公式,即
$$\int uv'\,dx = uv - \int vu'\,dx,$$

其中 u 和 v 都是 x 的函数. 若求 $\int uv'\,dx$ 有困难而求 $\int vu'\,dx$ 比较容易时,就可利用分部积分公式求积分.

牛顿总结了他的积分研究成果,列成两个积分表,一个是"与直线图形有关的曲线一览表",另一个是"与圆锥曲线有关的曲线一览表".这两个表为积分工作提供了许多方便.

至此,牛顿已建立起比较完整的微分和积分算法,他当时统称为流数法. 他充分认识到这种方法的意义,说流数法(即微积分)是一种"普遍方法",它"不仅可以用来画出任何曲线的切线,而且还可以用来解决其他关于曲度、面积、曲线的长度、重心的各种深奥问题."《流数法》一书便充分体现了微积分的用途,下面略举几例.

例 1 在"问题 3——极大值和极小值的确定"中,牛顿给出了通过解方程 $f'(x) = 0$ 来求 $f(x)$ 极值的方法. 他写道:"当一个量取极大值或极小值时,它的流数既不增加也不减少,因为如果增加,就说明它的流数还是较小的,并且即将变大;反之,如果减少,则情况恰好相反. 所以求出它的流数,并且令这个流数等于 0." 他用这种方法解出了九个问题. 其中之一是求方程 $x^3 - ax^2 + axy - y^3 = 0$ 中 x 的最大值. 他先求出 x 和 y 的流数之比,得
$$3\dot{x}x^2 - 2a\dot{x}x + 2a\dot{x}y - 3\dot{y}y^2 + a\dot{y}x = 0.$$

再令 $\dot{x} = 0$,得
$$-3\dot{y}y^2 + a\dot{y}x = 0,$$

即
$$3y^2 = ax.$$

把上式代入原方程后,就很容易求得相应的 x 值和 y 值了.

例2 已知曲线方程为 $x^3 - ax^2 + axy\ y^3 = 0$,$AB$ 和 BD 分别为曲线上 D 点的横、纵坐标,求作过 D 点的切线(图 4-12).

牛顿先求得流数之间的关系:
$$3\,\dot{x}x^2 - 2a\,\dot{x}x + a\,\dot{x}y^2 + a\,\dot{y}x = 0,$$

由此得出
$$\frac{\dot{y}}{\dot{x}} = \frac{3x^2 - 2ax + ay}{3y^2 - ax} = \frac{BD}{BT}.$$

因 $BD = y$,所以
$$BT = \frac{3y^2 - axy}{3x^2 - 2ax + ay}.$$

牛顿说:"给定 D 点后,便可得出 DB 和 AB,即 y 和 x,BT 的长度也就给定,由此可确定切线 TD."

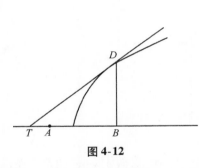

图 4-12

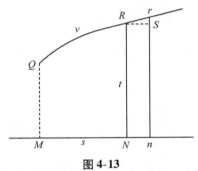

图 4-13

例3 在"问题12——曲线长度的确定"中,牛顿采用流数法计算弧长.设 QR 是给定曲线,$RN \perp MN$,牛顿分别记 $MN = s$,$NR = t$,$QR = v$(图 4-13),它们的流数分别为 s,t,v,然后"想象直线 NR 向右移动到最接近的可能位置 nr,由 R 向 nr 引垂线 RS,则 MN,NR 和 QR 分别增加 RS,Sr 和 Rr."牛顿说:"因为 RS,Sr 和 Rr 相互之比是这些线段的流数之间的比,又考虑到 $\angle RSr$ 为直角,所以有 $\sqrt{RS^2 + Sr^2} = Rr$,因此 $\sqrt{s^2 + t^2} = v$."

若换成现在通用的坐标 x,y 和弧长 s,则牛顿的结果为只要对 t 积分,就可求出弧长 s 了.

综上所述,《流数法》不仅在基本思想上比《分析学》有了发展,而且提供了更加有效的计算方法.但牛顿的基本方法仍是弃去无穷小,因而同《分析学》一样出现逻辑困难.他尝试建立没有无穷小的微积分,于是有《曲线求积术》(下简称《求积术》)之作.

五、牛顿的极限理论

牛顿的四部微积分专著中,《求积术》是最后写成(1693)但最早出版(1704)的一部.在书中,导数概念已被引出,而且把考察对象由两个变量构成的方程转向关于一个变量的函数.牛顿的流数演算已相当熟练和灵活了,他算出许多复杂图形的面积.阿达玛称,该书"论述的有理函数积分法,几乎不亚于目前的水平".

值得注意的是,在《求积术》中,牛顿认为没有必要把无穷小量引入微积分. 他在序言中明确指出:"数学的量并不是由非常小的部分组成的,而是用连续的运动来描述的. 直线不是一部分一部分地连接,而是由点的连续运动画出的,因而是这样生成的;面是由线的运动,体是由面的运动,角是由边的旋转,时间段落是由连续的流动生成的. "在这种思想指导下,他放弃了无穷小的概念,代之以最初比和最后比的新概念. 为了求函数 $y = x^n$ 的导数,牛顿让 x "由流动"而成为 $x + o$,于是 x^n 变为

$$(x + o)^n = x^n + nox^{n-1} + \frac{n(n-1)}{2} \cdot o^2 x^{n-2} + \cdots.$$

x 和 x^n 的增量比,即 o 和 $nox^{n-1} + \frac{n(n-1)}{2}o^2 x^{n-2} + \cdots$ 的比等于 1 和 $nx^{n-1} + \frac{n(n-1)}{2} \cdot ox^{n-2} + \cdots$ 的比. 牛顿说:"现在令增量等于 0,于是它们的最后比等于 1 比 nx^{n-1},所以量 x 的流数与量 x^n 的流数之比等于 1 比 nx^{n-1}. "牛顿认为这个比即为增量的最初比,可见最初比与最后比的实质是一样的,都表示 y 关于 x 的导数,或者说是 y 对于 x 的变化率. 用现在的符号可写成 $y' = nx^{n-1}$.

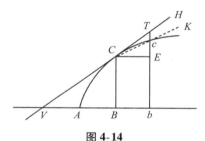

图 4-14

牛顿还对他的最后比做出下面的几何解释:如图 4-14 所示,假定 bc 移向 BC,使得 c 和 C 重合,那么增量 CE, Ec, Cc 的最后比等于 $\triangle CET$ 的各边之比,即把这些增量看作初生量的最初比. 他说:"只有点 C 与 c 完全重合了,直线 CK 才会与切线(CH)重合,而 CE, Ec, Cc 的最后比才能求出. "显然,他是把切线 CH 当作割线 CK 的极限位置.

实际上,早在《自然哲学的数学原理》(下简称《原理》)一书中,牛顿就表述了明确的极限思想. 他说:"消失量的最后比严格地说并不是最后量的比,而是这些量无限减小时它们的比所趋近的极限. 它们与这个极限之差虽然可以比任何给定的差更小,但这些量在无限缩小之前既不能超过也不能达到它. "在这部最早发表的包含微积分成果的书(当然不是最早写成的)中,牛顿已经把微积分的大厦建筑在极限的基础之上,他用极限观点解释了微积分中的许多概念. 例如,他认为表示定积分的曲边图形与"消失的平行四边形的终极和"相重合. 牛顿指出,当这些平行四边形(相当于今天讲定积分几何意义时的长条矩形)的最大宽度无限减小时,就成为"消失的平行四边形",而曲边图形就是所有这些消失图形的终极和了. 牛顿在《原理》中阐发的极限思想,成为他撰写《求积术》的理论基础. 当然,他还没有提出如同我们现在使用的严格的极限定义.

项目 5　定积分的应用

任务　定积分在几何上的应用

任务内容

- 完成与定积分应用相关的工作页；
- 学习与求解平面图形面积、旋转体体积有关的知识；
- 学习与求解旋转体体积有关的知识.

任务目标

- 理解微元法的思想；
- 能应用定积分求平面图形的面积；
- 能应用定积分求旋转体的体积.

5.1.1　工作任务

熟悉如下工作页，了解本任务学习内容. 在学习相关知识后，利用工作页在教师的指导下完成本任务，同时完成工作页内相关内容的填写.

任务工作页

1. 什么是微元法？用微元法解决实际问题的思路及步骤是什么？
   _____

2. 求平面图形的面积一般分为几步？
   _____

5.1.2 学习提升

【案例引入】 游泳池的表面面积

一个工程师正用 CAD(Computer-Assisted Design,计算机辅助设计)设计一游泳池,游泳池的表面是由曲线 $y = \dfrac{800x}{(x^2+10)^2}$,$y = 0.5x^2 - 4x$ 以及 $x = 8$ 围成的图形,如图 5-1 所示. 求出游泳池的表面面积.

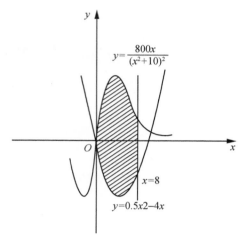

图 5-1 游泳池表面图形

5.1.2.1 微元法

(1)能用定积分计算的量 U 应满足下列三个条件:

① 所求的量 U 与变量 x 的变化区间 $[a,b]$ 有关;

② 量 U 对于区间 $[a,b]$ 具有可加性;

③ 部分量 ΔU 可近似地表示成 $f(\xi_i)\Delta x_i$.

(2)计算 U 的定积分表达式步骤如下:

① 根据问题,选取一个变量 x 作为积分变量,并确定它的变化区间 $[a,b]$;

② 在区间 $[a,b]$ 上任取一小区间 $[x,x+\mathrm{d}x]$,求出相应于此区间的所求量 U 的部分量 ΔU 的近似值:$\mathrm{d}U = f(x)\mathrm{d}x$;

③ 以 U 的元素 $\mathrm{d}U$ 作为被积表达式,以 $[a,b]$ 为积分区间,得

$$U = \int_a^b \mathrm{d}U = \int_a^b f(x)\mathrm{d}x.$$

这个方法称为微元法(或元素法),其实质是找出 U 的元素 $\mathrm{d}U$ 的微分表达式 $\mathrm{d}U = f(x)\mathrm{d}x(a \leqslant x \leqslant b)$,如图 5-2 所示.

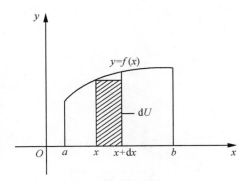

图 5-2　dU 的微分表达式

5.1.2.2　用定积分求平面图形面积

由曲线 $y=f(x)(f(x)\geqslant0)$ 及直线 $x=a,x=b(a<b)$ 与 x 轴所围成的曲边梯形的面积 A 为

$$A = \int_a^b f(x)\,dx,$$

其中,$f(x)dx$ 为面积元素.

由曲线 $y=f(x)$ 与 $y=g(x)$ 及直线 $x=a,x=b(a<b)$ 且 $f(x)\geqslant g(x)$ 所围成的图形面积 A 为

$$A = \int_a^b f(x)\,dx - \int_a^b g(x)\,dx = \int_a^b [f(x) - g(x)]\,dx,$$

其中,$[f(x) - g(x)]dx$ 为面积元素,如图 5-3 所示.

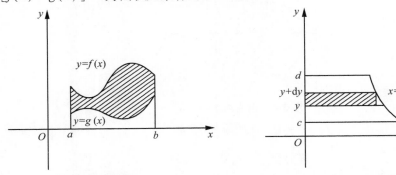

图 5-3　曲边梯形　　　　　　　**图 5-4　曲线 $x=\varphi(y)$**

如果连续曲线的方程为 $x=\varphi(y)(\varphi(y)\geqslant0)$,则由它与直线 $y=c,y=d(c<d)$ 及 y 轴所围成的平面图形(图 5-4)的面积元素为

$$dA = \varphi(y)\,dy,$$

所以　　　　　　　　　　　　$$A = \int_c^d \varphi(y)\,dy.$$

例 5-1　求由两条抛物线 $y^2=x,y=x^2$ 所围图形的面积,如图 5-5 所示.

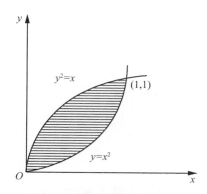

图 5-5 两抛物线围成的图形

解 联立方程组 $\begin{cases} y^2 = x, \\ y = x^2, \end{cases}$ 解得 $x = 0$ 及 $x = 1$.

所围的面积为

$$A = \int_0^1 (\sqrt{x} - x^2) \, dx = \left[\frac{2}{3} x^{\frac{3}{2}} - \frac{1}{3} x^3 \right]_0^1 = \frac{1}{3}.$$

例 5-2 求曲线 $x - y = 0, y = x^2 - 2x$ 所围成图形的面积,如图 5-6 所示.

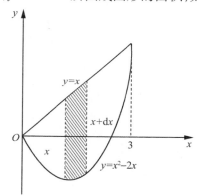

图 5-6 由曲线 $x - y = 0$,
$y = x^2 - 2x$ 所围成的图形

解 联立方程组 $\begin{cases} x - y = 0, \\ y = x^2 - 2x, \end{cases}$ 解得交点: $(0, 0), (3, 3)$.

$y_1 = x, y_2 = x^2 - 2x, x \in [0, 3]$,则所围的面积为

$$A = \int_a^b (y_1 - y_2) \, dx = \int_0^3 (x - x^2 + 2x) \, dx = \frac{9}{2}.$$

例 5-3 求椭圆 $9x^2 + 16y^2 = 144$ 的面积.

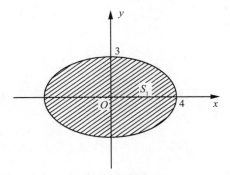

图 5-7　椭圆的面积

解　根据椭圆的对称性求椭圆的面积 S，即 $S = 4S_1$（图 5-7），于是

$$S = 4\int_0^4 \frac{3}{4}\sqrt{16 - x^2}\mathrm{d}x.$$

令 $x = 4\sin t$，x 从 0 单调递增到 4，相当于 t 从 0 单调递增到 $\dfrac{\pi}{2}$，于是

$$S = 4\int_0^4 \frac{3}{4}\sqrt{16 - x^2}\mathrm{d}x = 4\int_0^{\frac{\pi}{2}} \frac{3}{4}\sqrt{16 - 16\sin^2 t}\cdot 4\cos t\mathrm{d}t$$

$$= 12\int_0^{\frac{\pi}{2}} 4\cos^2 t\mathrm{d}t = 12\int_0^{\frac{\pi}{2}} 2(1 + \cos 2t)\mathrm{d}t = 12\pi.$$

在计算平面图形面积的过程中，经常会遇到对称图形，在这种情况下，可以只求某一部分图形的面积，再利用对称性得出最终的结果.

求平面图形面积的步骤：

（1）联立方程组，求交点；

（2）x 型区域 $A_x = \int_a^b y\mathrm{d}x$，$y$ 型区域 $A_y = \int_c^d x\mathrm{d}y$.

例 5-4　求曲线 $y = x^2$，$y = (x - 2)^2$ 与 x 轴围成的平面图形的面积，如图 5-8 所示.

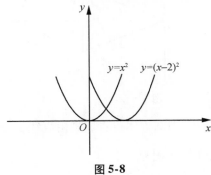

$y = x^2$　$y = (x-2)^2$

图 5-8

解　由 $\begin{cases} y = x^2, \\ y = (x - 2)^2, \end{cases}$ 解得两曲线的交点 $(1, 1)$.

取 x 为积分变量，$x \in [0, 2]$. 所求面积为

$$A = \int_0^1 x^2 dx + \int_1^2 (x-2)^2 dx = \frac{x^3}{3}\Big|_0^1 + \frac{(x-2)^3}{3}\Big|_1^2 = \frac{2}{3}.$$

5.1.2.3 旋转体的体积

定义 5-1 旋转体是由一个平面图形绕该平面内一条定直线旋转一周而生成的立体图形,该定直线称为旋转轴.

> **注:** 旋转体的特征是垂直于旋转轴的平行截面均为圆.

计算由曲线 $y = f(x)$,直线 $x = a$,$x = b$ 及 x 轴所围成的曲边梯形绕 x 轴旋转一周而生成的立体的体积.

取 x 为积分变量,则 $x \in [a,b]$,对于区间 $[a,b]$ 上的任一区间 $[x, x+dx]$,它所对应的窄曲边梯形绕 x 轴旋转而生成的薄片似的立体的体积近似等于以 $f(x)$ 为底半径、dx 为高的圆柱体体积. 即体积元素为

$$dV = \pi[f(x)]^2 dx,$$

所求的旋转体的体积为

$$V = \int_a^b \pi[f(x)]^2 dx.$$

类似地,由连续曲线 $x = \varphi(y)$,直线 $y = c$,$y = d$ 及 y 轴所围成的曲边梯形绕 y 轴旋转一周而成的旋转体体积为

$$V = \int_c^d \pi[\varphi(y)]^2 dy.$$

例 5-5 用定积分求底圆半径为 r、高为 h 的圆锥体的体积.

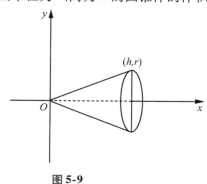

图 5-9

解 建立图 5-9 所示坐标系,则圆锥体可看成是由直线 $y = \frac{r}{h}x$,$x = h$ 及 x 轴所围成三角形绕 x 轴旋转一周而成. 故圆锥体体积为

$$V = \int_0^h \pi\left(\frac{r}{h}x\right)^2 dx = \frac{\pi r^2}{h^2} \cdot \frac{x^3}{3}\Big|_0^h = \frac{1}{3}\pi r^2 h.$$

例 5-6 计算椭圆 $\frac{x^2}{a^2} + \frac{y^2}{b^2} = 1$ 所围成的图形绕 x 轴旋转而成的立体的体积.

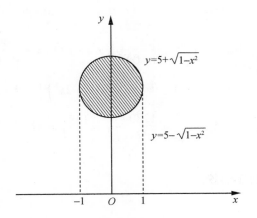

图 5-10 曲线 $x^2+(y-5)^2=1$
绕 x 轴旋转一周的图形

解 这个旋转体可看成是由上半个椭圆 $y=\dfrac{b}{a}\sqrt{a^2-x^2}$ 及 x 轴所围成的图形绕 x 轴旋转所生成的立体图形.

在 x 处（$-a\leqslant x\leqslant a$），用垂直于 x 轴的平面去截立体图形所得截面积为

$$A(x)=\pi\cdot\left(\frac{b}{a}\sqrt{a^2-x^2}\right)^2,$$

则 $V=\displaystyle\int_{-a}^{a}A(x)\,\mathrm{d}x=\frac{\pi b^2}{a^2}\int_{-a}^{a}(a^2-x^2)\,\mathrm{d}x=\frac{4}{3}\pi ab^2$.

特别地,当 $a=b=r$ 时得半径为 r 的球体体积 $V_{球}=\dfrac{4}{3}\pi r^3$.

例 5-7 已知曲线 $x^2+(y-5)^2=1$ 绕 x 轴旋转一周（图 5-10）,求旋转体的体积.

解 $V_1=\pi\displaystyle\int_{-1}^{1}(5-\sqrt{1-x^2})^2\mathrm{d}x,V_2=\pi\displaystyle\int_{-1}^{1}(5+\sqrt{1-x^2})^2\mathrm{d}x,$

$V=V_2-V_1=\pi\displaystyle\int_{-1}^{1}(5+\sqrt{1-x^2})^2\mathrm{d}x-\pi\displaystyle\int_{-1}^{1}(5-\sqrt{1-x^2})^2\mathrm{d}x$

$=20\pi\displaystyle\int_{-1}^{1}\sqrt{1-x^2}\mathrm{d}x=20\pi\cdot\dfrac{\pi}{2}=10\pi^2.$

求旋转体体积的步骤:

（1）联立方程组,求交点;

（2）绕 x 轴旋转所得旋转体的体积 $V_x=\displaystyle\int_{a}^{b}\pi y^2\mathrm{d}x$,绕 y 轴旋转所得旋转体的体积

$V_y=\displaystyle\int_{c}^{d}\pi x^2\mathrm{d}y.$

【案例解答】

解 联立方程组 $\begin{cases}y=\dfrac{800x}{(x^2+10)^2},\\ y=0.5x^2-4x,\end{cases}$ 解得 $x=0.$

又因为 $x = 8$，于是有

$$A_1 = \int_0^8 \frac{800x}{(x^2+10)^2}dx = \int_0^8 \frac{400}{(x^2+10)^2}d(x^2+10) = -\frac{400}{x^2+10}\Big|_0^8 = \frac{1280}{37},$$

$$A_2 = \int_0^8 (0.5x^2 - 4x)dx = \left(\frac{1}{6}x^3 - 2x^2\right)\Big|_0^8 = -\frac{128}{3}.$$

故

$$A = A_1 - A_2 = \frac{1280}{37} - \left(-\frac{128}{3}\right) = 54.2.$$

5.1.3　专业应用案例

液体的侧压力问题

设液体的密度为 ρ，在液体中深 h 处压强为 $p = \rho g h$. 将一面积为 A 的薄板平行于液面置于液体中深 h 处，则板的一侧所受到的压力为 $P = p \cdot A = \rho g h \cdot A$；如果将此薄板垂直于液面插入液体中，考虑此时板的一侧所受到的压力即为侧压力问题.

将薄板（长度单位:m）垂直于液面插入液体中（图 5-11），用微元法求出侧压力.

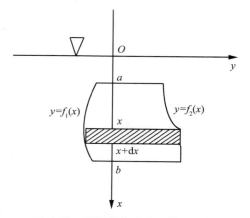

图 5-11　薄板垂直于液面插入液体

（1）积分变量 $x \in [a, b]$.

（2）$\forall [x, x+dx] \subset [a, b]$，细小条上所受侧压力微元为

$$dP = \rho g x [f_2(x) - f_1(x)]dx.$$

（3）$P = \int_a^b dP = \rho g \int_a^b x[f_2(x) - f_1(x)]dx.$

例 5-8　一横卧的圆筒内装有半桶水，桶的底面半径为 R，求桶的一个底面受到的侧压力.

解　首先建立如图 5-12 所示的坐标系，其中 $a = 0, b = R$，

$$f_1 = -\sqrt{R^2 - x^2}, f_2 = \sqrt{R^2 - x^2}, \rho = 1000.$$

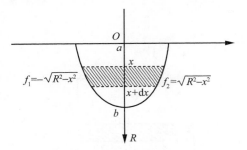

图 5-12　建立桶的坐标系

由公式

$$P = \rho g \int_0^R x [f_2(x) - f_1(x)] \, dx$$

$$= 1000g \int_0^R x (2\sqrt{R^2 - x^2}) \, dx$$

$$= -\frac{2000g}{3} (R^2 - x^2)^{\frac{3}{2}} \Big|_0^R = \frac{2000}{3} gR^3.$$

功的研究

1. 变力做功.

设力与物体的运动方向平行,约定:

(1) 以物体的运动方向为坐标轴的正向;

(2) F 与坐标轴方向一致时为正,相反时为负.

如果 F 是常力,则使得物体由 a 点到 b 点时,所做的功为 $W = F \cdot (b - a)$. 一般地,如果 F 是变力,设为 $F = F(x)$,考虑物体在此力的作用下由 a 点到 b 点时所做的功.

(1) 积分变量 $x \in [a, b]$;

(2) $\forall [x, x + dx] \subset [a, b]$,功的微元为 $\Delta W = dW = F(x) dx$;

(3) $W = \int_a^b dW = \int_a^b F(x) dx$.

例 5-9　将一弹簧平放,一端固定. 已知将弹簧拉长 10 cm,需要用力 $5g$ N. 问若将弹簧拉长 15 cm,则克服弹性力所做的功是多少?

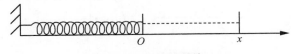

图 5-13　平放的弹簧

解　首先建立如图 5-13 所示的坐标系. 选取平衡位置为坐标原点.

当弹簧被拉长为 x m 时,弹性力为 $f_1 = -kx$,从而所使用的外力为 $f = -f_1 = kx$. 由于 $x = 0.1$ m 时,$f = 5$,故 $k = 50$,即 $f = 50x$,所做功为

$$W = \int_a^b F(x) dx = 50 \int_0^{0.15} x \, dx = 50 \times \frac{0.15^2}{2} = 0.5625 (\text{J}).$$

2. 其他做功问题.

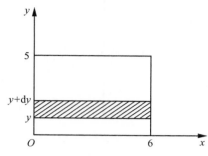

图 5-14　圆柱形水池

例 5-10　一个高为 5 m,底半径为 3 m 的圆柱形水池,盛满水. 欲将池中的水全部吸出,需做多少功?

解　建立坐标系(图 5-14),积分变量为 $y \in [0,5]$.

$\forall [y, y+\mathrm{d}y] \subset [0,5]$,则功的微元为

$$\Delta W = \mathrm{d}W = (\pi \cdot 3^2 \cdot \mathrm{d}y) \cdot \rho g \cdot (5-y) = 9000g\pi(5-y)\mathrm{d}y,$$

则
$$W = \int_0^3 \mathrm{d}W = 9000g\pi \int_0^3 (5-y)\mathrm{d}y = 112.5 \times 10^3 (\mathrm{J}).$$

练习题

1. 求由下列图中各曲线所围成的图形的面积:

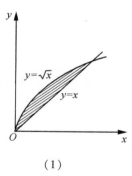
（1）

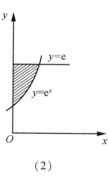
（2）

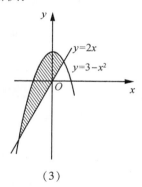
（3）

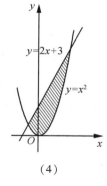
（4）

2. 求由下列各曲线所围成的图形的面积:

（1）抛物线 $y = \frac{1}{2}x^2$ 与圆 $x^2 + y^2 = 8$(两部分都要计算);

（2）双曲线 $y = \frac{1}{x}$ 与直线 $y = x$ 及 $x = 2$;

（3）曲线 $y = \mathrm{e}^x, y = \mathrm{e}^{-x}$ 与直线 $x = 1$;

（4）抛物线 $y^2 = 2px(p > 0)$ 与直线 $x + y = \frac{3}{2}p$;

（5）抛物线 $y = x^2$ 及抛物线 $y^2 = x$;

（6）曲线 $y=\sin x$，$y=\cos x$ 与直线 $x=0$，$x=\dfrac{\pi}{2}$.

3. 求曲线 $y=x^2-2x+4$ 在点 $M(0,4)$ 处的切线 MT 与曲线 $y^2=2(x-1)$ 所围成图形的面积.

4. 求由摆线 $x=a(t-\sin t)$，$y=a(1-\cos t)$ 的一拱（$0\leqslant t\leqslant 2\pi$）与横轴所围成的图形的面积.

5. 求对数螺线 $\rho=ae^{\theta}$（$-\pi\leqslant\theta\leqslant\pi$）及射线 $\theta=\pi$ 所围成的图形的面积.

6. 求由曲线 $y=\sin x$ 和它在 $x=\dfrac{\pi}{2}$ 处的切线以及直线 $x=\pi$ 所围成的图形的面积和它绕 x 轴旋转而成的旋转体的体积.

7. 由 $y=x^3$，$x=2$，$y=0$ 所围成的图形分别绕 x 轴及 y 轴旋转，计算所得两旋转体的体积.

8. 计算底面是半径为 R 的圆，而垂直于底面上一条固定直径的所有截面都是等边三角形的立体体积.

9. 由实验知道，弹簧在拉伸过程中，需要的力 F（单位：N）与伸长量 S（单位：cm）成正比，即 $F=kS$（k 是比例常数）. 如果将弹簧比原长拉伸 6 cm，计算所做的功.

10. 一物体按规律 $x=ct^3$ 做直线运动，介质的阻力与速度的平方成正比，计算物体由 $x=0$ 移到 $x=a$ 时，克服介质阻力所做的功.

11. 设一锥形储水池，深 15 m，口径 20 m，盛满水，将水吸尽，问要做多少功？

12. 有一等腰梯形闸门，它的两条底边各长 10 cm 和 6 cm，高为 20 cm，较长的底边与水面相齐，计算闸门一侧所受的水压门.

13. 半径为 r 的球沉入水中，球的上部与水面相切，球的密度与水相同，现将球从水中取出，需做多少功？

自测题五

一、单项选择题

1. 由曲线 $y=\sqrt{x}$，直线 $y=x-2$ 及 y 轴所围成的图形的面积为（　　）.

A. $\dfrac{10}{3}$　　　　B. 4　　　　C. $\dfrac{16}{3}$　　　　D. 6

2. 设函数 $f(x)=\begin{cases}1, & x\leqslant\sqrt{3}, \\ \sqrt{4-x^2}, & \sqrt{3}<x<2,\\ 0, & x\geqslant 2,\end{cases}$ 则 $\displaystyle\int_{-1}^{2010}f(x)\,\mathrm{d}x$ 的值为（　　）.

A. $\dfrac{\pi}{3}+\dfrac{2+\sqrt{3}}{2}$　　　　　　　　　　B. $\dfrac{\pi}{2}+\dfrac{2+\sqrt{3}}{2}$

C. $\dfrac{\pi}{6} + \dfrac{2+\sqrt{3}}{2}$ 　　　　　　　　　　D. $\dfrac{\pi}{2} + \dfrac{1+\sqrt{3}}{2}$

3. 由直线 $x = -\dfrac{\pi}{3}, x = \dfrac{\pi}{3}, y = 0$ 与曲线 $y = \cos x$ 所围成的封闭图形的面积为（　　）.

A. $\dfrac{1}{2}$ 　　　　　　B. 1 　　　　　　C. $\dfrac{\sqrt{3}}{2}$ 　　　　　　D. $\sqrt{3}$

4. 函数 $f(x) = \begin{cases} x+1, & -1 \leqslant x < 0, \\ \cos x, & 0 \leqslant x \leqslant \dfrac{\pi}{2} \end{cases}$ 的图象与 x 轴所围成的封闭图形的面积为（　　）.

A. $\dfrac{3}{2}$ 　　　　　　B. 1 　　　　　　C. 2 　　　　　　D. $\dfrac{1}{2}$

5. 由直线 $x = \dfrac{1}{2}, x = 2$，曲线 $y = \dfrac{1}{x}$ 及 x 轴所围成的图形的面积是（　　）.

A. $\dfrac{15}{4}$ 　　　　　　B. $\dfrac{17}{4}$ 　　　　　　C. $\dfrac{1}{2}\ln 2$ 　　　　　　D. $2\ln 2$

6. 由曲线 $y = \mathrm{e}^x, x = 0, y = 2$ 所围成的曲边梯形的面积为（　　）.

A. $\displaystyle\int_1^2 \ln y \, \mathrm{d}y$ 　　B. $\displaystyle\int_0^{\mathrm{e}^2} \mathrm{e}^x \, \mathrm{d}y$ 　　C. $\displaystyle\int_1^{\ln 2} \ln y \, \mathrm{d}y$ 　　D. $\displaystyle\int_1^2 (2 - \mathrm{e}^x) \, \mathrm{d}x$

二、填空题

1. 由抛物线 $y = x^2 + 2x$，直线 $x = 1$ 和 x 轴所围成的图形的面积为＿＿＿＿＿＿.

2. 若抛物线 $y^2 = 2x$ 把圆 $x^2 + y^2 \leqslant 8$ 分成两部分，则这两部分面积之比为＿＿＿＿＿.

3. 由曲线 $x^2 + y^2 = 4y, x = 2\sqrt{y}$ 及直线 $y = 4$ 所围成图形的面积为＿＿＿＿＿.

4. 若曲线 $y = f(x)\,(f(x) \leqslant 0)$ 与 $x = -1, x = 2$ 及 x 轴所围成的平面图形的面积为 6，则 $\displaystyle\int_{-1}^2 f(x)\,\mathrm{d}x = $＿＿＿＿＿.

5. 双纽线 $r^2 = \sqrt{3}\sin 2\theta$ 相应于 $-\dfrac{\pi}{2} \leqslant \theta \leqslant \dfrac{\pi}{2}$ 上的一段弧所围成的图形的面积为＿＿＿＿.

6. 椭圆 $\begin{cases} x = a\cos t + 1, \\ y = b\sin t + 1 \end{cases}$ $(a > 0, b > 0)$ 所围成的图形的面积为＿＿＿＿＿.

7. 曲线 $y = \sqrt{x} - \dfrac{1}{3}\sqrt{x^3}$ 相应于区间 $[1,3]$ 上的一段弧的长度为＿＿＿＿＿.

8. 由曲线 $y = \sin x, y = \cos x$ 与 x 轴在区间 $\left[0, \dfrac{\pi}{2}\right]$ 上这一段线段所围成的图形绕 x 轴旋转形成的旋转体的体积为＿＿＿＿＿.

9. 某商品每周生产 x 个单位时，总费用 $F(x)$ 的变化率为 $F'(x) = 4x - 100$（元/单位），且已知 $F(0) = 100$ 元，若该商品的销售单价为 20 元/单位，则总利润函数为＿＿＿＿＿.

三、解答题

1. 列车以 72 km/h 的速度行驶，当制动时列车获得加速度为 $a = -0.4$ m/s^2，问列车应在进站前多长时间,以及离车站多远处开始制动?

2. 求曲线 $y = 2x$,$xy = 2$,$y = \dfrac{x^2}{4}$ 所围成的平面图形的面积.

3. 求实数 C 的值($0 < C < 1$),使两曲线 $y = x^2$ 与 $y = Cx^2$ 所围成的图形的面积为 $\dfrac{2}{3}$.

4. 已知曲线 $x = ky^2(k > 0)$ 与直线 $y = -x$ 所围成的图形的面积为 $\dfrac{9}{48}$,试求实数 k 的值.

5. 求椭圆 $x^2 + \dfrac{y^2}{3} = 1$ 与 $\dfrac{x^2}{3} + y^2 = 1$ 所围成的公共图形的面积.

6. 求曲线 $y = -x^3 + x^2 + 2x$ 绕 x 轴所围成的图形的面积.

7. 一对夫妇准备为孩子存款积攒学费,目前银行的存款的年利率为 5%,以连续复利计算,若他们打算 10 年后攒够 5 万元,问这对夫妇每年应等额地为其孩子存入多少钱?

阅读材料

数 学 分 析

一、微积分

18 世纪数学的核心是以微积分为主的数学分析,这一世纪的中心人物是欧拉.牛顿、莱布尼茨创造了微积分,而欧拉则使这一数学领域充满了光辉灿烂的景色.拉普拉斯(P. S. Laplace)的话道出了当时的状况:"读读欧拉,读读欧拉(指其著作),他是我们大家的老师."这一评价甚至在今天也不过分.

欧拉(Leondard Euler,1707—1873)于 1707 年 4 月 15 日诞生于瑞士巴塞尔.小时由父亲任启蒙教师,12 岁入当地中学,16 岁毕业后遵从父愿,入巴塞尔大学神学系学习.在神学课程之外,他被约翰·贝努利(Johann Bernoulli)的数学讲座深深吸引了,在贝努利兄弟的影响下,数学逐渐占据了他的学习日程表,而且贝努利也开始对他刮目相看,热情地指点他.欧拉回忆约翰·贝努利时曾深情地说,贝努利让他每星期六下午到晚上自由地去他的住处,他让欧拉每解决一个问题,欧拉就能很顺利地解决 10 个问题.的确,在贝努利兄弟的指导下,欧拉已经具备了优秀数学家的素质,并开始从事数学研究.18 岁时他就发表了数学论文.

1726 年,年仅 19 岁的欧拉由于在船的立桅方面的研究论文而获得巴黎科学院的奖金,从而在欧洲数学界崭露头角.这一年他正好大学毕业.在瑞士,年轻的欧拉未能获得自己所谋求的职位,恰巧这时约翰·贝努利在俄国彼得堡科学院任教授的儿子尼古拉·贝努利(Nicolaus Bernoulli)和丹尼尔·贝努利(Daniel Bernoulli)来信说,俄国欢迎欧拉.1727 年 5 月 17 日欧拉来到彼得堡科学院任丹尼尔·贝努利的副手,1731 年被任命为副教授,1733 年他接替丹尼尔·贝努利担任彼得堡科学院的数学教授.他为俄国的数学发展、科学进步做了大量的工作,他的许多成果出现在彼得堡科学院的刊物上,帮助俄国政府解决了大量的物理学、工程学方面的难

图 5-15 欧拉

题.过度的案头工作使得这位数学大师得了眼病,不幸于 1735 年右眼失明,这一年他还只有 28 岁.

1741 年,欧拉应腓特烈大帝之邀担任柏林科学院物理数学研究所所长.除此之外,他还在宫廷为公主们讲授数学、物理、天文、哲学乃至宗教方面课程.讲述的内容曾以《给一位德国公主的信》发表,它是一部风趣、文笔优雅的科普作品.他为普鲁士研究了保险、河运等方面的一系列问题.

1766 年,俄国沙皇诚挚的邀请终于使欧拉又回到了彼得堡科学院.实际上,他时刻也没

忘记俄国. 在 1741—1766 年的 25 年时间里, 身在柏林的欧拉, 却仍为彼得堡科学院写了上百篇论文, 时刻关注着俄国的事务. 的确, 俄国彼得堡科学院是他的第二故乡, 是他施展聪明才智的地方. 俄国人民也深深地热爱他, 以至于俄国数学史家差不多总是将欧拉当作俄国数学家、俄国数学的创始人和彼得堡数学学派的奠基人.

回到俄国后不久, 严寒的气候对欧拉微弱的视力如雪上加霜, 很快他左眼视力衰退, 最后于 1766 年年底双目失明. 这对于一位以案头工作为主的数学家的打击可想而知. 此时他已 59 岁, 年近花甲. 然而, 在他生命的最后 17 年, 尽管双目失明, 在全盲中他的成果却丝毫不减. 1771 年, 圣彼得堡突起大火, 殃及他的住宅, 双目失明而又身染疾病的欧拉被围困在大火中. 虽然一位工人冒着生命危险将这位大师从大火中抢救了出来, 然而他的书库、大量研究成果却全部化为灰烬.

沉重的打击, 并没有使天性乐观的欧拉屈服, 而是更加勤奋地工作. 他以惊人的毅力与黑暗做斗争, 以超常的记忆力和心算从事数学研究. 人们发现, 对不少有才能的数学家在纸上做起来也很困难的数学证明与计算, 他却能心算出来!

在数学史上, 欧拉与阿基米德、牛顿、高斯一起被称为四位最伟大的数学家. 而欧拉又是数学史上成果最多、数学著作最多的数学家, 其研究的数学领域遍历微积分、微分方程、解析几何与微分几何、数论、级数与变分法. 他还是卓越的理论物理学家, 通过将数学应用到整个物理学领域, 创立了分析力学及刚体力学学科. 他写了数学分析、解析几何与微分几何、代数、变分法、力学方面的许多课本, 并且在百余年的时间里被用作标准教材. 除课本外, 从 20 岁开始, 他以每年约 800 页左右的速度发表高质量的研究性论文, 论文所获得的奖金成了他生活收入的主要来源. 双目失明后, 他还写了好几本书和 400 余篇研究论文. 欧拉全集达厚厚的 74 卷.

今天, 我们几乎可以在数学的任何分支中看到欧拉的名字: 初等几何中的欧拉线, 立体几何中的欧拉定理, 解析几何中的欧拉变换, 方程中的欧拉解法, 微积分中的欧拉积分, 数论中的欧拉函数, 微分方程中的欧拉方程, 级数论中的欧拉常数, 令人目不暇接.

然而, 欧拉并不像牛顿、莱布尼茨那样一生单身, 大量的数学、科学创造并未牺牲他所有的天伦之乐. 他是一位称职的丈夫, 13 个孩子喜爱的父亲. 与妻子一同安排家务, 与孩子们做科学游戏, 一起念诵《圣经》, 在黄昏的林阴道上留下了幸福家庭的串串脚印. 欧拉爱好思考哲学问题, 曾数次与启蒙思想家伏尔泰切磋, 甚至欣赏伏尔泰对他的哲学观点的尖锐批评. 可见其生性是多么豁达乐观. 1783 年 9 月 18 日傍晚, 为庆祝计算气球上升定律的成功, 他请朋友们吃饭, 席间他兴致勃勃地讲述了计算要领, 然后喝茶、逗孙子玩, 突然疾病发作, 烟斗落地, 口中喃喃: "我死了." 于是 "他停止了计算, 也停止了生命".

在欧拉的时代, 随着微积分的发展, 函数概念显得越来越重要了. 18 世纪时占主导地位的函数概念是: 函数是由一个解析表达式(有限或无限)给出的.

今天我们熟知的各种初等函数, 大都得益于欧拉的系统总结. 1748 年, 他写下了两卷《无穷小分析引论》. 首先, 他将函数定义为由一个变量与一些常量通过任何方式形成的解析表达式, 随后系统地研究了各种函数. 在三角函数方面, 他一方面使 $\sin x$, $\cos x$, $\tan x$ 等彻底摆脱了直角三角形的局限, 使之成为一般意义上的函数; 同时弄清了三角函数的周期性, 并且引入了弧度概念. 他区分了显函数与隐函数, 单值函数与多值函数. 不仅如此, 他还在意识到超越数的基础上,引入了超越函数,认为三角函数、对数函数、指数函数及某些特殊函数是超越函数,这些函数的特征是不能通过对某个表达式作代数运算得到. 实际上,代数函数、超越函数的提出表明欧拉已经定义了多元函数 $f(x,y,\cdots)$,其中二元函数 $f(x,y)$、三元函数 $f(x,y,z)$ 在当时是最重要的.

欧拉在 18 世纪主要研究了第一型椭圆积分 $\displaystyle\int \frac{\mathrm{d}x}{\sqrt{1-x^2}\sqrt{1-a^2x^2}}$,对椭圆积分进行更一般的研究乃至建立椭圆函数论则是 19 世纪的事情了.

今天已经遍及数学、物理的许多部门的两个非常重要的非初等函数 Γ(Gamma) 函数、β(Beta) 函数,也是 18 世纪引入的. 这两个函数都是欧拉创造的,最初是因为求解常微分方程的需要,随后哥德巴赫(C. Goldbach,1690—1764)考虑插值问题时就这个问题求教欧拉,于是欧拉在 1729 年 10 月 13 日写给哥德巴赫的信中解决了这个问题,并在 1730 年 1 月 8 日第二封信中引入了积分问题 $\displaystyle\int_0^1 x^5(1-x)n\mathrm{d}x$. 开始欧拉给出的式子是 $\displaystyle\int_0^1\left(\log\frac{1}{x}\right)^{n-1}\mathrm{d}x$,1781 年他令 $t=-\log x$,于是得到了 $\displaystyle\int_0^\infty x^{n-1}\mathrm{e}^{-x}\mathrm{d}x$. 至于 Γ 函数的名称和记号 $\Gamma(n)=\displaystyle\int_0^1 x^{n-1}\mathrm{e}^{-x}\mathrm{d}x$($n$ 为任意数),则是 1811 年才由勒让德给出的. 欧拉证明了 $\Gamma(n+1)=n\cdot\Gamma(n)$. 明显地,$\Gamma(1)=1$. 于是对任何正整数 n,都有 $\Gamma(n+1)=n\cdot\Gamma(n)=n\cdot(n-1)\cdot\cdots\cdot 2\cdot 1\cdot\Gamma(1)=n!$,欧拉还得到了 $\Gamma\left(\dfrac{3}{2}\right)$,$\Gamma\left(\dfrac{5}{2}\right)$ 等.

在 1830 年 1 月 8 日给哥德巴赫的信中,欧拉还提出了今天的 β 函数 $\displaystyle\int_0^1 x^5(1-x)^n\mathrm{d}x$,至于这个函数变成今天的标准积分形式 $\displaystyle\int_0^1 x^{p-1}(1-x)^{q-1}\mathrm{d}x$,以及给出 β 函数的名称和记作 $B(p,q)=\displaystyle\int_0^1 x^{p-1}(1-x)^{q-1}\mathrm{d}x$,则归功于比田(J. P. M. Binet,1786—1856),他在 1839 年说:"用函数 $B(p,q)$ 表示 β 函数." 勒让德曾经用 $\left(\dfrac{p}{q}\right)$ 来表示过 β 函数.

不过欧拉在 1771 年已经发现了 Γ 函数与 β 函数的重要关系:$B(p,q)=\dfrac{\Gamma(p)\Gamma(q)}{\Gamma(p+q)}$($p,q>0$).

勒让德曾称 $\displaystyle\int_0^1 x^5(1-x)^n\mathrm{d}x$ 为欧拉第一型积分,$\displaystyle\int_0^\infty x^{n-1}\mathrm{e}^{-x}\mathrm{d}x$ 为欧拉第二型积分,这一名称一直沿用到今天. 勒让德还得到了结果:$\Gamma(2x)=\dfrac{1}{\sqrt{2\pi}}2^{2x-\frac{1}{2}}\Gamma\left(x+\dfrac{1}{2}\right)$. 高斯也研究过 Γ 函数,并将勒让德的结果推广成迭乘公式:

$$\Gamma(nx)=(2\pi)^{\frac{1-n}{2}}n^{nx-\frac{1}{2}}\Gamma(x)\Gamma\left(x+\frac{1}{n}\right)\Gamma\left(x+\frac{2}{n}\right)\cdot\cdots\cdot\Gamma\left(x+\frac{n-1}{n}\right).$$

两个或多个变量函数的偏导数研究,主要源于早期偏微分方程方面的工作. 偏导数的一系列演算规则是欧拉在研究流体力学问题时得到的,例如,在 1734 年他证明:若 $z=f(x,y)$,则 $\dfrac{\partial^2 z}{\partial x\partial y}=\dfrac{\partial^2 z}{\partial y\partial x}$. 在 1748—1766 年写的文章中,他还处理了变量替换、偏导数的反演和函数行列式等有关问题. 达朗贝尔在 1744 年推广了偏导数的演算.

普通导数与偏导数的区别开始并不被人们重视,许多人对两者都用同样的记号,但莱布尼茨却察觉了这一点. 1694 年,他曾用"δm"表示偏导数$\frac{\partial m}{\partial x}$,用"$\theta m$"表示$\frac{\partial m}{\partial y}$. 在 1739 年欧拉交给巴黎科学院,但于 1764 年才出版的著作中,封田(A. Fontaine)对于x,y,z,u等变量的函数μ,给出了公式

$$d\mu = \frac{d\mu}{dx} \cdot dx + \frac{d\mu}{dy}dy + \frac{d\mu}{dz} \cdot dz + \frac{d\mu}{du}du + \cdots,$$

$$\frac{d\mu}{dx} = \frac{dd\mu}{dx^2}dx + \frac{dd\mu}{dxdy}dy + \frac{dd\mu}{dxdz} \cdot dz + \frac{dd\mu}{dxdu}du + \cdots,$$

在这里出现了"全微分"的概念,$\frac{d\mu}{dx}$就是我们今天的$\frac{\partial\mu}{\partial x}$.

1776 年,欧拉利用$\frac{\lambda^2}{p} \cdot v$表示$v$对于$p$的$\lambda$次导数,此后又经过拉格朗日等人的改进,逐渐演变成了今天的偏导数符号.

克莱罗在偏导数方面的主要贡献是得到了$dz = pdx + qdy$是全微分的条件,其中p,q是x,y的函数,"全微分"是由封田提出的,系指它可由函数$z = f(x,y)$作微分$dz = \frac{\partial f}{\partial x}dx + \frac{\partial f}{\partial y}dy$而得到. 1739 年,克雷罗得到了这样的结果:$pdx + qdy$是全微分(即有一个函数$f$,使$\frac{\partial f}{\partial x} = p$,$\frac{\partial f}{\partial y} = q$)的充要条件是$\frac{\partial p}{\partial y} = \frac{\partial q}{\partial x}$,这个结果对微分方程的研究极为有用,它是积分因子法的理论基础.

随着偏导数$\frac{\partial f}{\partial x}$,$\frac{\partial^2 f}{\partial x\partial y}$的出现,18 世纪上半叶出现了利用重积分求解$\frac{\partial^2 f}{\partial x\partial y} = g(x,y)$的问题,多重积分的工作开始了. 1738 年,欧拉曾求出了积分$\iint \frac{cdxdy}{c^2 + x^2 + y^2}$,积分区域是$\frac{x^2}{a^2} + \frac{y^2}{b^2} = 1$. 1770 年左右,欧拉对由弧围成的有界区域上的二重定积分已经有了比较清楚的概念,并给出了用累次积分计算这种积分的程序,但对$\iint f(x,y)dxdy$的次序交换问题仍比较模糊.

由于探讨引力、多体力学问题,拉格朗日、拉普拉斯、勒让德开始了三重积分研究. 拉格朗日用三重积分表示引力. 值得注意的是,积分变换在三重积分中发挥了重要的作用. 1773 年,拉格朗日在他关于旋转椭球引力的研究中,发现用直角坐标计算很困难,于是转用球坐标,

$$\begin{cases} x = a + r\sin\cos\theta, \\ y = b + r\sin\sin\theta, \quad (0 \leqslant \pi, 0 \leqslant \theta \leqslant 2\pi). \\ z = c + r\cos\theta \end{cases}$$

他引入积分变换的实质是用$r^2\sin\theta d\theta dr$代替$dxdydz$,于是他开始了多重积分变换的课题. 1772 年,拉普拉斯也给出了球坐标变换. 从此,"变换"在数学中逐渐为人们所重视,18 世纪的变换主要集中在两个方面:一个是坐标变换,这对于多重积分非常重要;另一个是微分方程中的变换,其中最著名的是拉普拉斯变换.

二、无穷级数

无穷级数是 18 世纪英国数学留给人们的最后成就. 泰勒于 1685 年 8 月 18 日出生于爱丁堡,1731 年 12 月 29 日在伦敦去世. 他曾就读于剑桥大学圣约翰学院,是牛顿的崇拜者. 1715 年,他发表了《增量方法及其逆》,奠定了有限差分法的基础. 17 世纪,牛顿、莱布尼茨等人曾研究过有限差分问题,泰勒的工作则使有限差分法从局限的方法(如二项式定理、有理函数的长除法、待定系数法等)过渡到了一般的方法. 在这本书中他给出了单变量幂级数展开的著名公式,即泰勒级数

$$f(x+h) = f(x) + hf'(x) + \frac{h^2}{2!}f''(x) + \cdots + \frac{h^n}{n!}f^{(n)}(x) + \cdots.$$

1717 年,他运用这个级数求解数字方程,取得了很好的结果. 但是他的证明是不严格的,而且没有考虑收敛问题,在当时影响并不太大. 直到 1755 年,欧拉在微分学中应用泰勒级数,并且推广到多元函数,才使其影响大增. 随后拉格朗日用带余级数作为其函数论的基础,才正式确立了其重要性. 19 世纪,柯西(A. L. Cauchy)为泰勒级数给出了严格的证明.

马克劳林是数学史上的奇才之一. 11 岁就考上了格拉斯哥大学,15 岁取得硕士学位. 27 岁时成为爱丁堡大学数学教授助理. 他与牛顿关系极好,牛顿曾为他提供了生活、研究经费. 牛顿又推荐他继承了詹姆士·格雷戈里(James Gregory,1638—1675)曾担任的数学教授. 他在几何理论、潮汐的数学理论方面做了许多有价值的工作. 1742 年,发表《流数论》一书,书中给出了著名的马克劳林级数

$$f(x) = f(0) + xf'(0) + \frac{x^2}{2!}f''(0) + \frac{x^3}{3!}f'''(0) + \cdots.$$

在书中他说明这个结论只是泰勒级数 $h=0$ 时的特殊情形,但历史上却依然对此式以他的名字单独命名.《流数论》一书的真正贡献却是对牛顿流数法给出了第一篇合乎逻辑的、系统的解说,部分地回答了贝克莱(B. Berkeley,1685—1753)等对微积分的诘难,捍卫了牛顿的学说.

级数方面真正广阔的工作是 1730 年左右从欧拉开始的. 欧拉得出了许多美妙的结论,尽管其过程是不够严格,甚至错误的. 1734—1735 年,他从级数 $y = \sin x = x - \frac{x^3}{3!} + \frac{x^5}{5!} - \cdots$ 变换成 $1 - \frac{x}{y} + \frac{x^3}{3!y} - \frac{x^5}{5!y} + \cdots = 0$,将此式看作为无穷次的多项式,利用代数方程根与系数的关系,得到了:

$$\frac{1}{1^2} + \frac{1}{3^2} + \frac{1}{5^2} + \cdots = \frac{\pi^2}{8},$$

$$\frac{1}{1^3} + \frac{1}{3^3} + \frac{1}{5^3} + \cdots = \frac{\pi^3}{32},$$

$$\frac{1}{1^4} + \frac{1}{3^4} + \frac{1}{5^4} + \cdots = \frac{\pi^4}{90},$$

$$\frac{1}{1^5} + \frac{1}{3^5} + \frac{1}{5^5} + \cdots = \frac{5\pi^5}{1536}$$

等关系式. 同时他还第一次给出了关系式

$$\sin x = \left(1 - \frac{x^2}{\pi^2}\right)\left(1 - \frac{x^2}{4\pi^2}\right)\left(1 - \frac{x^2}{9\pi^2}\right)\cdots.$$

他的论据很简单, $\sin x = 0$ 的根有 $\pm\pi$, $\pm 2\pi$, $\pm 3\pi$, $\cdots$, 类似于每个多项式的每个根都必有一个一次因式, 因此 $\sin x$ 有因式 $(x - \pi)$, $(x + \pi)$, $(x - 2\pi)$, $(x + 2\pi)$, $(x - 3\pi)$, $(x + 3\pi)$, $\cdots$, 因此有上述等式. 令上述等式为 0, 应用根与系数的关系, 他又得出了一系列式子:

$$\frac{1}{1^2} + \frac{1}{2^2} + \frac{1}{3^2} + \frac{1}{4^2} + \cdots = \frac{\pi^2}{6},$$

$$\frac{1}{1^4} + \frac{1}{2^4} + \frac{1}{3^4} + \frac{1}{4^4} + \cdots = \frac{\pi^4}{90}.$$

欧拉对调和级数 $1 + \frac{1}{2} + \frac{1}{3} + \cdots + \frac{1}{n} + \cdots$ 很感兴趣, 他从 $\ln\left(1 + \frac{1}{x}\right) = \frac{1}{x} - \frac{1}{2x^2} + \frac{1}{3x^3} - \frac{1}{4x^4} + \cdots$ 出发, 得到关系式

$$\frac{1}{x} = \ln\left(\frac{x+1}{x}\right) + \frac{1}{2x^2} - \frac{1}{3x^3} + \frac{1}{4x^4} - \cdots,$$

令 $x = 1, 2, 3, \cdots, n$, 得到

$$\frac{1}{1} = \ln 2 + \frac{1}{2} - \frac{1}{3} + \frac{1}{4} - \frac{1}{5} + \cdots,$$

$$\frac{1}{2} = \ln \frac{3}{2} + \frac{1}{2 \cdot 4} - \frac{1}{3 \cdot 8} + \frac{1}{4 \cdot 16} - \frac{1}{5 \cdot 32} + \cdots,$$

$$\frac{1}{3} = \ln \frac{4}{3} + \frac{1}{2 \cdot 9} - \frac{1}{3 \cdot 27} + \frac{1}{4 \cdot 81} - \frac{1}{5 \cdot 243} + \cdots,$$

$$\cdots,$$

$$\frac{1}{n} = \ln\left(\frac{n+1}{n}\right) + \frac{1}{2 \cdot n^2} - \frac{1}{3 \cdot n^3} + \frac{1}{4 \cdot n^4} - \frac{1}{5 \cdot n^5} + \cdots,$$

于是

$$\frac{1}{1} + \frac{1}{2} + \frac{1}{3} + \cdots + \frac{1}{n} = \ln(n+1) + \frac{1}{2}\left(1 + \frac{1}{4} + \frac{1}{9} + \cdots + \frac{1}{n^2}\right) - \frac{1}{3}\left(1 + \frac{1}{8} + \frac{1}{27} + \cdots + \frac{1}{n^3}\right) + \cdots,$$

因此有

$$1 + \frac{1}{2} + \frac{1}{3} + \cdots + \frac{1}{n} = \ln(n+1) + c.$$

c 在今天被称为欧拉常数, $c = \lim\limits_{n \to \infty}\left(1 + \frac{1}{2} + \frac{1}{3} + \cdots + \frac{1}{n} - \ln n\right) = 0.5772156649\cdots$, 这是数学中的一个重要常数, 到今天人们依然不知道它是有理数还是无理数, 是代数数还是超越数.

无穷级数中另一类重要的数是贝努利数, 这是詹姆士·贝努利在求整数的正 n 次幂之和的公式中给出的:

这个式子一直加到 n 的最后一个正幂为止. $B_2, B_4, B_6, \cdots$ 是贝努利数, $B_2 = \frac{1}{6}$, $B_4 = \frac{1}{30}$,

$B_6 = \dfrac{1}{42}, B_8 = -\dfrac{1}{30}, B_{10} = \dfrac{5}{66}, \cdots$, 贝努利还给出了可以计算这些系数的递推公式. 利用这种贝努利系数, 他计算出前 1000 个自然数的 10 次方之和 $\displaystyle\sum_{k=1}^{1000} k^{10}$:

$$\sum_{k=1}^{1000} k^{10} = 91409924241424243424241924242500.$$

利用贝努利数, 18 世纪出现了一批极漂亮的无穷级数表达式. 欧拉于 1740 年得到了

$$\sum_{n=1}^{\infty} \frac{1}{v^{2n}} = (-1)^{n-1} \frac{(2\pi)^{2n}}{2(2n)!} B_{2n}.$$

1730 年, 斯特灵(J. Stirling, 1692—1770)得到了

$$\ln n! = (n+1)\ln n - n + \ln\sqrt{2\pi} + \frac{B_2}{1 \cdot 2} \cdot \frac{1}{n} + \frac{B_4}{3 \cdot 4} \cdot \frac{1}{n^2} + \cdots + \frac{B_{2k}}{(2k-1)(2k)} \cdot \frac{1}{n^{2k-1}} + \cdots,$$

即 $n! = \left(\dfrac{n}{e}\right)^n \sqrt{2\pi n} \exp\left(\dfrac{B_2}{1 \cdot 2} \cdot \dfrac{1}{n} + \dfrac{B_4}{3 \cdot 4} \cdot \dfrac{1}{n^3}\right) + \cdots + \dfrac{B_{2k}}{(2k-1)(2k)} \cdot \dfrac{1}{n^{2k-1}} + \cdots.$

当 n 很大时, 棣莫弗给出了近似副近 $n! \sim \left(\dfrac{n}{e}\right)^n \sqrt{2\pi n}$, 但今天人们习惯于称这个式子为斯特灵逼近.

到 18 世纪时, 各种函数的展开式都陆续得到了, 如牛顿二项式定理"$(p+pQ)^{\frac{m}{n}} = p^{\frac{m}{n}} + \dfrac{m}{n} \cdot AQ + \dfrac{m-n}{2n} \cdot BQ + \cdots$", 同时牛顿还得了 $\ln(1+x)$, $\arcsin x$ 的展开式, 莱布尼茨等得到了 $\sin x$, $\cos x$, $\arctan x$ 及其他各种展开式. 当然, 泰勒级数为各种函数展开式提供了最一般的方法. 因此, 18 世纪无穷级数在广度上得到了长远的发展.

自从欧拉发现了三角函数的周期性后, 由于天文现象大都是周期性的, 因此为了研究天文学, 三角级数在 18 世纪受到了数学家们的广泛重视. 1729 年, 欧拉遇到了这样的插值问题: 已知一个函数在 $x = n$ 处的值(n 为正整数), 求 $f(x)$ 在其他 x 处的值. 在对这个问题的研究中, 他得到了函数的三角级数表示 $f(x) = 1 + \displaystyle\sum_{k=1}^{\infty} \left[\alpha_k \sin 2k\pi x + A_k (\cos 2k\pi x - 1) \right]$, 其中 α_k, A_k 为待定系数.

1754—1755 年, 欧拉还得到函数的三角级数:

$$\frac{\pi - x}{2} = \sin x + \frac{1}{2}\sin 2x + \frac{1}{3}\sin 3x + \cdots (0 < x < \pi),$$

$$\frac{x}{2} = \sin x - \frac{1}{2}\sin 2x + \frac{1}{3}\sin 3x - \cdots (0 - \pi < x < \pi).$$

1757 年, 克莱罗在研究太阳摄动问题时宣称, 他将把任何一个函数写成

$$f(x) = A_0 + 2 \sum_{n=1}^{\infty} A_n \cos nx,$$

并且得到了

$$A_n = \frac{1}{2\pi} \int_0^{2\pi} f(x) \cos nx \, dx$$

的正确公式. 1777 年, 欧拉在研究天文学时, 用三角函数的正交性得到了三角级数的系数.

他从 $f(x)=\dfrac{a_0}{2}+\sum\limits_{k=1}^{\infty}a_k\cos\dfrac{k\pi x}{1}$ 得出 $a_k=\dfrac{2}{1}\int_0^1 f(x)\cos\dfrac{k\pi x}{1}\mathrm{d}x$.

三角级数的重要性使得人们在不断地进行着这样的努力,即把所有类型的函数都表示成三角函数. 但是欧拉等数学大师却对此持怀疑态度. 因此,是否任何函数都能展成三角级数就成了人们关注的问题. 随着物理研究,特别是热学、声学的进展,三角级数越来越为人们所重视,三角级数的真正突破性进展是在 19 世纪,不仅如此,三角级数还带来了 19 世纪纯数学理论的突破. 18 世纪三角级数的工作只不过是 19 世纪的先声.

早在 1668 年,詹姆士·格雷格利(James Gregory)就开始使用"收敛"与"发散"的名称,牛顿、莱布尼茨等人也注意到了这个问题. 1713 年 10 月 25 日,莱布尼茨甚至在给约翰·贝努利的信中明确地提出了今天的"莱布尼茨判别法":对于级数 $\sum\limits_{n=1}^{\infty}(-1)^n b_n$,若 $\{b_n\}$ 单调且 $|b_n|\to 0$,则 $\sum\limits_{n=1}^{\infty}(-1)^n b_n$ 收敛. 马克劳林甚至给出了无穷级数收敛的积分判别法:$\sum\varphi(n)$ 收敛的充要条件是 $\int_a^{\infty}\varphi(x)$ 有穷. 欧拉、拉格朗日、达朗贝尔等也注意到了收敛问题. 1768 年,达朗贝尔给出了今天的"达朗贝尔比值判别法":对于级数 $\sum\limits_{n=1}^{\infty}a_n$,当 $n\to\infty$ 时,有 $\left|\dfrac{a_{n+1}}{a_n}\right|<p<1$,则级数收敛. 但是 18 世纪无穷级数的工作是相当不严格的,以至于从 $\dfrac{1}{1-x}=1+x+x^2+x^3+\cdots$ 中令 $x=2$,出现了 $-1=1+2+4+8+\cdots$ 的式子,欧拉对此不但不惊异,相反他还从 $\dfrac{1}{1-x}=x+x^2+\cdots$,$\dfrac{x}{x-1}=1+\dfrac{1}{x}+\dfrac{1}{x^2}+\cdots$ 两个式子中,导出了 $\cdots+\dfrac{1}{x^2}+\dfrac{1}{x}+1+x+x^2+\cdots=0$. 不考虑收敛与否进行纯形式的推导,出现了许多荒谬的结果.

18 世纪无穷级数方面的工作除了得到许多漂亮、美妙的结果外,主要是发展了两个富有生命力的思想. 其一是发散级数可以用来逼近函数,这一点对函数逼近论极为有用;其二是级数在解析运算中代表函数,这样就为函数论注入了新的活力. 至于严格性问题,则几乎全部留给 19 世纪了.

三、微分方程

虽然在牛顿、莱布尼茨创立微积分时,微分方程已经出现. 但是,直到 18 世纪中期,微分方程才成为一门独立的学科. 可以这样认为,微分方程历史的第一个时期,是由牛顿、莱布尼茨开始,直到整个 18 世纪结束. 1676 年,詹姆士·贝努利在致牛顿的信中第一次出现了"微分方程"一词,以后从 1684 年起经过惠更斯、莱布尼茨等人的提倡开始通用起来了. 但我们今天所熟知的微分方程形式,则直到 1740 年才由封田提出.

18 世纪微分方程的建立,主要是为了解决这样几大类物理问题:(1)弹性理论;(2)求解摆的运动方程;(3)天文学理论,尤其是二体、三体问题以及月球的运动. 当然,除此之外还有一些数学问题的推动.

贝努利家族在 17 世纪末、18 世纪前半叶的数学领域十分活跃,尤其是詹姆士·贝努利与约翰·贝努利(图 5-16)兄弟之间的竞争为数学史增加了十分有趣的一页. 詹姆士从 1687

年到去世一直担任瑞士巴塞尔大学的数学讲座教授,约翰在 1697 年成为荷兰格罗尼根大学的教授,后来他又在 1705 年詹姆士去世后继任其兄的教授席位. 他们兄弟俩是发展微积分的大师,并且与牛顿,尤其是与莱布尼茨交往密切. 以詹姆士·贝努利(又称雅各布·贝努利)命名的数学成果有:贝努利分布、贝努利定理、贝努利数、贝努利多项式、贝努利双纽线. 约翰·贝努利有三个儿子:尼古拉斯(Nicolaus,1695—1726)、丹尼尔(Daniel,1700—1782)、约翰(Ⅱ)(Johann(Ⅱ),1710—1790),他们是 18 世纪重要的数学家、科学家. 约翰·贝努利(Ⅱ)的儿子及孙子都在数学、科学上有一定的成就. 贝努利家族是一个祖孙六代、共数十人的数学大家族.

图 5-16　约翰·贝努利

贝努利家族在数学史上的贡献是多方面的. 在微积分、微分方程、无穷级数、变分法、数学物理、组合论等领域都有极大的创见. 欧拉曾师从约翰·贝努利.

詹姆士·贝努利、约翰·贝努利解决了许多由物理问题所引出的微分方程,如:等时问题 $\sqrt{b^2 y - a^3}\,dy = \sqrt{a^3}\,dx$,抛射体在介质中的运动问题 $m\dfrac{dv}{dt} - kv^n = mg$,等等.

1695 年,詹姆士·贝努利提出了今天熟知的贝努利方程:

$$\frac{dy}{dx} = p(x)y + Q(x)y^n.$$

约翰、詹姆士都解决了这个问题. 莱布尼茨则在 1696 年证明利用变量替换 $Z = y^{1-n}$,可以把方程化为线性方程:

$$\frac{dz}{dx} = (1-n)p(x)z + (1-n)Q(x).$$

利用分离变量法,莱布尼茨于 1691 年已经解决了 $y\dfrac{dx}{dy} = f(x)g(y)$ 的方程:只要把方程写成 $\dfrac{dx}{f(x)} = \dfrac{g(y)}{y}\,dy$,两边积分就行了. 这一年他还解决了 $y' = f\left(\dfrac{y}{x}\right)$ 的齐次方程,方法是 $y = vx$,得到 $\dfrac{dv}{f(v) - v} = \dfrac{dx}{x}$,两边积分即可. 1694 年,约翰·贝努利系统地总结了变量分离方程与齐次方程的解法.

多元函数微分以及全微分为解微分方程提供了另外一种有效的方法. 克莱罗和欧拉都已经认识到,如果微分方程 $P(x,y)dx + Q(x,y)dy = 0$ 是某个函数的全微分——即称该方程为恰当的,那么它一定可以积分,其方程的通解为

$$\int p(x,y)\,dx + \int\left[Q(x,y) - \frac{\partial}{\partial y}\int p(x,y)\,dx\right]dy = c.$$

恰当方程可以通过积分求出它的上述通解,因此能否将一个非恰当方程化为恰当方程就具有非常重大的意义,为此欧拉、封田、克莱罗分别于 1734 年、1735 年、1739 年引入了积分因子的概念:如果存在函数 $\mu = \mu(x,y) \neq 0$,使得 $\mu(x,y)P(x,y)dx + \mu(x,y)Q(x,y)dy \equiv dv = 0$ 为一恰当方程,则称 $\mu(x,y)$ 为 $P(x,y)dx + Q(x,y)dy = 0$ 的积分因子. 寻找积分因子一时成了求解微分方程的重要技巧,它对微分方程有着非常重要的意义. 到 1740 年左右,求

解一阶方程的所有初等方法都已清楚了. 于是,人们开始寻求解一阶微分方程的统一方法. 人们发现所有一阶微分方程都可归结为 $y'=f(x,y)$ 或 $P(x,y)\mathrm{d}x+Q(x,y)\mathrm{d}y=0$. 莱布尼茨曾专门寻求过只用变量代换的方法求解一阶微分方程. 欧拉则试图利用积分因子统一处理这一问题,结果发现单纯采用哪一种方法都有困难和不便. 人们发现,能用初等解法求出其解的一阶微分方程也极其有限.

高阶微分方程在 17 世纪已经出现了,牛顿、詹姆士·贝努利实际上已经求解过特殊的二阶微分方程. 18 世纪由于力学等问题的研究,二阶方程更为人所重视了. 1728 年欧拉开始研究二阶方程. 丹尼尔·贝努利则在 1733 年前后解决了 $\alpha \dfrac{\mathrm{d}}{\mathrm{d}x}\left(x\dfrac{\mathrm{d}y}{\mathrm{d}x}\right)+y=0$ 的问题,求出其

解为 $y=AJ_0\left(2\sqrt{\dfrac{x}{\alpha}}\right)$,$J_0\left(2\sqrt{\dfrac{1}{\alpha}}\right)=0$,这里 A 是常数,J_0 是零阶贝塞尔函数,

$$J_n=\left(\frac{x}{2}\right)^n\sum_{n=0}^{\infty}\frac{(-1)^k(x/2)^{2k}}{k!\;(k+n)!},n=0,1,2,3,\cdots.$$

丹尼尔·贝努利还于 1724 年解决了意大利数学家黎卡提提出的黎卡提方程

$$\frac{\mathrm{d}y}{\mathrm{d}x}=A(x)+B(x)y+C(x)y^2.$$

这个方程原来的形式是 $x^m\dfrac{\mathrm{d}^2x}{\mathrm{d}p^2}=\dfrac{\mathrm{d}^2y}{\mathrm{d}p^2}+\left(\dfrac{\mathrm{d}y}{\mathrm{d}p}\right)^2$,一个二阶方程,经变量替换后化成了一阶方程,这种方法本身是处理高阶常微分方程的主要手段. 欧拉、达朗贝尔分别于 1730 年、1736 年考虑过该方程. 达朗贝尔给出了"黎卡提方程"的名称,欧拉则对 $\dfrac{\mathrm{d}y}{\mathrm{d}x}+y^2=ax^n$ 证明了这样的结论:若已知一特解 v,则变换 $y=v+v_1^-$ 把方程化为线性的. 1841 年刘维尔证明了:如果 $y_0(x)$ 是黎卡提方程的解,则 $y=z+y_0(x)$ 将把原方程转化为贝努利方程. 该方程在数学史上的重要性,在于它揭示了微分方程解的复杂性. 能用初等函数求解的微分方程极少. 欧拉在 1728 年曾写过一篇论二阶微分方程的文章,讨论如何利用变量觉替换将它们化为一阶方程,这些方程有三类:

$$ax^m\mathrm{d}x^p=y^n\mathrm{d}y^{p-2}\mathrm{d}^2y,即\left(\frac{\mathrm{d}y}{\mathrm{d}x}\right)^{p-2}\frac{\mathrm{d}^2y}{\mathrm{d}x^2}=\frac{ax^m}{y^n};$$

$$ax^m y^{-m-1}\mathrm{d}x^p\mathrm{d}y^{2-p}+bx^n y^{-n-1}\mathrm{d}x^q\mathrm{d}y^{2-q}=\mathrm{d}\mathrm{d}y;$$

$$Px^m\mathrm{d}y^{m+1}+Qx^{m-b}\mathrm{d}x^b\mathrm{d}y^{m-b+1}=\mathrm{d}x^{m-1}\mathrm{d}\mathrm{d}x.$$

他分别通过引入变量替换 $y=\mathrm{e}^v t(v)$,$x=\mathrm{e}^{av}$;$x=c^v$,$y=c^v t(v)$;$x=c^v$,将它们化成了一阶方程.

在高阶方程方面,丹尼尔·贝努利于 1734 年 12 月写信告诉欧拉,他已求出了四次方程 $k^4\dfrac{\mathrm{d}^4y}{\mathrm{d}x^4}=y$ 的解,欧拉几乎也在同时得到了四个独立的级数解. 弹性问题促使欧拉考虑求解一般线性方程的数学问题. 1743 年,欧拉给出了任何阶的常系数线性齐次方程 $Ay+B\dfrac{\mathrm{d}y}{\mathrm{d}x}+C\dfrac{\mathrm{d}^2y}{\mathrm{d}x^2}+D\dfrac{\mathrm{d}^3y}{\mathrm{d}x^3}+\cdots+L\dfrac{\mathrm{d}^ny}{\mathrm{d}x^n}=0$ 的古典解法:作代换 $y=\mathrm{e}^{nx}$,r 是常数,于是得到原方程的特征

方程 $A + Br + Cr^2 + Dr^3 + \cdots + Lr^n = 0$. 当 q_i 是该方程 n 个不同的单根时，则 $q = \sum_{i=1}^{n} a_i e^{q_i t}$ 是原方程的通解，其中 $a_i e^{q_i t}$ 是特解；若特征方程有重根 q 时，令 $y = e^{qx} u(x)$，则其通解为

$$y = e^{qx}(\alpha + \beta x + \gamma x^2 + \cdots + \kappa x^{k-1})（k \text{ 为根 } q \text{ 的重数}）$$
$$= \alpha - i\beta,$$

也是 k 重特征根，于是原方程有 $2k$ 个特解（实值）：

$$e^{ax}\cos\beta x, xe^{ax}\cos\beta x, x^2 e^{ax}\cos\beta x, \cdots, x^{k-1}e^{ax}\cos\beta x,$$
$$e^{ax}\sin\beta x, xe^{ax}\sin\beta x, x^2 e^{ax}\sin\beta x, \cdots, x^{k-1}e^{ax}\sin\beta x.$$

这样，欧拉完整地解决了常系数线性齐次微分方程，这种方法今天称为欧拉方法，成为常微分方程教材中的标准内容. 几乎与此同时，丹尼尔·贝努利也得到这种方法. 在对微分方程的研究中，欧拉最早引入名词"特解""通解"，并且指出，n 阶方程的通解是它 n 个特解的线性组合.

随后，欧拉在 1750—1751 年公布了常系数非齐次线性方程的解法，其方法是用 $e^{mx}\mathrm{d}x$ 乘方程两端，如对于方程

$$C\frac{\mathrm{d}^2 y}{\mathrm{d}x^2} + B\frac{\mathrm{d}y}{\mathrm{d}x} + Ay = X(x),$$

他认为原方程的解具有形式 $e^{mx}\left(A_1 y + B_1 \frac{\mathrm{d}y}{\mathrm{d}x}\right) = \int X(x) e^{mx}\mathrm{d}x$，于是他求得 $B_1 = C, A_1 = B - mC, A' = \frac{A}{m}$.

这样由 $A - Bm + Cm^2 = 0$，可以求出 m，于是原方程化为

$$A_1 y + B_1 \frac{\mathrm{d}y}{\mathrm{d}x} = e^{-mx}\int e^{mx}X(x)\,\mathrm{d}x.$$

从而可以求解. 1766 年，达朗贝尔指出，非齐次方程的通解是其特解与系数相同的齐次方程的通解之和.

拉格朗日在 1766—1777 年间，详细研究过常数变易法，并且将它运用于上述方程. 不仅如此，他还开始了对变系数微分方程的研究. 在 1762—1765 年的工作中，他引出了伴随方程的概念，其思想是降低方程的次数. 他将欧拉对常系数线性微分方程得到的某些结果作了推广. 他还发现，如果已知齐次线性方程的 r 个特解，那么它的阶数可以降低 r. 18 世纪在求解微分方程时，还大量使用了无穷级数，并由此得到许多重要的特殊函数，如欧拉在研究超几何方程 $x(1-x)\frac{\mathrm{d}^2 y}{\mathrm{d}x^2} + [c - (a+b+1)x]\frac{\mathrm{d}y}{\mathrm{d}x} - ady = 0$ 时，就得到了超几何级数

$$y = F(a,b,c;x) = 1 + \frac{a \cdot b}{1 \cdot c}x_1 + \frac{a \cdot (a+1) \cdot b \cdot (b+1)}{1 \cdot 2 \cdot c(c+1)}x_2 + \cdots,$$

同时他还得到了著名的等式

$$F(-n,b,c;x) = (1-x)^{c+n-b}F(c+n,c-b,c;x)$$

及

$$F(-n,b,c;x) = \frac{\Gamma(c)}{\Gamma(b)\Gamma(c-b)}\int_0^1 t^{b-1}(1-t)^{c-b-1}(1-tx)^n \mathrm{d}t(\mathrm{Re}(c) > \mathrm{Re}(b) > 0).$$

极大地推广了牛顿等人用级数求解微分方程的方法.

在解决天文学一系列问题的过程中,开始涉及微分方程组,如讨论两个质量为 m_1,m_2 的物体,分别在位置 (x_1,y_1,z_1)、(x_2,y_2,z_2) 上互相吸引下的运动,描述其运动的方程组就是:

$$\begin{cases} m_1 \dfrac{\mathrm{d}^2 x_1}{\mathrm{d}t^2} = -km_1m_2 \dfrac{(x_1 - x_2)}{r^3}, \\[2mm] m_1 \dfrac{\mathrm{d}^2 y_1}{\mathrm{d}t^2} = -km_1m_2 \dfrac{(y_1 - y_2)}{r^3}, \\[2mm] m_1 \dfrac{\mathrm{d}^2 z_1}{\mathrm{d}t^2} = -km_1m_2 \dfrac{(z_1 - z_2)}{r^3}, \\[2mm] m_2 \dfrac{\mathrm{d}^2 x_2}{\mathrm{d}t^2} = -km_1m_2 \dfrac{(x_2 - x_1)}{r^3}, \\[2mm] m_2 \dfrac{\mathrm{d}^2 y_2}{\mathrm{d}t^2} = -km_1m_2 \dfrac{(y_2 - y_1)}{r^3}, \\[2mm] m_2 \dfrac{\mathrm{d}^2 z_2}{\mathrm{d}t^2} = -km_1m_2 \dfrac{(z_2 - z_1)}{r^3}. \end{cases}$$

$$r^2 = (x_1 - x_2)^2 + (y_1 - y_2)^2 + (z_1 - z_2)^2.$$

1750 年,达朗贝尔开始对常微分方程组进行较详细的研究,并且把待定乘数法应用到常系数的线性方程组. 18 世纪,在研究两个物体或多个物体的相互吸引的问题时,常常导致求解常微分方程组. 不过许多情况下往往化解成求解单独一个微分方程.

n 体问题,哪怕是三体问题就够令人头痛了. 在这方面拉格朗日、拉普拉斯做出了卓越的贡献. 为了研究摄动理论,他们提出了参数变值法. 1739 年欧拉用这种方法研究过二阶方程 $y'' + k^2 y = X(x)$,1748 年他最先用参数变值法研究行星运动的摄动——木星和土星的相互摄动,由此他获得了法国科学院奖金. 1772—1777 年拉普拉斯写了许多篇这方面的论文,而拉格朗日则使这种方法成了系统的理论,如他将单个常微分方程的参数变值法应用到 n 阶方程:

$$P(x)y + Q(x)y' + R(x)y'' + \cdots + V(x)y^{(n)} = X(x).$$

拉格朗日还利用参数变值法研究了非齐次常微分方程组.

1715 年,泰勒在求解方程 $4x^3 - 4x^2 = (1 + z^2)^2 \left(\dfrac{\mathrm{d}x}{\mathrm{d}z} \right)^2$ 时发现,若利用代换 $x = \dfrac{v}{y^2}$,$v = 1 + z^2$,则方程可以化为

$$y^2 - 2zyy' + vy'^2 = 1.$$

方程两边求微分,有 $2y''(vy' - zy) = 0$. 令第二个因子为零,再以 $y' = \dfrac{zy}{v}$ 代入变换后的方程,得到

$$y^2 = v \ \text{和} \ x = 1.$$

由此他看到这个解不能从通解中得到,于是他称这个解为"奇解". 随后克莱罗和欧拉对奇解做了详细的讨论.

1734 年,克莱罗在求解

$$y = xy' + f(y') \text{（今天称之为"克莱罗方程"）}$$

时，令 $p = y'$，则有 $y = xp + f(p)$，对 x 求微商，得到 $p = p + \left[x + f'(p) \right] \dfrac{\mathrm{d}p}{\mathrm{d}x}$，于是有 $\dfrac{\mathrm{d}p}{\mathrm{d}x} = 0$ 和 $x + f'(p) = 0$. 由 $\dfrac{\mathrm{d}p}{\mathrm{d}x} = 0$，得 $y' = c$，$y = cx + f(c)$.

这是方程的通解，并且是一直线族. 而由 $x + f'(p) = 0$，与原方程一起就可以消去 p，这样就给出了一个新的解——它就是奇解. 1736 年，他用微分求出并且肯定地指出了微分方程

$$y = (x + 1)\frac{\mathrm{d}y}{\mathrm{d}x} - \left(\frac{\mathrm{d}y}{\mathrm{d}x} \right)^2$$

的奇解和通解. 他清楚地认识到奇解不包括在通解之中. 但他没有认识到奇解是包络这一事实. 而对于这一点莱布尼茨在 1694 年就已经看到了. 实际上，克莱罗方程的奇解是由方程组

$$\begin{cases} x + f'(p) = 0, \\ y = xp + f(p) \end{cases}$$

给出的，而曲线族 $y = cx + f(c)$ 的包络是由方程组

$$\begin{cases} y = cx + f(c), \\ x + f'(c) = 0 \end{cases}$$

得到的. 可以看出二者是一致的.

1750 年和 1772 年，达朗贝尔分别把克莱罗的上述求奇解的方法推广到一般的方程 $y = x\varphi\left(\dfrac{\mathrm{d}y}{\mathrm{d}x} \right) + \psi\left(\dfrac{\mathrm{d}y}{\mathrm{d}x} \right)$. 从 1736 年开始，欧拉就指出，如果方程有积分因子 $\mu(x, y)$，那么方程 $\dfrac{1}{\mu(x, y)} = 0$ 就可能给出奇解.

克莱罗和欧拉给出了从微分方程本身求出奇解的方法：从 $f(x, y, y') = 0$ 与 $\dfrac{\partial t}{\partial y'} = 0$ 中消去 y' 即可.

更深入地研究奇解性质以及奇解与通解关系的是拉格朗日. 他给出了一般的方法，尤其是给出了从通解消去常数而得到奇解的方法：已知通解 $v(x, y, \alpha) = 0$，求出 $\dfrac{\mathrm{d}y}{\mathrm{d}\alpha}$ 或 $\dfrac{\mathrm{d}x}{\mathrm{d}\alpha}$，然后再从 $v = 0$ 及 $\dfrac{\mathrm{d}y}{\mathrm{d}\alpha} = 0$ 或 $\dfrac{\mathrm{d}x}{\mathrm{d}\alpha} = 0$ 消去 α 即可得到奇解. 他还给出了奇解的几何解释：奇解是一积分曲线族的包络. 同时他还研究了高阶方程的奇解，以及求具有给定奇解的方程的问题.

1768 年，欧拉发展了微分方程的近似积分法，即用近似方法求解方程

$$\begin{cases} \dfrac{\mathrm{d}y}{\mathrm{d}x} = f(x, y), \\ x = x_0, y = y_0. \end{cases}$$

1769 年他曾把这种方法应用于二阶方程.

探索常微分方程的一般方法到 1775 年已基本告一段落，今天教科书中常用的变量分离法、积分因子法、变换法、降阶法都已经出现在 18 世纪的各种文献中. 但是 18 世纪的常微分方程基本上是各种类型的孤立技巧的汇编. 常微分方程的完整理论如奇解理论、稳定性理论等，都留给了 19 世纪.

18 世纪在偏微分方程方面的成就比较小,其主要成就是揭示了它们对于弹性力学、水力学和万有引力问题的重要性,同时为 19 世纪的发展奠定了基础.

弦振动问题是偏微分方程的出发点.

1715 年和 1727 年,泰勒约翰·贝努利分别得到了著名的弦振动方程

$$\begin{cases} \dfrac{\partial^2 y(t,x)}{\partial t^2} = a^2 \dfrac{\partial^2 y(t,x)}{\partial x^2}, \\ y(0,x) = f(x), \dfrac{\partial y(t,x)}{\partial t}\bigg|_{t=0} = 0. \end{cases}$$

1749 年,达朗贝尔用现代教科书中经常引用的方式巧妙地求出了方程的解为 $y(t,x) = f(ax+t) + \varphi(ax-t)$.

1738 年,丹尼尔·贝努利给出了"势函数"一词,而在 1752 年欧拉首次提出了位势方程:$\dfrac{\partial^2 v}{\partial x^2} + \dfrac{\partial^2 v}{\partial y^2} + \dfrac{\partial^2 v}{\partial z^2} = 0$. 围绕位势方程,欧拉、拉格朗日、拉普拉斯、勒让德做了巨大的工作,在研究的过程中,他们引进了许多非常重要的函数,如勒让德函数等.

在一阶偏微分方程方面,克莱罗利用积分因子讨论了 $Pdx + Qdy + Rdz = 0$ 型方程. 这种方法可以看作是他关于常微分方程积分因子、全微分方程(恰当方程)的推广. 拉格朗日则对两个自变量的一阶偏微分方程 $f\left(x,y,z,\dfrac{\partial z}{\partial x},\dfrac{\partial z}{\partial y}\right) = 0$ 做出了重要贡献.

蒙日开创了用几何方法研究微分方程的途径. 同时,18 世纪在非线性二阶偏微分方程和偏微分方程组方面,数学家们也进行了工作,不过成就较小.

直到 1765 年偏微分方程还只在物理问题中出现. 这个领域内纯数学研究的第一篇论文是欧拉于 1766 年发表的. 一般人们都把偏微分方程化为常微分方程,然后再求解. 可以这样说,偏微分方程在 18 世纪还仅仅初具雏形.

但是,微分方程却在 18 世纪末期成为一门极其重要的数学学科,它不仅是全部数学的中心内容,同时也是自然科学中的最主要的工具.

四、变分法

18 世纪数学分析最重要的分支,除了微分方程外,就要数变分法了. 1740 年左右,一门全新的具有独创特征和新方法的数学分支——变分法已经产生了.

一般认为,变分法的产生起源于 1696 年 6 月约翰·贝努利提出的最速降线问题:求从一给定点 $A(x_1,y_1)$ 到不是它垂直下方的另一点 $B(x_2,y_2)$ 的一条曲线 $y(x)$,使得一质点沿这条曲线从 A 点到 B 点所用的时间最短. 其中 A 点的初速度 v_1 是给定的,摩擦和空气阻力忽略不计(图 5-17).

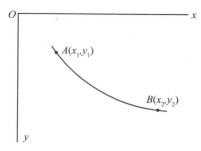

图 5-17

最速降线问题发表在《博学学报》上,其用意是向所有的外国人特别是向英、法和意大利数学家挑战. 约翰·贝努利事先曾就这个问题的名称与内容与莱布尼茨商量过,莱布尼茨建议称之为"Tachystoptotam",但约翰·贝努利却坚持使用"Brachystochrone"一词,称之为"Brachystochrone Problem",强调最短时间问题. 今天人们称"最短时间问题"(The Brachystochrone Problem)为"最速降线问题"(The Tachystoptotam Problem),实际上违背了约翰·贝努利的愿望.

据说,牛顿当时正在造币厂工作,当他看到约翰·贝努利提出的主要是向他挑战的问题时,在晚上睡觉之前就把这个问题解决了. 不管这个传说是否可靠,1697 年 1 月 30 日牛顿确实把他解决贝努利两个问题(其一是最速降线问题)的论文交给了英国皇家学会秘书. 几乎与此同时,莱布尼茨、洛必达、约翰·贝努利以及詹姆士·贝努利都给出了正确的答案,所有这些解法都发表在 1697 年 5 月号的《博学学报》上. 这个问题就是求使得

$$J(y) = \int_{x_1}^{x_2} \frac{1}{\sqrt{2g}} \sqrt{\frac{1 + [y'(x)]^2}{y(x) - k}} dx$$

为最小的函数 $y(x)$. 初始条件为 $y(x_1) = y_1$, $y(x^2) = y^2$. 其中 g 是重力加速度,为一常数,$k = y_1 - v_1^2/2g$.

他们得出的答案是连结 A 和 B 的上凹的旋轮线,或以参数形式 $xa = R(\theta - \sin\theta)$, $y - b = R(1 - \cos\theta)$ 表示出的滚动圆半径为 R 的摆线方程(R, θ 为参数).

最速降线之所以重要到导致了一门新的数学分支的创立,就在于在这个问题中出现了一个新的概念. 对于抽象的函数 $J(y)$,虽然其值域仍是实数域,但其定义域却是由函数构成的. 这样问题就转化为求以函数集作为定义域的函数 $J(y)$ 的极值. 或者说,需要解决的一般问题是考虑

$$J(y) = \int_a^b f(x, y, y') dx$$

的极值问题.

变分法这门学科的创立主要应归功于欧拉. 他于 1730 年左右,由于讨论曲面上测地线的性质而开始从事变分法研究,后来又对詹姆士·贝努利等人解决最速降线及其他类似的求 $J(y)$ 极值的问题,从方法上进行了更新. 用有限和代替积分,用差商代替被积函数中的导数,这样就把积分作成了由弧 $y(x)$ 的有限个坐标构成的函数,然后再变动任意选择的坐标,并计算积分中的变差. 通过令积分的变差等于零,并用变换得到差分方程,从而得到了极小化弧必须满足的微分方程. 1736—1744 年,他成功地证明了使 $J(y)$ 取极大或极小值的函数

$y(x)$ 必须满足条件

$$f_{y'}'(x,y,y')-\frac{\mathrm{d}}{\mathrm{d}x}f_{y'}'(x,y,y')=0.$$

这个方程称为 $J(y)$ 的欧拉方程. 显然,欧拉方程也可表为

$$f_y'-f_{xy'}''-f_{yy'}''y'-f_{y'y'}''y''=0.$$

利用得到的这些结论,他解决了一系列与变分法有关的问题,欧拉方程从那时起一直是变分法中的基本定理. 1744 年,他将自己在这方面的成果发表了. 这不仅给他带来了巨大声誉,也标志着变分法诞生了.

继欧拉之后,18 世纪对变分法做出最大贡献的数学家就要数拉格朗日和勒让德了. 1750 年,年仅 19 岁的拉格朗日就开始关心变分问题. 1755 年 8 月,他在写给欧拉的信中第一次称这种方法为变分法,并说这是一个十分漂亮的想法. 1756 年欧拉正式把这种方法命名为变分法. 我们今天采用的就是欧拉的叫法. 1759 年,拉格朗日引入了变分的概念 δJ. 对于

$$J(y)=\int_a^b f(x,y,y')\mathrm{d}x,$$

他称

$$\delta J=\int_a^b (f_y\delta_y+f_{y'}\delta_{y'})\mathrm{d}x,$$

$$\delta^2 J=\int_a^b [f_{yy}(\delta_y)^2+2f_{yy'}(\delta_y)(\delta_{y'})+f_{yy'}(\delta_{y'})^2]\mathrm{d}x,$$

分别为 J 的一次变分,二次变分,等等.

拉格朗日证明了,如果要 J 取极大值或极小值,则一定在极值点有 $\delta J=0$. 而

$$\delta J=\int_a^b (f_y\delta_y+f_{y'}\delta_{y'})\mathrm{d}x,$$

$$\begin{aligned}\delta^2 J&=\int_a^b [f_{yy}(\delta_y)^2+2f_{yy'}(\delta_y)(\delta_{y'})]\\&=\int_a^b (f_y\delta_y)\mathrm{d}x+f_{y'}(\delta_y)\Big|_a^b-\int_a^b\delta_y\left(\frac{\mathrm{d}}{\mathrm{d}x}f'_y\right)\mathrm{d}x\\&=\int_a^b\left[f_y\delta_y-\left(\frac{\mathrm{d}}{\mathrm{d}x}f_{y'}\right)\delta_y\right]\mathrm{d}x,\end{aligned}$$

因此 δ_y 的系数必须为 0,因此有 $f_y-\frac{\mathrm{d}}{\mathrm{d}x}f_{y'}=0$.

拉格朗日也在形式上得到了欧拉方程. 严格的证明则要等到 19 世纪.

我们看到,$J(y)$ 取极值的欧拉方程仅仅是一个必要条件,相当于 $y=f(x)$ 取极值的 x 一定满足 $f'(x)=0$,但反之不然. 于是勒让德于 1786 年开始讨论充分条件. 他想到,对于使 $f'(x)=0$ 的 x,$f''(x)$ 的符号决定 $f(x)$ 是否取极大或极小,于是他开始考虑二次变分 $\delta^2 J$,他得到了这样的结论,只要沿 $y(x)$ 的每一个 x 都有 $f_{y'y'}\leqslant 0$,则 J 取极大,反之取极小,但不久他又认识到,这也只是一个必要条件. 实际上,18 世纪一直没有解决充分条件这一问题.

变分法在 18 世纪之所以重要,主要就在于利用它数学家们找到了统一处理一类物理问题的方法.

对简单性、和谐的追求,一直是数学家们的工作动力之一. 自从数学家们发现了折射定律等自然规律后,人们就更加相信这样的信条:大自然以最简捷的可能途径运动. 这种信条

体现在具体的微积分研究中,就是寻求极值问题,认为自然的确试图使许多重要的量极大或极小化. 诚如欧拉所说的那样:"因为宇宙的结构是最完整的而且是最明智的上帝的创造,因此,如果在宇宙里没有某种极大或极小的法则,那就根本不会发生任何事情." 正是在这一科学信仰的支配下,欧拉提出了"最小作用原理":

$$\partial \int v ds = 0 \text{ 或者 } \partial \int v^2 dt = 0,$$

即对于路径或时间改变的积分,其变化率为零. 虽然他讨论的只是单个质点沿平面曲线的运动,但却在理论力学中具有重要的作用.

利用欧拉所提出的最小作用原理和变分法,拉格朗日得到了今天理论力学中的许多重要结论. 对于单个质点,动能 $T = \dfrac{1}{2} m (x^2 + y^2 + z^2)$,势能函数是 $v(x, y, z)$,拉格朗日的作用是 $\int_{t_0}^{t-1} T dt$,且有附加条件 $T + v = $ 常数,按最小作用原理,这个作用必须是极大值或极小值,于是利用变分法,有:

$$\delta \int_{t_0}^{t-1} T dt = 0,$$

$$\frac{d}{dt} \left(\frac{\partial T}{\partial x} \right) + \frac{\partial v}{\partial x} = 0,$$

$$\frac{d}{dt} \left(\frac{\partial T}{\partial y} \right) + \frac{\partial v}{\partial y} = 0,$$

$$\frac{d}{dt} \left(\frac{\partial T}{\partial z} \right) + \frac{\partial v}{\partial z} = 0.$$

这个方程等价于牛顿第二运动定律. 在这个过程中,拉格朗日一方面赋予变分法以重大的实用价值,利用变分原理建立了优美而和谐的力学定律,使牛顿经典力学达到了至善尽美的境地,这种工作就是他写的牛顿以后最伟大的经典力学著作《分析力学》,被人称为"科学诗". 另一方面,也使原来只包含一个变量及其导数的问题推广到了多变量的情形.

变分法是由智力挑战所产生的一门数学分支,它与科学信仰结合在一起,结出了数学史、科学史上的丰硕成果.

项目6　　　正交试验设计

任务6.1　正交试验的步骤

任务内容

- 完成与正交试验相关的工作页；
- 了解正交表的特点及常用的正交试验表相关的知识；
- 理解并掌握安排一个正交试验的方法、试验结果的分析利用.

任务目标

- 掌握正交表的基本特点；
- 掌握正交试验的一般步骤；
- 掌握正交试验结果的直观分析法的步骤.

6.1.1　工作任务

熟悉如下工作页，了解本任务学习内容. 在学习相关知识后，利用工作页在教师的指导下完成本任务，同时完成工作页内相关内容的填写.

任务工作页

1. 正交表的特点：
2. 常用的正交表：
3. 安排正交试验的一般步骤：
4. 直观分析法的八大步骤：

试制新产品、改革老工艺、调试仪器、选择生产工艺的最佳参数、寻找化工产品的合理配

方、增加产量、提高产品质量、降低消耗等都离不开做试验. 要做试验,就要考虑试验方案如何设计,试验结果如何分析. 若方案设计得好,则可以用较少次试验、较短的时间、较省的人力和物力达到预期目的,做到事半功倍;方案设计的不好,虽然用很多次试验、很长时间、费很多人力和物力,也不一定达到预期的目的,往往是事倍功半. 对试验结果分析得好,能充分利用试验中所提供的信息,揭示事物的内在规律;若分析得不好,则到手的成果,往往也拿不到. 人们经过长期实践,创造了许多好的试验方法. 在这些试验方法中,正交试验法是一种简单,易于掌握并且能得到较好效果的安排试验的方法.

正交试验法是利用一种规格化的表格——正交表安排试验的方法.

本章将通过若干实例分别介绍在各种情况下用正交表安排试验与分析试验结果的方法.

6.1.2 学习提升

先看下面两个常用的正交表:

$L_9(3^4)$

列号 试验号	1	2	3	4
1	1	1	1	1
2	1	2	2	2
3	1	3	3	3
4	2	1	2	3
5	2	2	3	1
6	2	3	1	2
7	3	1	3	2
8	3	2	1	3
9	3	3	2	1

$L_8(4 \times 2^4)$

列号 试验号	1	2	3	4	5
1	1	1	1	1	1
2	1	2	2	2	2
3	2	1	1	2	2
4	2	2	2	1	1
5	3	1	2	1	2
6	3	2	1	2	1
7	4	1	2	2	1
8	4	2	1	1	2

$L_9(3^4)$ 读作 $L-9-3-4$, $L_8(4 \times 2^4)$ 读作 $L-8-4-2-4$.

$L_9(3^4)$ 有 4 列, 9 行, 由字码 "1" "2" "3" 组成. 它有两个特点:

(1) 每列有 3 个 "1", 3 个 "2", 3 个 "3";

(2) 任意两列横方向所组成的 9 个数对中, (1,1),(1,2),(1,3),(2,1),(2,2),(2,3),(3,1),(3,2),(3,3) 各出现一次.

$L_8(4 \times 2^4)$ 有 5 列, 8 行, 第 1 列由字码 "1" "2" "3" "4" 组成, 其余 4 列都由字码 "1" "2" 组成. 它有两个特点:

(1) 第 1 列有 2 个 "1", 2 个 "2", 2 个 "3", 2 个 "4", 其余各列都有 4 个 "1", 4 个 "2", 就是说各列本身, 每个数码的个数相同;

(2) 第 1 列与其余各列横向所组成的 8 个数对中, (1,1),(1,2),(2,1),(2,2),(3,1),(3,2),(4,1),(4,2) 各出现 1 次, 而其余各列中任何两列横向所组成的 8 个数对中, (1,1),

$(1,2),(2,1),(2,2)$ 各出现 2 次,就是说 $L_8(4\times2^4)$ 中任何两列横向所组成的各数对重复次数相同.

由上看出,$L_9(3^4)$ 与 $L_8(4\times2^4)$ 有两个共同特点:

(1) 每列各字码出现次数相同;

(2) 任意两列横方向所组成的数对中,各数对出现次数相同,即任两列横向各字码搭配是均衡的.

凡是具有特点(1)(2)的表,我们就称其为正交表. 特点(1)(2)称为正交表的"正交性",正交表符号所表示的意思如下:

常用的正交表有:$L_4(2^3),L_8(2^7),L_{16}(2^{15}),L_9(3^4),L_{27}(3^{13}),L_{16}(4^5),L_{25}(5^6),L_8(4\times2^4),L_{12}(2^{11}),L_{18}(2\times3^7),L_{16}(4\times2^{12}),L_{16}(4^2\times2^9),L_{16}(4^3\times2^6),L_{16}(4^4\times2^3)$ 等,详见附录二.

在不同的材料中所列出的正交表可能不同,如 $L_9(3^4)$ 有多种写法,因为正交表任何两列交换,任何两行交换,任何一列中的两个字码交换都不破坏"正交性",称这三个"交换"为正交表的三个初等交换,对于经过初等交换所得到的正交表,称为与原来的表是等价的.

6.1.3　正交试验法的一般步骤

下面通过例子说明正交试验法的一般步骤.

例 6-1　苏州电讯电机厂风机定子涂敷环氧粉末,绝缘处理 QC 小组,为了找到 7907 轴流风机定子涂敷环氧粉末的最佳工程,计划进行试验,按以下所述的步骤进行.

6.1.3.1　用正交表安排试验方案

1. 明确试验目的,确定对试验结果的考核指标.

试验目的是为找到 7907 轴流风机定子涂敷环氧粉末的最佳工艺,以每次试验定子的合格数为考核指标.

2. 选因素,定水平.

定子涂敷环氧粉末工艺牵涉许多因素,要根据现有条件选择重要的,并且能够控制的因素,有些因素虽然重要,但控制不了,选了也没有用. 所以选因素要根据具备的条件,专业知识与实践经验. 经认真研究选了四个因素.

A:定子预烘温度,B:环氧粉末粒度,C:空气压力大小,D:操作时间.

对每个因素要确定其试验范围,在试验范围内选几个点,作为因素的水平. 对于因素水平的选取要根据专业知识,实践经验与设备条件等. 每个因素各水平之间要有一定距离,因为如果距离太小,不易看出变化,各水平之间距离不一定相同. 每个因素取几个水平,可由各因素本身而定,也可以由预定的试验次数所用的正交表而定.

本例每个因素选三个水平,列因素水平表如下:

表6-1　因素水平表

因素 水平	A 预烘温度(℃)	B 粉末粒度(目)	C 气压大小(kg)	D 操作时间(s)
1	160	80	0.6	1.5
2	180	100	0.8	2.0
3	200	120	1.0	2.5

这是一个四因素,每个因素三个水平的问题,如进行全面试验,需做 $3^4=81$ 次.假如在另外的问题中有六个因素,每个因素五个水平,进行全面试验需要做 $5^6=15625$ 次试验.用正交表安排可大大减少试验次数.

3. 选择合适的正交表安排试验方案.

正交表中的数码又可称为水平数,如 $L_8(2^7)$ 中有数码"1""2",可称为1水平,2水平;$L_9(3^4)$ 中有数码"1""2""3",可称为1水平,2水平,3水平,因而称 $L_8(2^7)$ 为二水平正交表,$L_9(3^4)$ 为三水平正交表等.在选择正交表时,可首选根据各因素的水平数选择相同水平的正交表,如各因素都是三水平时,可在三水平表 $L_9(3^4)$,$L_{27}(3^{13})$ 等中选;各因素都是四水平时,可用 $L_{16}(4^5)$;各因素都是五水平时,可用 $L_{25}(5^6)$.如各因素水平不同,可选相应的混合水平正交表,如 $L_8(4\times2^4)$,$L_{16}(4\times2^{12})$,$L_{16}(4^2\times2^9)$,$L_{16}(4^3\times2^6)$,$L_{16}(4^4\times2^3)$,$L_{18}(2\times3^7)$ 等.

我们这里每个因素是三水平的,所以在三水平正交表中选取,选择列数不少于因素个数、行数最少的表.我们这里是四个因素.而 $L_9(3^4)$ 有四列,每列可安排一个因素,四列可安排四个因素,如果每个因素有三个水平,共有五个因素,那就不能用 $L_9(3^4)$,而要用 $L_{27}(3^{13})$.当然选择正交表如果考虑因素之间交互作用的话,那就要复杂得多,现在暂不考虑.

本例在用 $L_9(3^4)$ 安排试验方案时,先将因素 A 放在表 $L_9(3^4)$ 的1,2,3,4列中的任一列,再将因素 B 放在其余三列中的任一列,因素 C 放在其余两列中的任一列,因素 D 放在最后余下的一列,以上称为"表头设计".然后再将表 $L_9(3^4)$ 中各数码改成各因素相应的水平,这样就得到了一个要进行九次试验的试验方案,列因素水平表如下:

表6-2　九次试验的因素水平表

因素 水平	A 预烘温度(℃)	B 粉末粒度(目)	C 气压大小(kg)	D 操作时间(s)
1	1　160	1　80	1　0.6	1　1.5
2	1　160	2　100	2　0.8	2　2.0
3	1　160	3　120	3　1.0	3　2.5
4	2　180	1　80	2　0.8	3　2.5
5	2　180	2　100	3　1.0	1　1.5
6	2　180	3　120	1　0.6	2　2.0

续表

水平　因素	A 预烘温度（℃）		B 粉末粒度（目）		C 气压大小（kg）		D 操作时间（s）	
7	3	200	1	80	3	1.0	2	2.0
8	3	200	2	100	1	0.6	3	2.5
9	3	200	3	120	2	0.8	1	1.5

表 6-2 中列出了九个试验，第一号试验为预烘温度 160 ℃，粉末粒度 80 目，气压大小 0.6 kg，操作时间 1.5 s；第二号试验为预烘温度 160 ℃，粉末粒度 100 目，气压大小 0.8 kg，操作时间 2.0 s；…；第九号试验为预烘温度 200 ℃，粉末粒度 120 目，气压大小 0.8 kg，操作时间 1.5 s.

> **注意**：表中每个因素的各水平与其他三个因素中的各水平不但都搭配到了，而且搭配得很均匀，这是由正交表的"正交性"所决定的，正交表的特点是"均衡分散"的，这个特点对试验结果的分析也带来了很大方便，也即有"整齐可比性".

排定了试验方案，在进行试验时，一定要按方案进行，各次试验的条件应尽量一致，如操作人员、机器设备、原料规格等都不能有人为的差异. 因为只有这样，试验的结果才真正地反映出考察各因素的作用.

6.1.3.2　用正交表分析试验结果

这里先介绍直观分析法.

每次用 50 只定子进行试验，记录合格定子数，分析步骤如下：

(1) 计算每个因素各水平条件下几次试验结果之和 K，每个因素都是三个水平，各水平条件下试验了三次，所以对每个因素有 K_1, K_2, K_3，每个 K 是三次试验结果之和，如对应于 A：$K_1 = 29 + 37 + 40 = 106$，$K_2 = 29 + 39 + 41 = 109$，$K_3 = 22 + 13 + 38 = 73$；对应于 B：$K_1 = 29 + 29 + 22 = 80$，$K_2 = 37 + 39 + 13 = 89$，$K_3 = 40 + 41 + 38 = 119$，….

(2) 计算每个因素各水平条件下几次试验的平均结果 k，显然这里应有 $k = \dfrac{K}{3}$.

(3) 计算每个因素各水平条件下试验的平均结果的极差 R，即

$$R = k_{\max} - k_{\min},$$

其中 $k_{\max}$，$k_{\min}$ 分别表示 k_1, k_2, k_3 中的最大值与最小值.

将以上计算列表如下：

表 6-3 因素水平表

试验号 \ 因素	A 预烘温度(℃)		B 粉末粒度(目)		C 气压大小(kg)		D 操作时间(s)		指标 合格数(只)
1	1	160	1	80	1	0.6	1	1.5	29
2	1	160	2	100	2	0.8	2	2.0	37
3	1	160	3	120	3	1.0	3	2.5	40
4	2	180	1	80	2	0.8	3	2.5	29
5	2	180	2	100	3	1.0	1	1.5	39
6	2	180	3	120	1	0.6	2	2.0	41
7	3	200	1	80	3	1.0	2	2.0	22
8	3	200	2	100	1	0.6	3	2.5	13
9	3	200	3	120	2	0.8	1	1.5	38
K_1	106		80		83		106		
K_2	109		89		104		100		
K_3	73		119		101		82		
k_1	35.3		26.7		27.7		35.3		
k_2	36.3		29.7		34.7		33.3		
k_3	24.3		39.7		33.7		27.3		
R	12		13		7		8		

（4）由 R 确定各因素的重要程度. 极差越大, 说明因素的水平变动对试验结果的影响越大, 即这个因素越重要. 在四个因素中 B 的极差为 13, 最大, 说明 B 最重要. 按极差大小可以排出因素的主次关系:

$$ 主 \xrightarrow{\hspace{3cm}} 次 $$
$$ B \quad A \quad D \quad C $$

（5）由各因素的 k 值, 确定各因素的最佳水平, k_1, k_2, k_3 分别表示第一水平、第二水平、第三水平条件下试验的平均结果, 所以, 它们之间的差异主要反映了各水平对试验结果的不同影响, 因为合格品越多越好, 所以 k_1, k_2, k_3 越大越好. 对因素 $A, k_2 = 36.3$ 最大; 对因素 B, $k_3 = 39.7$ 最大; 对因素 $C, k_2 = 34.7$ 最大; 对因素 $D, k_1 = 35.3$ 最大. 所以 A_2, B_3, C_2, D_1 是各因素的最佳水平. 可以设想方案 $A_2 B_3 C_2 D_1$ 可以得到较好的试验结果. 这个方案不在九次试验中, 这正是正交试验法的又一个优点. 可以找到没有试验过的, 却可能更好的方案.

（6）画因素指标关系图. 因为因素的水平是人为确定的, 在各因素的试验范围内可能有更好的试验点, 这样可通过画因素指标关系图观察趋势. 本例画图如图 6-1 所示.

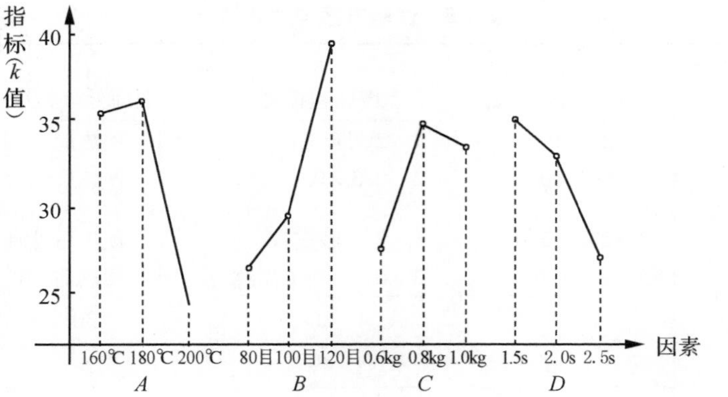

图 6-1 因素指标关系图

由图 6-1 可以看出，因素 A 在 180 ℃ 附近较好，因为温度高了或低了都有下降的趋势；由因素 B 看出粉末越细越好，如果比 120 目还细，效果可能更好；因素 C 在 0.8 kg 附近较好，气压大了或小了都有下降趋势；由因素 D 看出时间越短越好，如果能够将时间再缩短到少于 1.5 s，那效果也可能更好，由此可考虑新的试验点.

（7）进行验证，对比，追加试验. 前面分析出方案 $A_2B_3C_2D_1$，可能较好，要经过试验来验证. 又已试过的九个试验中，第六号试验 $A_2B_3C_1D_2$ 与第三号试验 $A_1B_3C_3D_3$ 效果都不错，可再重复试验一下. 如果效果还是很好，那说明这两个方案也不错. 另外根据因素与指标关系图看出的趋势，再选新的试验方案，可以由这几个方案试验结果选择最佳方案.

（8）总结. 试验结束，找到了最佳方案，如果切实可行，应通过总结给以肯定，并且作为工艺条件固定下来，要求操作人员遵照执行. 如果选出的最佳方案在某些地方执行不方便，可以做适当改动，以利于在生产中应用.

苏州电讯电机厂经过正交试验法找到了 7907 轴流风机定子涂敷环氧粉末的最佳工艺：定子预烘温度 180 ℃，环氧粉末粒度 120 目，空气压力 0.8 kg，操作时间 1.5 s，提高了定子合格率，减少了报废率，取得了很好的经济效益.

例 6-2 苏州铸造机械厂热喷涂焊 QC 小组，为了在铸造机械中找到热喷涂技术的合理工艺，进行正交试验，他们分析喷涂质量的关键是涂层与母体的结合牢度，在钢板上进行试验，指标为涂层开始剥离时的弯曲角度，因素水平表如下：

表 6-4 因素水平表

水平 \ 因素	A 预热温度（℃）	B 母体表面粗糙度	C 表面处理程度
1	80 ~ 100	2 号砂皮打磨	预热前粗糙处理
2	200 ~ 250	刨成 0.3 × 0.75 齿纹	预热后粗糙处理

选用正交表 $L_4(2^3)$，试验方案与试验结果如下：

表 6-5　试验方案与试验结果

试验号 \ 因素	A 预热温度(℃)		B 表面粗糙度		C 表面处理程序		指标 弯曲角度
1	1	$80 \sim 100$	1	2 号砂皮打	1	预热前处理	12°
2	1	$80 \sim 100$	2	0.3×0.7 齿纹	2	预热后处理	31°
3	2	$200 \sim 250$	1	2 号砂皮打	2	预热后处理	8°
4	2	$200 \sim 250$	2	0.3×0.7 齿纹	1	预热前处理	18°
K_1	43		20		30		
K_2	26		49		39		
R	17		29		9		

这里没有计算 k,对分析结果没有影响.

由表 6-5 可知,因素主次关系如下:

主 ——————→ 次
　　B　　　A　　　C

最佳方案为 $A_1B_2C_2$,即第二号试验.

应用结果表明,方案 $A_1B_2C_2$ 较好,取得了较好的经济效益.

练习题 6.1

1. 观察影响某化工产品产量的四个主要因素,每个因素选两个水平:

水平 \ 因素	A 酸的浓度(%)	B 反应时间(min)	C 酸的当量(g)	D 反应温度(℃)
1	93	30	45	70
2	87	15	35	60

试将四个因素放在正交表 $L_8(2^7)$ 的 1,2,4,7 列,写出试验方案.

2. 为了考察氨尿合成工艺中尿素用量、反应温度和反应时间对收率的影响,分别选因素、水平如下:

水平 \ 因素	A 尿素用量(g)	B 反应温度(℃)	C 反应时间(min)
1	304	100	90
2	319	105	30

要考察因素间的交互作用,将 A,B,C 分别放在 $L_8(2^7)$ 的 1,2,4 列,试验结果依次为(收率,单位:%):93.2,99.6,98.5,100.0,90.6,99.3,98.2,98.9,用直观分析法分析试验结果.

3. 在弹簧回火工艺中,选三个因素,每个因素取三个水平:

因素 水平	A 回火温度($℃$)	B 保温时间($\min$)	C 工件重量(市斤)
1	440	4	21
2	460	3	18
3	500	5	21

将 A,B,C 三个因素放在 $L_9(3^4)$ 的 $1,2,3$ 列,进行的九次试验结果如下(弹性):377, 391,362,350,330,320,326,302,318,试用直观分析法分析试验结果.

任务6.2　多指标、不同水平数的正交试验

任务内容

- 完成与多指标、不同水平数正交试验相关的工作页;
- 学习多指标正交试验处理方法;
- 理解并掌握不同水平数的正交试验的安排方法.

任务目标

- 掌握多指标试验的综合指标法;
- 掌握多指标试验的综合平衡法;
- 掌握不同水平数正交试验的拟水平法、综合水平法.

6.2.1　工作任务

熟悉如下工作页,了解本任务学习内容.在学习相关知识后,利用工作页在教师的指导下完成本任务,同时完成工作页内相关内容的填写.

任务工作页

1. 多指标试验结果处理方法:
_____
2. 不同水平数的正交试验安排方法:
_____
3. 综合指标法、综合平衡法:
_____
4. 拟水平法、综合水平法:
_____

6.2.2 学习提升

有些试验项目,考察的指标不止一个,这时要综合分析各个指标的情况才能得出结论,找出最佳方案. 对于这类试验也可以用正交表来分析试验结果.

6.2.2.1 综合指标

往往将几个指标综合成一个指标,有时根据试验结果综合评分,依据评分进行分析,有时将几个指标按一定规则综合成一个指标,再进行分析.

例6-3 沙洲县第二医疗器械厂创优 QC 小组,在研究用电触刻新工艺代替钢印打商标工艺中用正交试验法.

表6-6 因素水平表

因素 水平	A pH 值	B 蚀刻时间(s)	C 蚀刻溶液
1	1	3	甲
2	3	5	乙
3	5	7	丙

用 $L_9(3^4)$(因三个因素用了表的三列,还有一列让其空着)安排试验,试验方案与结果分析如下表:

表6-7 试验方案与结果分析

因素 试验号	A		B		C		指标 清晰度	耐磨度	综合指标
1	1	1	1	3	1	甲	75	2200	163
2	1	1	2	5	2	乙	70	2400	166
3	1	1	3	7	3	丙	85	2500	185
4	2	3	1	3	2	乙	90	1800	162
5	2	3	2	5	3	丙	100	2300	192
6	2	3	3	7	1	甲	95	1900	171
7	3	5	1	3	3	丙	70	1700	138
8	3	5	2	5	1	甲	75	1800	147
9	3	5	3	7	2	乙	80	1900	156
K_1	514		463		481				
K_2	525		505		484				
K_3	441		512		515				
R	84		49		34				

表6-7 中的综合指标是清晰度与耐磨度之和,耐磨度得分,规定试验结果的耐磨度为 2500 时,记 100 分,指标值每减少 100 时,相对分数减少 4 分. 例如,第 1 号试验,耐磨度为

2200,比 2500 少 300,所以得分为 $100 - 3 \times 4 = 88$ 分,综合指标为 $75 + 88 = 163$,K 值是根据综合指标计算的.

由计算结果知,$A_2B_3C_3$ 最好,经验证,试验效果良好,所以将 $A_2B_3C_3$ 作为工艺固定下来.

6.2.2.2 综合平衡

将几个指标分别进行分析,然后再根据各指标的重要程度,照顾主要指标,兼顾次要指标,综合平衡,得出最佳方案.

例 6-4 选择满足几个性能指标的混凝土配方,并节约水泥用量.

选取因素水平如下表:

表 6-8 因素水平表

因素 水平	A 水泥(kg/m^3)	B 水(kg/m^3)	C 黄沙(kg/m^3)	D 碎石(kg/m^3)
1	240	156	661	1342
2	260	169	670	1301
3	280	182	678	1260
4	300	195	686	1219

试验结果的检验指标如下:

(1)抗压强度,要求超过 $200\ kg/m^2$,指标越高越好.

(2)坍落度,以在 $1 \sim 2\ cm$ 为适宜.

(3)振捣时间,指混凝土灌浇后用振动器在上面振动夯实所花的时间,这个指标越短越容易施工.

选用 $L_{16}(4^5)$ 安排试验(因四个因素用了表的四列,还有一列让其空着),试验方案与试验结果如下表:

表 6-9 试验方案与试验结果

试验号	因素	A		B		C		D		指标 抗压强度 (kg/m^2)	坍落度 （cm）	振捣时间 （s）
1		1	240	1	156	1	661	1	1343	237	0	105
2		1	240	2	169	2	670	2	1301	193	0	30
3		1	240	3	182	3	678	3	1260	186	0	30
4		1	240	4	195	4	686	4	1219	128	4	15
5		2	260	1	156	2	670	3	1260	253	0	60
6		2	260	2	163	1	661	4	1219	237	0	35
7		2	260	3	182	4	686	1	1343	181	0	30
8		2	260	4	195	3	678	2	1301	136	2.5	10
9		3	280	1	156	3	678	4	1219	297	0	60
10		3	280	2	169	4	686	3	1260	241	0	40

试验号 \ 因素	A		B		C		D		指标		
									抗压强度（kg/m²）	坍落度（cm）	振捣时间（s）
11	3	280	3	182	1	661	2	1301	235	1.2	30
12	3	280	4	195	2	670	1	1343	214	3.5	30
13	4	300	1	156	4	686	2	1301	240	0	85
14	4	300	2	169	3	678	1	1343	333	0	60
15	4	300	3	182	2	670	4	1219	288	1.2	30
16	4	300	4	195	1	661	3	1260	252	1.5	30

试验结果的分析如下表：

表 6-10　试验结果分析

	抗压强度（kg/m²）				坍落度（cm）				振捣时间（s）			
	A	B	C	D	A	B	C	D	A	B	C	D
K_1	744	1127	961	965	4.0	0	2.7	3.5	180	310	200	225
K_2	807	1004	948	904	2.5	0	4.7	3.7	135	165	150	155
K_3	987	890	952	932	4.7	2.4	2.5	1.5	160	120	160	160
K_4	1213	730	890	950	2.7	11.5	4.0	5.2	205	85	170	140
k_1	186	282	240	965	1.0	0	0.7	0.9	45	78	50	56
k_2	202	251	237	904	0.6	0	1.2	0.9	34	41	38	39
k_3	247	223	238	932	1.2	0.6	0.6	0.4	40	30	40	40
k_4	303	183	223	950	0.7	2.9	1.0	1.3	51	21	43	35
R	117	99	17	15	0.6	2.9	0.6	0.9	17	57	12	21

因素主次关系如下：

主————————————→次

抗压强度：　　A　B　　　　C　D

坍落度：　　　B　D　　　　A
　　　　　　　　　　　　　　C

振捣时间：　　B　D　　　A　C

这时分两种情况来讨论.

（1）第一种情况：如几个指标是同等重要的，这时因为三个指标中有两个是以 B 为主要因素，另一个是以 B 为第二主要因素，故应以 B 为综合指标中的主要因素. 另外，D 在两个指标中是第二主要因素，在另一指标中是次要因素，故以 D 为综合指标中的第二主要因素. A 和 C 都不太重要，这二者之中 A 的作用相对于 C 略大一些. 由上面分析，B 应选在 B_3 ——加水 182 kg/m³，这时三个指标抗压是强度 223 kg/m²，坍落度 0.6 cm，振捣时间 30 s；D 应选在 D_4 ——碎石 1219 kg/m³，这时三项指标抗压是强度 238 kg/m²，坍落度 1.3 cm，振捣时间 35 s；A 可选在 A_3 ——水泥 280 kg/m³；C 可选在 C_2 ——黄沙 670 kg/m³. 于是得到参考最优混凝配方为：

水泥——280 kg/m² 　　加水量——182 kg/m³

碎石——1219 kg/m³ 　　黄沙——670 kg/m³

这个配方与第 15 号试验相近,第 15,16 号试验,虽也满意,但水泥用量大,把这三个方案进行重复试验比较,可最后做出结论.

有时也可以不提出一个可参考的最优方案,而是由第一批试验的结果找出每个因素的更合理的变化范围去安排第二批正交试验. 这样,也可能取得较好的效果.

（2）第二种情况:如三种指标不是同等重要的,其中有一两个尤其重要,而另外的指标要在规定的指标附近就可以了.

这时则应以主要指标为分析依据,而参照另外几个次要指标的分析. 本例中,若规定抗压强度为主要指标. 这时因素主次是 A,B,C,D,其中 A,B 是主要因素. A 应选在 A_4——水泥 300 kg/m³,B 应选在 B_2——加水 169 kg/m³,C 可选在 C_2——黄沙 670 kg/m³,D 可选在 D_1——碎石 1343 kg/m³,这个配方与 14 号试验相近. 为了节省原料,也可选 D_4——碎石 1219 kg/m³. 经过重复试验可得出最后结果.

从因素指标关系图（图 6-2）可直观地帮助最优方案的选取.

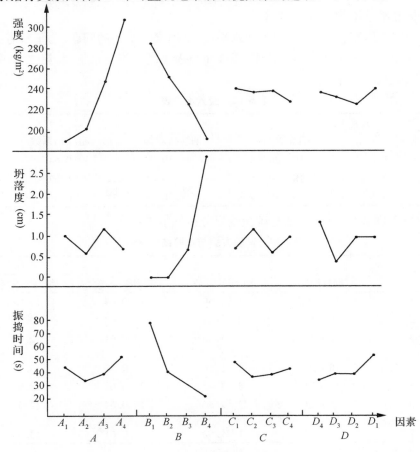

图 6-2　因素指标关系图

6.2.3 水平数不同的试验

有时,由于各种原因,每个因素的水平不全一样,用正交表安排试验方案时可用混合水平正交表,或用拟水平法.

6.2.3.1 拟水平

例 6-5 苏纶纺织厂 10^5 人棉纱创优 QC 小组,为了找到粗细纱合理的工艺参数,进行正交试验.

因素水平表如下:

表 6-11 因素水平表

水平 \ 因素	A 细纱隔距	B 细纱后牵伸	C 粗纱粘系数
1	19×26	1.50	0.64
2	18×29	1.43	0.62
3		1.30	0.61

考核指标是细纱不匀率,越小越好.

这是一个三个因素,其中一个因素两水平、两个因素三水平的问题. 为了节省试验次数,可以将因素 A 中一个水平作为第三水平. 需要重点考虑的是第一水平. 将第二水平同时也作为第三水平,如表 6-12 所示:

表 6-12 因素水平表

水平 \ 因素	A 细纱隔距	B 细纱后牵伸	C 粗纱粘系数
1	19×26	1.50	0.64
2	18×29	1.43	0.62
3	(18×29)	1.30	0.61

选 $L_9(3^4)$ 安排试验,试验方案与试验结果分析如下表:

表 6-13 试验方案与试验结果分析

水平 \ 因素	A 细纱隔距		B 细纱后牵伸		C 粗纱粘系数		指标 细纱不匀率
1	1	19×26	1	1.50	1	0.64	13.03
2	1	19×26	2	1.43	2	0.62	13.32
3	1	19×26	3	1.30	3	0.61	12.60
4	2	18×29	1	1.50	2	0.62	13.14
5	2	18×29	2	1.43	3	0.61	12.92
6	2	18×29	3	1.30	1	0.64	12.57
7	3	(18×29)	1	1.50	3	0.61	13.68

因素 水平	A 细纱隔距	B 细纱后牵伸	C 粗纱粘系数	指标 细纱不匀率
8	3　（18×29）	2　1.43	1　0.64	12.83
9	3　（18×29）	3　1.30	2　0.62	12.85
K_1	38.95	39.85	38.43	
K_2	77.99	39.07	39.31	
K_3		38.02	39.20	
k_1	12.98	13.28	12.81	
k_2	13.00	13.02	13.10	
k_3		12.67	13.07	
R	0.02	0.61	0.29	

计算中因素 A 实际只有两个水平，所以只在 K_1，K_2．K_1 是 1，2，3 号试验结果之和，K_2 是其余六次试验结果之和，$k_1 = \dfrac{K_1}{3}$，$k_2 = \dfrac{K_2}{6}$．因素 B 与 C 都是三水平的，有 K_1，K_2，K_3 且 $k = \dfrac{K}{3}$．

水平数不同的试验，一般在水平数相同的因素之间比较主次关系．所以有

$$\text{主} \xrightarrow[\quad B \qquad C \qquad A \quad]{} \text{次}$$

由 k 值确定最佳方案为 A_1（或 A_2）$B_3 C_1$．

6.2.3.2　用混合水平表

有许多不同水平的试验可用混合水平正交表．

例 6-6　东吴丝织厂科研 QC 小组在塑料纹板的研制中用正交试验法，确定运转率为考核指标．

因素水平表如下：

表 6-14　因素水平表

因素 水平	A 厚度	B 硬度	C 抗拉强度	D 延伸（%）
1	0.2	85	300	700
2	0.4	90	320	850
3	0.6			
4	0.8			

选用正交表 $L_8(4 \times 2^4)$，因素 A 放在表中四水平列，因素 B，C，D 分别放在两水平列中的三列．

试验方案与试验结果的分析如下表：

表 6-15 试验方案与试验结果的分析

因素 试验号	A	B	C	D	指标 运转率(%)
1	1 0.2	1 85	1 300	1 700	84.7
2	1 0.2	2 90	2 300	2 850	86.4
3	2 0.4	1 85	1 300	2 850	85.9
4	2 0.4	2 90	2 320	1 700	87.2
5	3 0.6	1 85	2 320	1 799	98.2
6	3 0.6	2 90	1 300	2 850	98.8
7	4 0.8	1 85	2 320	2 850	84.8
8	4 0.8	2 90	1 300	1 700	86.5
K_1	171.1	353.6	355.9	356.6	
K_2	173.1	358.9	356.6	355.9	
K_3	197.0				
K_4	171.3				
k_1	85.55	88.40	88.98	89.15	
k_2	86.55	89.73	89.15	88.98	
k_3	98.50				
k_4	85.65				
R	12.95	1.33	0.17	0.17	

因素 A 是四水平,每个水平重复两次. 所以因素 A 有 K_1,K_2,K_3,K_4,每个 K 是两次试验结果之和. 每个 k 是相应的 K 除以 2,B,C,D 都是两水平,所以只有 K_1,K_2,每个 k 是相应的 K 除以 4.

主 ——→ 次

$A\quad B\quad C\quad D$

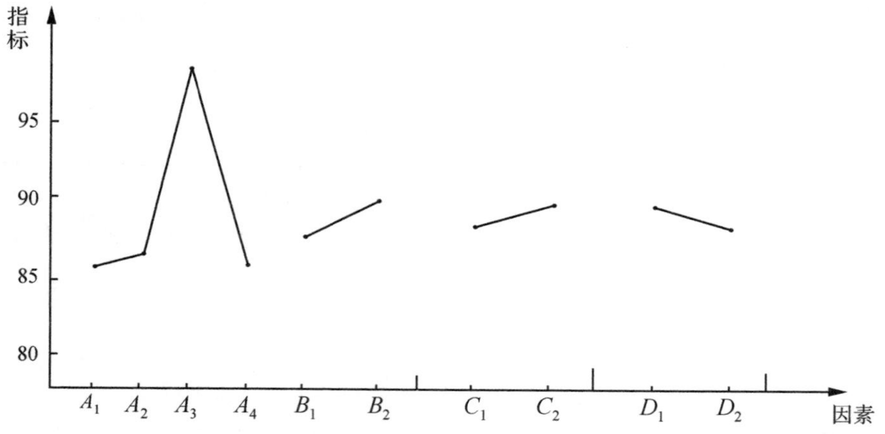

图 6-3 因素指标关系图

由图 6-3 可知,最佳水平组合为 $A_3B_2C_2D_1$. 经验证效果很好,取得了很好的经济效益.

对不同的问题用不同的混合水平正交表. 例如,苏州第三制药厂节能 QC 小组为进一步提高半导体远红外元件的潜在节能率,用了正交试验法. 因素水平如下:

表6-16　因素水平表

水平 ＼ 因素	A 物理重量（kg）	B 控制温度（℃）	C 干燥时间（s）	D 通风
1	2.00	100	4	启
2	2.25	106	5	闭
3	2.50	112	6	
4	2.75	118	7	

可选用 $L_{16}(4^3 \times 2^6)$，也可选用 $L_{16}(4^4 \times 2^3)$．

若采用 $L_{16}(4^3 \times 2^6)$，试验方案如下表：

表6-17　试验方案

试验号 ＼ 因素	A		B		C		D	
1	1	2.00	1	100	1	4	1	启
2	1	2.00	2	106	2	5	1	启
3	1	2.00	3	112	3	6	2	闭
4	1	2.00	4	118	4	7	2	闭
5	2	2.25	1	100	2	5	2	闭
6	2	2.25	2	106	1	4	2	闭
7	2	2.25	3	112	4	7	1	启
8	2	2.25	4	118	3	6	1	启
9	3	2.50	1	100	3	6	1	启
10	3	2.50	2	106	4	7	1	启
11	3	2.50	3	112	1	4	2	闭
12	3	2.50	4	118	2	5	2	闭
13	4	2.75	1	100	4	7	2	闭
14	4	2.75	2	106	3	5	2	闭
15	4	2.75	3	112	2	5	1	启
16	4	2.75	4	118	1	4	1	启

试验结果的分析与前一样，从略.

练习题 6.2

为了提高呋喃西林的色质,在缩合工艺试验中选六个因素:

水平 \ 因素	A 酸的浓度 (%)	B 二乙腊氨尿 (克分子比)	C 缩合时间 (min)	D 水解时间 (min)	E 反应温度 (℃)	F 投料方式 (次)
1	8	1∶1	25	25	84	1
2	8.5	1∶1.05	30	30	86	2
3	9	1∶1.1	35			
4	9.5	1∶1.15	40			

用正交表 $L_{16}(4^4 \times 2^3)$ 安排试验,四水平因素 A,B,C 分别放第 2,3,4 列,二水平因素 D,E,F 分别放在第 5,6,7 列,试验结果为(评分):43,14,31,4,29,8,14,32,23,46,15,19,34,33,15,26. 试用直观分析法分析试验结果.

任务 6.3 交互作用试验的安排技巧

任务内容

- 完成与有交互作用的正交试验相关的工作页;
- 学习判断交互作用试验的知识;
- 掌握正交试验设计的常用技巧.

任务目标

- 掌握有交互作用的正交试验安排技巧;
- 掌握一般正交试验的常用技巧;
- 掌握分区组法、部分追加法、大表套小表法的使用方法.

6.3.1 工作任务

熟悉如下工作页,了解本任务学习内容. 在学习相关知识后,利用工作页在教师的指导下完成本任务,同时完成工作页内相关内容的填写.

任务工作页

1. 有交互作用的正交试验采用什么样式的正交表?

   _____

2. 有交互作用的正交试验表中因素安排有何讲究?

   _____

3. 安排正交试验的常用技巧有哪些?

   _____

6.3.2 有交互作用的试验

什么叫交互作用? 在前面方差分析一章里已讲过,这里介绍一下如果要考虑因素之间的交互作用,如何用正交表安排试验方案与分析试验结果.

例如,因素 A 与 B 有交互作用 $A \times B$,在安排试验方案时,应将 $A \times B$ 看作因素排在相应的列,正交表 $L_8(2^7)$,$L_{16}(2^{15})$,$L_{27}(3^{13})$ 等都有交互作用列,有交互作用的各因素不能任意地排在表头各列,要由表头设计来解决. 例如,$L_8(2^7)$ 表头设计如下:

表 6-18　$L_8(2^7)$ 表头设计

列号\因素数	1	2	3	4	5	6	7
3	A	B	$A \times B$	C	$A \times C$	$B \times C$	
4	A	B	$A \times B$ $C \times D$	C	$A \times C$ $B \times D$	$B \times C$ $A \times D$	D
4	A	B $C \times D$	$A \times B$	C $B \times D$	$A \times C$	D $B \times C$	$A \times D$
5	A $D \times E$	B $C \times D$	$A \times B$ $C \times E$	C $B \times D$	$A \times C$ $B \times E$	D $A \times E$ $B \times C$	E $A \times D$

如果四个因素,根据经验,因素 D 与因素 A,B,C 的交互作用都不大(可以认为没有交互作用),这时表头设计可用表的第二行,即将因素 A,B,C,D 依次放在 $L_8(2^7)$ 的第 1,2,4,7 列;如果在四个因素中要重点考查因素 A 与其余三个因素的交互作用,而因素 B,C,D 两两之间的交互作用很小,这时表头设计就用第三行.

怎样用正交表安排有交互作用的试验并分析试验结果,用下面的例子来说明.

例 6-7　吴江新华丝织厂 07 双绉一条龙 QC 小组为了提高经丝强力,减少经丝断头,用正交设计改进浸渍工艺.

因素水平表如下:

表 6-19　因素水平

水平 ＼ 因素	A 回潮率（%）	B 时间（min）	C 温度（℃）	D 助剂（kg）
1	85 ± 5	30	40 ± 2	3.5
2	70 ± 5	45	43 ± 2	3.0

考核指标为单强,已知因素 D 与因素 A,B,C 都没有交互作用,要考查因素 A,B,C 之间的交互作用,选用正文表 $L_8(2^7)$.

表头设计如下:

表 6-20　表头设计

因素数 ＼ 列号	1	2	3	4	5	6	7
4	A	B	$A \times B$	C	$A \times C$	$B \times C$	D

依表头设计安排试验方案,试验结果的分析与前一样,计算各因素相应的 K_1,K_2,对于交互作用同样由其所在列的数码"1""2"计算 K_1,K_2,因为各因素水平数相同,所以可用 $|K_1 - K_2|$ 作为极差 R,由 R 的大小确定因素与交互作用的主次.

试验方案与结果分析如下:

表 6-21　试验方案与结果分析

试验号 ＼ 因素	A	B	$A \times B$	C	$A \times C$	$B \times C$	D	指标 单强
1	1	1	1	1	1	1	1	−0.187
2	1	1	1	2	2	2	2	−0.463
3	1	2	2	1	1	2	2	−0.320
4	1	2	2	2	2	1	1	−0.580
5	2	1	2	1	2	1	2	−0.617
6	2	1	2	2	1	2	1	−0.570
7	2	2	1	1	2	2	1	+0.090
8	2	2	1	2	1	1	2	−0.083
K_1	−1.55	−1.837	−0.645	−1.034	−1.16	−1.463	−1.247	
K_2	−1.18	−0.893	−2.087	−1.696	−1.57	−1.263	−1.483	
$|K_1 - K_2|$	0.37	0.944	1.442	0.662	0.41	0.2	0.236	

因素与交互作用的主次关系如下:

主 ───────────────────────────────────→ 次

$A \times B$　　B　　C　　$A \times C$　　A　　D　　$B \times C$

由主次关系确定最佳水平组合. 首先由 $A \times B$ 看因素 A 与 B 如何搭配最好.

由试验结果看,因素 A 与 B 的各种搭配试验平均结果如下表:

$A \times B$ 表

B A	B_1	B_2
A_1	$\dfrac{-0.187 + (-0.463)}{2}$	$\dfrac{-0.32 + (-0.58)}{2}$
A_2	$\dfrac{-0.617 + (-0.57)}{2}$	$\dfrac{0.09 + (-0.083)}{2}$

即

B A	B_1	B_2
A_1	-0.325	-0.45
A_2	-0.594	0.004

由 $A \times B$ 表看出 $A_2 B_2$ 效果最好,由 B 看也是 B_2 最好(如果与 $A \times B$ 确定结果有矛盾,应服从前者,因为 $A \times B$ 比 B 重要),由 C 看 C_1 好. 对于 $A \times C$ 同样列表.

$A \times C$ 表

C A	C_1	C_2
A_1	$\dfrac{-0.187 + (-0.32)}{2}$	$\dfrac{-0.463 + (-0.58)}{2}$
A_2	$\dfrac{-0.617 + 0.09}{2}$	$\dfrac{0.57 + (0.083)}{2}$

即

C A	C_1	C_2
A_1	-0.254	-0.522
A_2	-0.264	0.327

由 $A \times C$ 表看 $A_1 C_1$ 较好,但前面由 $A \times B$ 已确定 A_2 最好,所以确定 $A_2 C_1$.

由 D 确定 D_1 最好,综合得最佳水平组合为 $A_2 B_2 C_1 D_1$,即第 7 号试验.

由上可知,对有交互作用的试验,因素之间的交互作用如果影响较大,应进行如上面的 $A \times B$ 表,$A \times C$ 表计算,确定最佳水平组合.

有交互作用的试验,一般都用二水平的正交表,如 $L_8(2^7)$,$L_{16}(2^{15})$ 等,而不用三水平表或四水平表,这是因为二水平的正交表两列的交互列为一列,分析起来比较容易,而三水平的正交表两列的交互列是两列,四水平正交表两列的交互列是三列,分析起来都比较麻烦. 用三水平表,如考虑交互作用至少要用正交表 $L_{27}(3^{13})$,用四水平表,考虑交互作用至少要用正交表 $L_{64}(4^{21})$,可见试验次数是很多的.

有时虽不一定要考虑交互作用,但在安排试验时也要尽可能避免因素与交互作用产生混杂. 如四个因素用 $L_8(2^7)$ 安排试验,一般将因素排在一、二、四、七列.

6.3.3 正交试验法的常用技巧

俗话说"熟能生巧",在推广应用正交试验法的过程中,人们为了减少试验次数,提高试验的成效,不断创造出许多很好且合理的方法,本节主要介绍常用的几种.

6.3.3.1 分区组

例如,某一试验有三个因素,每一因素三个水平,用正交表 $L_9(3^4)$ 安排试验,若将三个因素放在表的 1,2,3 列,要在甲、乙、丙三台机器上进行试验,每台机器试验九个试验中的三个,如何安排? 这时不能像如表 6-22 所示那样分配.

表 6-22　错误的分配

试验号 \ 因素	A	B	C	机器分配
1	1	1	1	甲
2	1	2	2	甲
3	1	3	3	甲
4	2	1	2	乙
5	2	2	3	乙
6	2	3	1	乙
7	3	1	3	丙
8	3	2	1	丙
9	3	3	2	丙

这样试验,对于因素 A 来说,第 1 水平全由机器甲试验,第 2 水平全由机器乙试验,第 3 水平全由机器丙试验,一般机器之间是有差别的,试验结果的差别不但有因素的作用,而且有机器的影响,所以应该使机器的影响对每个因素、各个水平的影响也均衡分散,正确的分配应如下表:

表 6-23　正确的分配

试验号 \ 因素	A	B	C	机器分配	
1	1	1	1	1	甲
2	1	2	2	2	乙
3	1	3	3	3	丙
4	2	1	2	3	丙
5	2	2	3	1	甲
6	2	3	1	2	乙
7	3	1	3	2	乙
8	3	2	1	3	丙
9	3	3	2	1	甲

这种办法叫分区组,如果不是三台机器,而是三个班次或三名操作人员,都可以用分区组的办法来分散它们的影响.

还用 $L_9(3^4)$ 来说,如果是四个因素,那表排满了,要用三台机器分别试验,如何安排? 这时就不好利用空列分区组了. 为了打乱机器对试验结果的系统影响,可以用随机化的方法,就是用抽签的办法决定每台机器试验哪三个试验. 当然,一般如果时间以及其他条件许可的前提下,尽量在一台设备上进行,有时为了加快进度才在几台设备上同时进行试验.

6.3.3.2　部分追加法

有时用正交表安排试验之后,经分析发现有的因素选择新的水平可能效果更好. 这时,新水平如何与其他因素的水平进行组合得最佳方案? 就要重新用正交表安排试验方案,如何安排可以减少试验次数? 如用 $L_9(3^4)$ 安排试验,因素 A 放在第 1 列,发现第 1 水平在 3 个水平中最差,可能第 4 水平要好一些,这时可以将原方案中的 1,2,3 号试验中的 A 的第 1 水平换成第 4 水平再进行试验,作为第 10,11,12 号试验,然后与原来试验中的第 4,5,6,7,8,9 号试验放在一起进行分析,可得最佳水平组合,具体如下表:

表 6-24　原试验

试验号 \ 因素	A	B	C
1	A_1	B_1	C_1
2	A_1	B_2	C_2
3	A_1	B_3	C_3
4	A_2	B_1	C_2
5	A_2	B_2	C_3
6	A_2	B_3	C_1
7	A_3	B_1	C_1
8	A_3	B_2	C_1
9	A_3	B_3	C_2

表 6-25　新试验

试验号 \ 因素	A	B	C
10	A_4	B_1	C_1
11	A_4	B_2	C_2
12	A_4	B_3	C_3
4	A_2	B_1	C_2
5	A_2	B_2	C_3
6	A_2	B_3	C_1
7	A_3	B_1	C_1
8	A_3	B_2	C_1
9	A_3	B_3	C_2

由表 6-24、表 6-25 看出,进行了 12 次试验,就相当于进行了两个 9 次试验.

6.3.3.3　大表套小表

细心的读者注意观察发现,$L_8(2^7)$ 的 2,4,7 列的前 4 行正好是一个 $L_4(2^3)$. 同样地,$L_{27}(3^{13})$ 中有 $L_9(3^4)$,依此类推,由于正交表有这个特点,所以在安排试验时可以将因素排在选定的几列. 这样如果试验中途因故暂停或试验已有明显效果,可以先就用小表进行分析.

例如,苏州某床单厂曾在织机上做过一个试验,因素水平表如下:

表 6-26　因素水平表

因素 水平	A 经位置线（mm）	B 开口时间（mm）	C 梭棱时间（mm）	D 经纱张力
1	停经架 25 后梁 24	220	235	松
2	停经架 35 后梁 30	240	245	紧

用 $L_8(2^7)$ 安排试验，考核指标是分散跳纱只数（越少越好），试验方案如下：

表 6-27　试验方案

因素 试验号	A 经位置线	B 开口时间	C 梭棱时间	D 经纱张力	分散跳纱 只数（只/米）
1	1 $\binom{25}{24}$	1 (220)	1 (235)	1 （松）	29
2	1 $\binom{25}{24}$	1 (220)	2 (245)	2 （紧）	13
3	1 $\binom{25}{24}$	2 (240)	1 (235)	2 （紧）	9
4	1 $\binom{25}{24}$	2 (240)	2 (245)	1 （松）	3
5	2	1	1	2	
6	2	1	2	1	
7	2	2	1	2	
8	2	2	2	2	

经 4 次试验，觉得效果已较好，进行分析，结果如下：

表 6-28　试验结果分析

因素 试验号	B	C	D	分散跳纱只数 （只/米）
1	1	1	1	29
2	1	2	2	13
3	2	1	2	9
4	2	2	1	3
K_1	42	38	32	
K_2	12	16	22	
$\lvert K_1 - K_2 \rvert$	30	12	10	

因素与子互作用的主次关系：

$$主 \longrightarrow 次$$
$$B \quad C \quad D$$

最佳水平组合 $(A_1)B_2C_2D_2$.

为了选取 A 的最佳水平，将 $A_2B_2C_2D_2$ 与 $A_1B_2C_2D_2$ 进行对比试验，结果 $A_2B_2C_2D_2$ 最好，经使用，效果很好.

用正交来安排试验还有许多技巧，这里就不作介绍了. 相信读者在应用正交设计中，一定会不断地创造出一些好的技巧.

练习题 6.3

1. 某毛纺厂为了摸清洗呢工艺对织物弹性的影响，今进行四因素二水平的试验，试验指标为织物弹性(数值越大越好).

水平 \ 因素	A 洗呢时间(min)	B 洗呢温度(℃)	C 洗剂液浓度(%)	D 煮呢槽
12	20	30	5	单
2	30	50	10	双

现用 $L_8(2^7)$ 安排试验，A,B,C,D 安排在 1,2,4,7 列，其试验结果指标为：150，135，156，147，130，131，144，131，试用直观分析法分析只考虑 A,B,C 的一级交互作用的最优洗呢工艺.

2. 为了提高某化工产品的产量，寻求较好的工艺条件，现安排两因素三水平试验如下：

水平 \ 因素	反应温度 A(℃)	反应压力 B(kg)
1	60	2
2	65	2.5
3	70	3

试验号 \ 水平 \ 因素	A 1	B 2	$A \times B$ 3 4	试验结果产量 (kg)
1	1	1	1 1	4.63
2	1	2	2 2	6.13
3	1	3	3 3	6.80
4	2	1	2 3	6.33
5	2	2	3 1	3.40
6	2	3	1 2	3.97
7	3	1	3 2	4.73
8	3	2	1 1	3.90
9	3	3	2 3	6.53

试作直观分析，优选工艺条件.

3. 为了研制耐磨性能好,加工出的工件光洁度高的圆弧刃钻头,选了四个因素,每个因素三个水平:

因素 水平	R 圆弧刃钻头圆弧 半径(mm)	2α 钻头顶角(°)	n 钻头转数(r/min)	S 进刀量(mm/r)
1	$0.65D = 11.7$	115	670	0.90
2	$0.5D = 9.0$	105	850	0.67
3	$0.75D = 13.5$	125	1050	1.20

用 $L_9(3^4)$ 安排试验,结果为(刃磨一次钻头可打孔数):700,48,10,26,600,45,36,23,800,试分析试验结果.

阅读材料

中国现代数学的发展

中国传统数学在宋元时期达到高峰,以后渐走下坡路. 20 世纪重登世界数学舞台的中国现代数学,主要是在西方数学影响下进行的.

西方数学比较完整地传入中国,当以徐光启和利玛窦翻译出版《几何原本》前六卷为肇始,时在 1607 年. 清朝初年的康熙帝玄烨,曾相当重视数学,邀请西方传教士进宫讲解几何学、测量术和历法,但只是昙花一现. 鸦片战争之后,中国门户洞开,再次大规模吸收西方数学,其主要代表人物是李善兰. 他熟悉中国古代算学,又善于汲取西方数学的思想. 1859 年,李善兰和英国教士伟烈亚力合译美国数学家鲁米斯所著的《代微积拾级》,使微积分学思想首次在中国传播,并影响日本. 李善兰在组合数学方面很有成就,著称于世的有李善兰恒等式:

$$\sum_{j=0}^{k} \binom{k}{j} \binom{n+2k-j}{2k} = \binom{n+k}{k}^2.$$

1866 年,北京同文馆增设天文算学馆,聘李善兰为第一位数学教习. 由于清廷政治腐败,数学发展十分缓慢. 反观日本,则是后来居上. 日本在 19 世纪 70 年代还向中国学习算学,《代微积拾级》是当时日本所能找到的最好的微积分著作. 但到 1894 年的甲午战争之后,中日数学实力发生逆转. 1898 年,中国向日本大量派遣留学生,其中也包括数学方面的留学生.

1911 年辛亥革命之前,有三位留学国外的数学家最负盛名. 第一位是冯祖荀,浙江杭县人,1904 年去日本京都第一高等学校就读,然后升入京都帝国大学研修数学. 回国后曾在北京大学长期担任数学系系主任. 第二位是秦汾,江苏嘉定人,1907 年和 1909 年在哈佛大学获学士和硕士学位,回国后写过许多数学教材,担任北京大学理科学长及东南大学校长之后,弃学从政,任过财政部次长等. 郑桐荪在美国康奈尔大学获学士学位,后在创建清华大学数学系时颇有贡献.

由于 1908 年美国退回部分庚子赔款,用于青年学生到美国学习. 因此,中国最早的数学博士多在美国获得. 胡明复于 1917 年以论文《具边界条件的线性微积分方程》,在哈佛大学获博士学位,是中国以现代数学研究获博士学位的第一人. 他返国后创办大同大学,参与《科学》杂志的编辑,很有声望,惜因溺水早逝. 1918 年,姜立夫亦在哈佛大学获博士学位,专长几何. 他回国后创办南开大学,人才辈出,如陈省身、江泽涵、吴大任等,姜立夫是中国现代数学的先驱.

20 世纪 20 年代,中国各地的大学纷纷创办数学系. 自国外留学回来的数学家担任教授,开始培养中国自己的现代数学人才. 其中比较著名的有熊庆来,1913 年赴法国学采矿,后改攻数学. 1921 年回国后在东南大学、清华大学等校任数学教授,声誉卓著. 1931 年再度去法国留学,获博士学位,以研究无穷级整函数与亚纯函数而闻名于世.

陈建功和苏步青先后毕业于日本东北帝国大学数学系. 他们分别于 1930 年和 1931 年回国,在浙江大学担任数学教授. 他们锐意进取,培植青年,使浙江大学成为我国南方最重要的数学中心. 陈建功以研究三角函数论、单叶函数论及函数逼近论著称. 他在 1928 年发表的《关于具有绝对收敛傅里叶级数的函数类》中指出:有绝对收敛三角级数的函数的充要条件是杨氏函数,此结果与英国数学大家哈代和李特尔伍德同时得到,标志着中国数学研究的论文已能达到国际水平. 苏步青以研究射影微分几何而著称于世. 他的一系列著作,如《射影曲线概论》《一般空间微分几何》《射影曲面概论》等,在国内外都产生了相当影响,曾被称为中国的微分几何学派. 1952 年,他们从浙江大学转到上海复旦大学,使复旦大学数学系成为中国现代数学的重要基地.

1930 年前后,清华大学数学系居于中国数学发展的中心地位,系主任是熊庆来,郑桐荪是资深教授. 另外两位教授都在 1928 年毕业于美国芝加哥大学数学系,获博士学位. 其中孙光远专长微分几何,他招收了中国的第一位数学硕士生(陈省身);杨武之则专长代数和数论,以研究华林问题著称. 这时的清华,还有两个杰出的青年学者,这就是来自南开大学的陈省身和自学成才的华罗庚. 陈省身于 1911 年生于浙江嘉兴,1926 年入南开大学,1930 年毕业后转到清华,翌年成为孙光远的研究生,专习微分几何. 1934 年去汉堡大学,在布拉士开指导下获博士学位,旋去巴黎,在嘉当处进行访问,得其精华. 1937 年回国后在西南联大任教. 抗日战争时期,受外尔之邀到美国普林斯顿高等研究院从事研究,以解决高维的高斯 – 邦内公式,提出后来被称为"陈省身类"的重要不变量,为整体微分几何奠定基础,其影响遍及整个数学. 抗日战争结束后回国,1949 年再去美国,1983 年获世界最高数学奖之一的沃尔夫奖.

华罗庚是传奇式的数学家. 他自学成才,1929 年他只是江苏金坛中学的一名职员,却发表了《苏家驹之代数的五次方程解法不能成立之理由》,此文引起清华大学数学教授们的注意,系主任熊庆来遂聘他到清华任数学系的文书,华罗庚最初随杨武之学习数论,在华林问题上很快做出了成果,破例被聘为教员. 1936 年去英国剑桥大学,接受哈代的指导. 抗日战争时期,华罗庚写成《堆垒素数论》,系统地总结、发展与改进了哈代与李特尔伍德的圆法、维诺格拉多夫的三角和估计方法,以及他本人的方法. 发表至今已 40 年,其主要结果仍居世界领先地位,仍是一部世界数学名著. 战后曾去美国,1950 年返回中国,担任中国科学院数学研究所的所长. 他在数论、代数、矩阵几何、多复变函数论以及普及数学上的成就,使他成为世界级的著名数学家. 他的名字在中国更是家喻户晓,成为聪敏勤奋的同义语.

20 世纪 30 年代初的清华大学,汇集了许多优秀的青年学者. 在清华大学数学系先后就读的有柯召、许宝騄、段学复、徐贤修,以及物理系毕业、研究应用数学的林家翘等,他们后来均成为中国数学的中坚以及世界著名数学家.

许宝騄是中国早期从事数理统计和概率论研究,并达到世界先进水平的一位杰出学者. 1938—1945 年,他在多元分析与统计推断方面发表了一系列论文,以出色的矩阵变换技巧,推进了矩阵论在数理统计中的应用,他对高斯 – 马尔可夫模型中方差的最优估计的研究,是许多研究工作的出发点. 20世纪50年代以来,为培养新中国的数理统计学者和开展概率统计研究做出许多贡献.

林家翘是应用数学家,清华大学毕业后去加拿大、美国留学.师从流体力学大师冯·卡门. 1944年,他成功地解决了争论多年的平行平板间的流动稳定性问题,发展了微分方程渐近理论的研究. 60年代开始,研究螺旋星系的密度波理论,解释了许多天文现象.

20年代军阀混战时期,因经费严重不足,北京大学的学术水平不及由美国退回庚款资助的清华大学数学系.进入30年代,以美国退回庚款为基础的中华文化教育基金会也拨款资助北京大学,更由于江泽涵在哈佛大学获博士学位后加盟北大,程毓淮获德国哥廷根大学博士学位后来北大任教,阵容渐强.学生中有后来成名的樊畿,王湘浩(1915—1993)等.

20世纪30年代的中国青年数学家还有曾炯之,他在哥廷根大学跟随杰出的女数学家诺特研究代数,1933年完成关于"函数域上可除代数"的两个基本定理,后又建立了拟代数封闭域层次论,蜚声中外,抗日战争时期因病在西昌去世.周炜良为清末民初数学家周达之子,家庭富有,在美国芝加哥大学毕业后,转到德国莱比锡大学,在范·德·瓦尔登指导下研究代数几何,于1936年获博士学位,一系列以他名字命名的"周坐标""周形式""周定理""周引理",使他享有盛誉.抗日战争胜利后去美国约翰·霍普金斯大学任教,直至退休.

1935年,中国数学会在上海成立,公推胡敦复为首届董事会主席,会上议决出版两种杂志:一种是发表学术论文的《中国数学会学报》,后来发展成今日的《数学学报》;一种是普及性的《数学杂志》,相当于今日的《数学通报》.中国数学会的成立,标志中国现代数学已经建立,并将很快走向成熟.

最早访问中国的著名数学家是罗素,他于1920年8月到达上海,在全国各地讲演数理逻辑,由赵元任做翻译,于次年7月离去.法国数学家班勒卫和波莱尔也在20年代末以政治家身份访华. 1932年,德国几何学家布拉希开到北京大学讲学,陈省身、吴大任等受益很多. 1932—1934年间,汉堡大学年轻的拓扑学家斯披涅儿也在北京大学讲课. 1934年4月,美国著名的常微分方程和动力系统专家伯克霍夫也到过北大.此后来华的是美国哈佛大学教授奥斯古德,他在北京大学讲授函数论.

控制论创始人,美国数学家维纳来清华大学电机系访问,与李郁荣合作研究电网络,同时在数学系讲授傅里叶变换理论等.维纳于1936年去挪威奥斯陆参加国际数学家大会,注明他是清华大学的代表.

抗日战争开始之后,中国现代数学发展进入一个新时期.一方面是异常清苦的战时生活,与外界隔绝的学术环境;另一方面则是无比高涨的研究热情,硕果累累的科学成就.在西南联合大学(北大、清华、南开)的数学系,姜立夫、杨武之、江泽涵等领导人正值中年,而刚满30岁的年轻教授如华罗庚、陈省身、许宝騄等,都已达到当时世界的先进水平.例如,华罗庚的《堆垒素数论》,陈省身证明高斯－邦内公式,许宝騄发展矩阵论在数理统计的应用,都产生于这一时期.他们培养的学生,如王宪钟、严志达、吴光磊、王浩、钟开莱等,日后都成为著名数学家.与此同时,位于贵州湄潭的浙江大学,也由陈建功、苏步青带领,培养出程民德、熊全治、白正国、杨忠道等一代数学学者.如果说在20世纪20年代中国创办的大学已能培养自己的数学学士,那么在 20 世纪 30 年代的北大、清华、浙大等名校,已能培养自己的数学硕士,而到抗日战争时期的 20 世纪 40 年代,从教员的学术水准、开设的课程以及学生的成绩来看,应该说完全能培养自己的数学博士了.从 1917 年中国人第一次获得数学博士,到实际上具备培养自己的数学博士的水平,前后不过 20 余年的时间,发展不可谓不快.

1949 年成立中华人民共和国之后,中国现代数学有了长足的发展,原来已有建树的解析数论、三角级数论、射影微分几何等学科继续发展.在全面学习苏联的 20 世纪 50 年代,与国民经济发展有密切关系的微分方程、概率论、计算数学等学科获得应有的重视,使整个数学获得全面和均衡地进步.高等学校数学系大规模招生,严谨的教学方式培养出大批训练有素的数学工作者.在这一时期内,做出重要贡献的有吴文俊.他于 1940 年在上海交通大学毕业,后去法国留学,获博士学位.他在拓扑学方面的主要贡献有关于施蒂费尔 – 惠特尼示性类的吴(文俊)公式,吴(文俊)示性类,以及关于示嵌类的研究.20 世纪 70 年代起,吴文俊提出了使数学机械化的纲领,其一个自然的应用是定理的机器证明,这项工作现在正处于急剧发展中.吴文俊的数学机械化思想来源于中国传统数学.因此,吴文俊的工作显示出中国古算法与现代数学的有机结合,具有浓烈的中国特色.

20 世纪 50 年代以来的一些青年数学家的工作值得注意,如陈景润、王元、潘承洞在数论方面的研究,特别是对哥德巴赫猜想的重大推进.杨乐、张广厚关于亚纯函数值分布论的研究,谷超豪在微分几何与非线性偏微分方程方面的研究,夏道行关于线性算子谱论和无限维空间上调和分析的研究,陆启铿、钟家庆在多复变函数论与微分几何方面的研究,都有国际水平的成果.20 世纪 80 年代以来,还有姜伯驹(不动点理论)、张恭庆(临界点理论)、陆家羲(斯坦纳三元素)等人的工作,十分优秀.廖山涛在微分动力系统研究上做出了独特的贡献.

中国数学家参加国际数学家大会始自 1932 年.北京数学物理学会的熊庆来和上海交通大学的许国保作为中国代表参加了那一年在苏黎世举行的会议.中山大学的刘俊贤则是参加 1936 年奥斯陆会议的唯一中国代表(不计算维纳代表清华大学与会).此后由于代表权问题,中国大陆一直未派人与会.华罗庚、陈景润收到过到大会做报告的邀请.1983 年,中国科学院计算数学家冯康被邀在华沙大会上作 45 分钟的报告,都因代表权问题未能出席.1986 年,中国在国际数学家联盟的代表权问题得到解决:中国数学会有三票投票权.这一年在美国加州伯克莱举行的大会上,吴文俊作了 45 钟报告(关于中国数学史).

20 世纪 80 年代以来,中国数学研究发展很快.从原来的中国科学院数学研究所又分立出应用数学研究所和系统科学研究所.由陈省身担任所长的南开数学研究所向全国开放,发挥了独特的作用.北京大学、复旦大学等著名学府也成立了数学研究所.这些研究机构的数学研究成果正在逐渐接近国际水平.《数学年刊》《数学学报》都相继出版了英文版,在国外的影响日增,1990 年收入世界数学家名录的中国学者有 927 名.先后在中国国内设立的数学最高奖有陈省身奖和华罗庚奖.1990 年起,为了支持数学家率先赶上世界先进水平的共同愿望,除了正常的自然科学基金项目之外,又增设了专项的天元数学基金.这一措施也大大促进了数学研究水平的提升.

第二部分　数学实验

初步认识 Mathematica

一、Mathematica 的启动与运行

Mathematica 是美国 Wolfram 公司研究生产的一种数学分析型的软件,以符号计算见长,也具有高精度的数值计算功能和强大的图形功能.

假设在 Windows 环境下已安装好 Mathematica 5.0,启动 Windows 后,执行"开始"→"程序"→"Mathematica 5"命令,就启动了 Mathematica 5.0.

输入"$1+1$",然后按下【Shift】+【Enter】组合键,这时系统开始计算并输出计算结果,并给输入和输出附上次序标识 In[1] 和 Out[1],注意 In[1] 是计算后才出现的;再输入第二个表达式,要求系统将一个二项式 x^6+y^6 展开,按【Shift】+【Enter】组合键输出计算结果后,系统分别将其标识为 In[2] 和 Out[2],如:

In[1] $=1+1$

Out[1] $=2$

In[2] $=$ Factor[x^6 $+y$^6]

Out[2] $=(x^2+y^2)(x^4-x^2y^2+y^4)$

注意:

(1) Mathematica 严格区分大小写,一般地,内建函数的首写字母必须大写,有时一个函数名由几个单词构成,则每个单词的首写字母也必须大写. 例如,求局部极小值函数 FindMinimum[f[x],{$x,x0$}] 等.

(2) 在 Mathematica 中,函数名和自变量之间的分隔符是用方括号"[ ]",而不是一般数学书上用的圆括号"( )",初学者很容易犯这类错误.

如果输入了不合语法规则的表达式,系统会显示错误信息,并且不给出计算结果. 例如,要画正弦函数在区间 [$-10,10$] 上的图形,输入 plot[Sin[x],{$x,-10,10$}],则系统提示"可能有拼写错误,新符号'plot'很像已经存在的符号'Plot'",实际上,系统作图命令"Plot"第一个字母必须大写.

一个表达式只有准确无误,方能得出正确结果. 学会看系统出错信息能帮助我们较快找

出错误,提高工作效率.完成各种计算后,执行"文件"→"退出"菜单命令退出.如果文件未存盘,系统提示用户存盘,文件名以".nd"作为扩展名,称为 Notebook 文件.以后想使用本次保存的结果时可以通过"文件"→"打开"菜单命令读入,也可以直接双击文件,系统自动调用 Mathematica 将它打开.

Mathematica 可以做许多符号演算工作:如进行多项式的计算、因式分解、展开,进行各种有理式计算,求多项式、有理式方程和超越方程的精确解和近似解,求极限、导数、积分、幂级数展开,求解某些微分方程等.

二、算术运算

Mathematica 中用"＋""－""＊""/"和"^"分别表示算术运算中的加、减、乘、除和乘方.并且一些特殊数学常数有其特殊的表示方法:

Pi 表示圆周率 π;E 表示无理数 e;I 表示虚数单位;Degree 表示 $\pi/180$;Infinity 表示无穷大.

例 1 计算 $\sqrt[4]{100} \times \left(\dfrac{1}{9}\right)^{-\frac{1}{2}} + 8^{-\frac{1}{3}} \times \left(\dfrac{4}{9}\right)^{\frac{1}{2}} \times \pi$.

输入　$100\text{^}(1/4) * (1/9)\text{^}(-1/2) + 8\text{^}(-1/3) * (4/9)\text{^}(1/2) * \text{Pi}$

则输出　　　　　　　　　　　　　　　　$3\sqrt{10} + \dfrac{\pi}{3}$

这是准确值. 如果要求近似值,再输入

$$N[\%]$$

则输出　　　　　　　　　　　　　　　　10.534

这里"%"表示上一次输出的结果,命令"N[%]"表示对上一次的结果取近似值.

三、有理式运算

例 2 求多项式的乘法运算(即展开代数式):$(2+x)^3(x-2y)^3$.
输入、输出分别如下:

$\text{In}[1] = \text{Expand}[(2+x)\text{^}3(x-2y)\text{^}3]$

$\text{Out}[1] = 8x^3 + 12x^4 + 5x^5 + x^6 - 48x^2y - 72x^3y - 36x^4y - 6x^5y + 96xy^2 +$
$\qquad\quad 144x^2y^2 + 72x^3y^2 + 12x^4y^2 - 64y^3 - 96xy^3 - 48x^2y^3 - 8x^3y^3$

注:其中 Expand 是 Mathematica 的函数名称,在英文中有"展开"的意思,它表示展开方括号内的代数式.注意函数名的首字母必须是大写,以后的各题都是如此.全部输入完毕后,按【Shift】+【Enter】键.

例 3 因式分解:$-x^3 - x^2 + 8x + 12$.
输入、输出分别如下:

$$\text{In}[2] = \text{Factor}[-x\text{^}3 - x\text{^}2 + 8x + 12]$$
$$\text{Out}[2] = -(-3+x)(2+x)^2$$

注:其中的 Factor 是 Mathematica 的函数名称,在英文中有"因式"的意思,它表示对括号内的代数式进行因式分解,全部输入完毕后,按【Shift】+【Enter】组合键.

例 4 通分并化简：$\dfrac{x^2-4x+1}{x^2-x}+\dfrac{x^2+3x-4}{x^2-1}$.

输入、输出分别如下：

$$\text{In}[3] = \text{Together}\left[\frac{x^\wedge2-4x+1}{x^\wedge2-x}+\frac{x^\wedge2+3x-4}{x^\wedge2-1}\right]$$

$$\text{Out}[3] = \frac{1-7x+2x^3}{(-1+x)\times(1+1)}$$

注意：分数线用"【Ctrl】+【/】"输入，其中的"【/】"只能用大键盘上的，并且在输入"【Ctrl】+【/】"前，必须选定（即用鼠标或键盘将整个分子涂黑）整个分子，输完"【Ctrl】+【/】"后，分数线自动产生，并且在分母的位置出现一个黑点，由操作者在黑点处输入分母后，按右方向键即可使光标回到正常位置.

其中的 Together 为函数名，在英文中有"一起"的意思，它表示将方括号内的分式进行通分并化简.

例 5 解方程：$x^2-2x-8=0$.

输入、输出分别如下：

$$\text{In}[4] = \text{Solve}[x^\wedge2-2x-8==0,x]$$
$$\text{Out}[4] = \{\{x->-2\},\{x->4\}\}$$

注：Solve 是函数，在英文中有"解答"的意思，它表示解方括号内的方程.

Mathematica 规定：方程中的等号必须用双等号表示，即连续输入两个等号，后面的"x"表示所给方程的未知数为 x（尽管这个方程只有一个字母，但操作者还是要指出未知数）. 在输出式子中，Mathematica 给出了方程的两个解为 x = -2 和 x = -4.

注意：Mathematica 所给出的解与我们所习惯的写法有所不同.

例 6 解方程 $2x+3y=0$，其中 y 为未知数.

输入、输出分别如下：

$$\text{In}[5] = \text{Solve}[2x+5y-3==0,y]$$
$$\text{Out}[5] = \left\{\left\{y->\frac{1}{5}(3-2x)\right\}\right\}$$

注意：解方程必须要指定未知数.

例 7 解方程：$\sqrt{x-1}+\sqrt{x+1}=0$.

输入、输出分别如下：

$$\text{In}[6] = \text{Solve}[\sqrt{x-1}+\sqrt{x+1}==0,x]$$
$$\text{Out}[6] = \{\}$$

注：输入式中的根号用"【Ctrl】+【2】"键，再在根号内的黑框处输入被开方式.

输出式是一个空的花括号，这表示所给方程无解.

例8 解方程组 $\begin{cases} x + y = 1, \\ x^2 + y^2 = 1. \end{cases}$

输入、输出分别如下：

$$In[7] = Solve[\{x + y = = 1, x^\wedge2 + y^\wedge2 = = 1\}, \{x, y\}]$$
$$Out[7] = \{\{x \to 0, y \to 1\}, \{x \to 1, y \to 0\}\}$$

注意：在输入式中，方程组中的各方程必须用逗号隔开后放在花括号内，而两个未知数也用逗号隔开后放在花括号内，两个花括号间用逗号分开.

输出式中表示所给的方程组有两个解：$\begin{cases} x = 0, \\ y = 1 \end{cases}$ 和 $\begin{cases} x = 1, \\ y = 0. \end{cases}$

例9 解方程：$\sin x + 3\cos x = 1$.

输入、输出分别如下：

$In[8] := Solve[Sin[x] + 3Cos[x] = = 1, x]$

　　　Solve :: ifun：

　　　Inverse functions are being used by Solve, so some solutions may not be

　　　　found：use Reduce for complete solution information.

$$Out[8] = \left\{ \left\{ x \to \frac{\pi}{2} \right\}, \left\{ x \to -Arccos\left[\frac{3}{5} \right] \right\} \right\}$$

注意：方括号内的函数名首字母也必须大写.

将命令输入完毕后，Mathematica 给出两个解：$x = \dfrac{\pi}{2}$，$x = -\arccos\dfrac{3}{5}$. 在这两个解的上方给出提示：这两个解并不是所给方程的全部解. 这个提示很容易得到验证，因为除了 $x = \dfrac{\pi}{2}$ 外，$x = 2k\pi + \dfrac{\pi}{2}(k \in \mathbf{R})$ 也全是所给方程的解.

例10 求方程 $2x^3 - 3x^2 + x - 6$ 的近似解.

输入、输出分别如下：

$$In[9] = NSolve[2x^\wedge3 - 3x^\wedge2 + x - 6 = = 0, x]$$
$$Out[9] = \{\{x \to -0.25 - 1.19896 \ I\}, \{x \to -0.25 + 1.19896 \ I\}, \{x \to 2\}\}$$

注意：NSolve 是函数，它只是在 Solve 函数的前面加了一个大写字母"N"，表示求方程号内的方程的近似解.

从输出式中可以看到，这个方程共有 3 个解，其中一对为共轭虚根.

实训一 一元函数作图

一、实训目的

初步学会利用 Mathematica 绘制一元函数在直角坐标系中的图形,会画出用参数方程表示的函数图形,会画出用极坐标表示的函数图形. 初步学会利用 Mathematica 画出有颜色与虚线的函数图形,并据此观察函数的周期性、变化趋势等函数的一些性态.

二、基本命令

1. $Plot[f[x], \{x, a, b\}]$:用于绘制一元函数的图形.
2. $Plot[\{f(x), g[x]\}, \{x, a, b\}]$:用于绘制,在同一直角坐标系中的图形.
3. $ParametricPlot[\{x(t), y(t)\}, \{t, tmin, tmax\}]$:用于绘制参数方程的图形.
4. $PloarPlot[r, \{\theta, \theta min, \theta max\}]$:用于绘制极坐标方程的图形.
5. $Which[test1, value1, test2, value2, \cdots]$:表示分段函数.
6. 函数名$[x_, y_] := $函数表达式:表示自定义函数.
7. $PlotStyle \rightarrow \{ \quad \}$:根据不同的方式作函数图形.
8. $PlotStyle \rightarrow \{Orange\}$:绘制橙色曲线,$PlotStyle \rightarrow \{Red\}$:绘制红色曲线.
9. $Show$:用于作图函数的重新显示及图形组合显示.

三、实训内容

(一)初等函数的图形

例 1.1 作出指数函数 $y = e^x$ 和对数函数 $y = \ln x$ 的图形.

输入命令:

$Plot[Exp[x], \{x, -2, 2\}]$

则输出指数函数 $y = e^x$ 的图形如下:

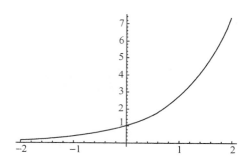

输入命令：

Plot[Log[x],{x,0.001,5},PlotRange->{{0,5},{-2.5,2.5}},AspectRatio->1]

则输出对数函数 $y=\ln x$ 的图形如下：

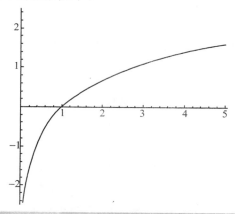

　　注：(1) PlotRange->{{0,5},{-2.5,2.5}}是显示图形范围的命令. 第一组数{0,5}是描述 x 的, 第二组数{-2.5,2.5}是描述 y 的.

　　(2) 有时要使图形的 x 轴和 y 轴的长度单位相等，需要同时使用 PlotRange 和 AspectRatio 两个选项. 本例中输出的对数函数的图形的两个坐标轴的长度单位就是相等的.

例1.2 作出函数 $y=\sin x$ 和 $y=\csc x$ 的图形,观察其周期性和变化趋势.

为了比较，我们把它们的图形放在一个坐标系中.

输入命令：

Plot[{Sin[x],Csc[x]},{x,-2Pi,2Pi},PlotRange->{-2Pi,2Pi},

PlotStyle->{GrayLevel[0],GrayLevel1[0.5]},AspectRatio->1]

则输出的图形如下：

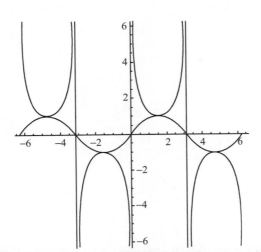

例1.3 作出函数 $y = \tan x$ 和 $y = \cot x$ 的图形,观察其周期性和变化趋势.

输入命令:

Plot[{Tan[x],Cot[x]} , {x, -2Pi,2Pi} , PlotRange -> { -2Pi,2Pi} ,

PlotStyle -> {GrayLevel[0],GrayLevel[0.5]} , AspectRatio ->1]

则输出的图形如下:

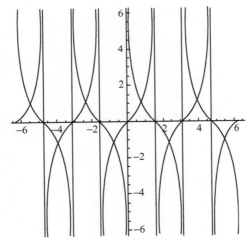

例1.4 将函数 $y = \sin x, y = x, y = \arcsin x$ 的图形作在同一坐标系内,观察直接函数和反函数的图形间的关系.

输入命令:

p1 = Plot[ArcSin[x] , {x, -1,1}]

p2 = Plot[Sin[x] , {x, -Pi/2,Pi/2} , PlotStyle -> GrayLevel[0.5]]

px = Plot[x , {x, -Pi/2,Pi/2} , PlotStyle -> Dashing[{0.01}]]

Show[p1 , p2 , px , PlotRange -> { { -Pi/2,Pi/2} , { -Pi/2,Pi/2} } , AspectRatio ->1]

则输出的图形如下：

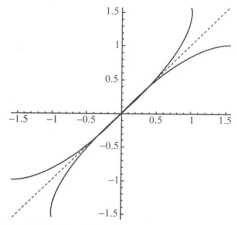

可以看到函数和它的反函数在同一个坐标系中的图形是关于直线对称的.

注：Show[…]命令把称为 $p1,p2$ 和 px 的三个图形叠加在一起显示. 选项 PlotStyle -> Dashing[{0.01}] 使曲线的线型是虚线.

例 1.5 给定函数

$$f(x) = \frac{5 + x^2 + x^3 + x^4}{5 + 5x + 5x^2}.$$

（1）画出 $f(x)$ 在区间 $[-4,4]$ 上的图形；

（2）画出区间 $[-4,4]$ 上 $f(x)$ 与 $\sin(x)f(x)$ 的图形.

（1）输入命令：

f[x_] = (5 + x^2 + x^3 + x^4)/(5 + 5x + 5x^2)

g1 = Plot[f[x], {x, -4, 4}, PlotStyle -> RGBColor[1,0,0]]

则输出 $f(x)$ 在区间 $[-4,4]$ 上的图形如下：

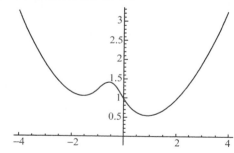

（2）输入命令：

g2 = Plot[Sin[x]f[x], {x, -4, 4}, PlotStyle -> RGBColor[0,1,0]]

Show[g1, g2]

则输出区间 $[-4,4]$ 上 $f(x)$ 与 $\sin(x)f(x)$ 的图形如下：

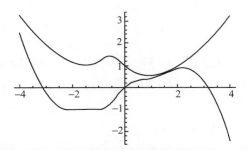

注：Show[…]命令把称为 $g1$ 与 $g2$ 的两个图形叠加在一起显示.

例1.6 在区间$[-1,1]$上画出函数 $y = \sin\dfrac{1}{x}$ 的图形.

输入命令：

Plot[Sin[1/x],{x,-1,1}]

则输出所求图形如下：

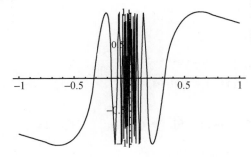

从图中可以看到函数 $y = \sin\dfrac{1}{x}$ 在 $x = 0$ 附近来回震荡.

（二）二维参数方程作图

例1.7 作出以参数方程 $x = 2\cos t, y = \sin t(0 \leqslant t \leqslant 2\pi)$ 所表示的曲线的图形.

输入命令：

ParametricPlot[{2Cos[t],Sin[t]},{t,0,2Pi},AspectRatio -> Automatic]

则输出所求图形如下：

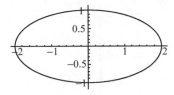

可以观察到这是一个椭圆.

注：在 ParametricPlot 命令中,选项 AspectRatio -> Automatic 与选项 AspectRatio -> 1 是等效的.

例1.8 分别作出星形线 $x = 2\cos^3 t, y = 2\sin^3 t(0 \leqslant t \leqslant 2\pi)$ 和摆线 $x = 2(t - \sin t), y =$

$2(1-\cos t)(0\leqslant t\leqslant 4\pi)$ 的图形.

输入命令：

ParametricPlot[{2Cos[t]^3,2 Sin[t]^3} , {t,0,2Pi} ,AspectRatio -> Automatic]

ParametricPlot[{2*(t-Sin[t]),2*(1-Cos[t])} , {t,0,4Pi} ,AspectRatio -> Automat-

ic]

则可以分别得到星形线和摆线的图形：

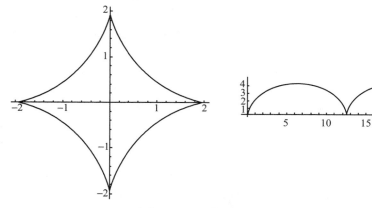

例 1.9 画出参数方程 $\begin{cases} x(t)=\cos t\cos 5t, \\ y(t)=\sin t\cos 3t \end{cases}$ 的图形.

输入命令：

ParametricPlot[{Cos[5t]Cos[t],Sin[t]Cos[3t]} , {t,0,Pi} ,

AspectRatio -> Automatic]

则分别输出所求图形如下：

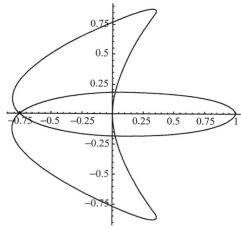

例 1.10 画出以下参数方程的图形：

$(1)\begin{cases} x(t)=5\cos\left(-\dfrac{11}{5}t\right)+7\cos t, \\ y(t)=5\sin\left(-\dfrac{11}{5}t\right)+7\sin t; \end{cases}$

（2）$\begin{cases} x(t) = (1 + \sin t - 2\cos 4t)\cos t, \\ y(t) = (1 + \sin t - 2\cos 4t)\sin t. \end{cases}$

（1）输入命令：

ParametricPlot[{5Cos[−11/5t]+7Cos[t],5Sin[−11/5t]+7Sin[t]},

{t,0,10Pi},AspectRatio−>Automatic]

则输出所求图形如下：

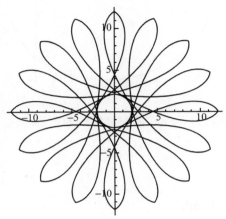

（2）输入命令：

ParametricPlot[(1+Sin[t]−2Cos[4∗t])∗{Cos[t],Sin[t]},{t,0,2∗Pi},

AspectRatio−>Automatic,Axes−>None]

则输出所求图形如下：

例1.11 作出极坐标方程为 $r = 2(1 - \cos t)$ 的曲线的图形.

当曲线用极坐标方程表示时，很容易将其转化为参数方程. 所以也可用命令ParametricPlot[…]来作极坐标方程表示的图形.

输入命令：

r[t_]=2∗(1−Cos[t])

ParametricPlot[{r[t]∗Cos[t],r[t]∗Sin[t]},{t,0,2 Pi},AspectRatio−>1]

可以观察到一条心脏线：

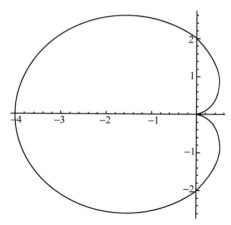

（三）极坐标方程作图

例 1. 12　作出极坐标方程为 $r = e^{t/10}$ 的对数螺线的图形.

输入命令：

$<<$ Graphics

执行以后再输入：

PolarPlot[Exp[t/10],{t,0,6Pi}]

则输出为对数螺线的图形如下：

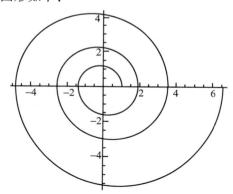

（四）隐函数作图

例 1. 13　作出由方程 $x^3 + y^3 = 3xy$ 所确定的隐函数的图形（笛卡尔叶形线）.

输入命令：

$<<$ Graphics\ImplicitPlot. m

执行以后再输入：

ImplicitPlot[x^3 + y^3 == 3x * y,{x, − 3,3}]

输出为笛卡尔叶形线的图形：

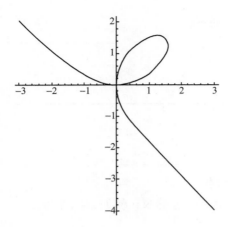

（五）分段函数作图

例 1.14　分别作出取整函数 $y = [x]$ 和函数 $y = -[x]$ 的图形.

输入命令：

Plot[Floor[x],{x,-4,4}]

则输出 $y = [x]$ 的图形如下：

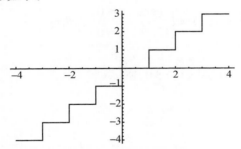

可以观察到取整函数 $y = [x]$ 的图形是一条阶梯形曲线.

输入命令：

Plot[x-Floor[x],{x,-4,4}]

得到函数 $y = x - [x]$ 的图形如下：

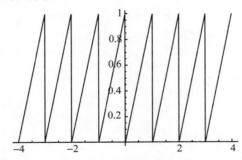

这是锯齿形曲线（注意：它是周期为 1 的周期函数）.

例 1.15　作出符号函数 $y = \operatorname{sgn} x$ 的图形.

输入命令：

Plot[Sign[x],{x,-2,2}]

就得到符号函数的图形如下：

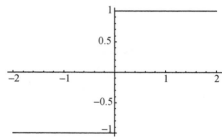

点 $x = 0$ 是它的跳跃间断点.

一般分段函数可以用下面的方法定义. 例如，对本例输入：

g[x_]: = -1/; x < 0

g[x_]: = 0/; x = 0

g[x_]: = 1/; x > 0

Plot[g[x], {x, -2, 2}]

便得到上面符号函数的图形. 其中组合符号"/;"的后面给出前面表达式的适用条件.

例 1.16 作出分段函数 $h(x) = \begin{cases} \cos x, & x \leq 0, \\ e^x, & x > 0 \end{cases}$ 的图形.

输入命令：

h[x_]: = Which[x <= 0, Cos[x], x > 0, Exp[x]]

Plot[h[x], {x, -4, 4}]

则输出所求图形如下：

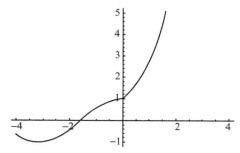

例 1.17 作出分段函数 $f(x) = \begin{cases} x^2 \sin \dfrac{1}{x}, & x \neq 0, \\ 0, & x = 0 \end{cases}$ 的图形.

输入命令：

f[x_]: = x^2 Sin[1/x]/; x! = 0

f[x_]: = 0/

x = 0

Plot[f[x], {x, -1, 1}]

则输出所求图形如下：

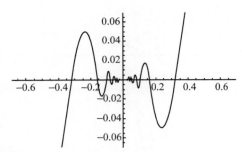

（六）函数性质的研究

例 1.18 研究函数 $f(x) = x^5 + 3e^x + \log_3(3-x)$ 在区间 $[-2,2]$ 上图形的特征.

输入命令：

$\mathrm{Plot}[x^5 + 3E^x + \mathrm{Log}[3,3-x], \{x,-2,2\}]$

则输出所求图形如下：

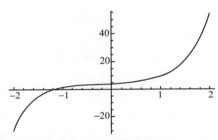

由图形容易看出，从左到右，图形渐渐上升，因而是增函数.

例 1.19 判断函数 $f(x) = \sin 2\pi x + \cos 2\pi x$ 是否为周期函数.

任选一个较大的范围，如取 $[-4,4]$，在此区间上画出函数的图形，如下图所示.

$\mathrm{Plot}[\mathrm{Sin}[2\mathrm{Pi}\ x] + \mathrm{Cos}[2\mathrm{Pi}\ x], \{x,-4,4\}]$

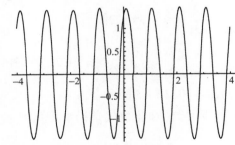

可以看出函数的图形以某一宽度为单位重复出现.

例 1.20 判断函数 $y = f(x) = x^3 + 3x^2 + 3x + 1$ 的反函数的存在性. 若存在，求反函数的表达式，并画出图形.

先解方程 $y = x^3 + 3x^2 + 3x + 1$，求 x. 输入命令：

$\mathrm{Solve}[y == x^3 + 3x^2 + 3x + 1, x]$

因此，所求反函数为 $y = -1 + \sqrt[3]{x}$. 再输入命令：

$\mathrm{Plot}[-1 + x^{(1/3)}, \{x,-3,3\}]$

则输出反函数在区间 $[-3,3]$ 内的图形如下：

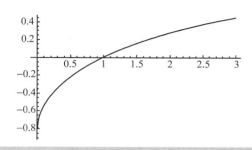

> **注**：若一个函数满足：一个 y 对应着一个 x，则其反函数一定存在，且在表达式中将 y 换成常量求解 x，即将所有的表达式中 y 换成 x，x 换成 y 即得到反函数的表达式.

四、练习题

1. 绘制初等函数 $f(x) = \ln x, x \in [-2,2]$ 的图形.

2. 绘制初等函数 $f(x) = \sec x, x \in [-2,2]$ 的图形.

3. 绘制初等函数 $f(x) = \arcsin x, x \in [-1,1]$ 的图形.

4. 绘制函数 $f(x) = \dfrac{\sin x}{x}, x \in [-5,5]$ 的图形.

5. 绘制分段函数 $f(x) = \begin{cases} \cos x + 1, & x \leqslant 0, \\ 1, & 0 < x \leqslant 1, \\ \sqrt{x}, & x > 1, \end{cases} x \in [-3,3]$ 的图形.

6. 绘制摆线 $\begin{cases} x = 2(t - \sin t), \\ y = 2(1 - \cos t) \end{cases} t \in [0,4\pi]$ 的图形.

7. 绘制参数方程 $\begin{cases} x = \cos t \cos 5t, \\ y = \sin t \cos 3t, \end{cases} t \in [0,\pi]$ 的图形.

8. 绘制参数方程 $\begin{cases} x = (1 + \sin t - 2\cos 4t)\cos t, \\ y = (1 + \sin t - 2\cos 4t)\sin t, \end{cases} t \in [0,2\pi]$ 的图形.

9. 绘制玫瑰线 $r = 3\cos 5\theta, \theta \in [0,2\pi]$ 的图形.

10. 在同一个坐标系内分别用绿色和蓝色线条描绘函数 $f(x) = \sin x, g(x) = \csc x$ 的图形，并观察函数的周期性.

11. 在同一个坐标系内画出函数 $f(x) = \cos x, g(x) = \sec x$ 的图形，并观察函数的周期性.

12. 在同一坐标系内用绿色线条画函数 $f(x) = \ln x$ 的图形，用蓝色线条画函数 $g(x) = e^x$ 的图形，再用虚线画函数 $h(x) = x$ 的图形，并观察互为反函数图形之间的关系.

13. 在同一坐标系内画出函数 $f(x) = \tan x, g(x) = \arctan x, h(x) = x$ 的图形，并观察互为反函数图形之间的关系.

实训二 极 限

一、实训目的

初步学会利用 Mathematica 求数列和函数的极限.

二、基本命令

1. $\text{Limit}[f[n], n \to \text{Infinity}]$:可用于求数列 $f(n)$ 的极限.

2. $\text{Limit}[f[x], x \to x0]$ 可用于求当 $x \to x_0$ 时函数 $f(x)$ 的极限.

3. $\text{Limit}[f[x], x \to x0, \text{Direction} \to 1]$:可用于求当 $x \to x_0^-$ 时函数 $f(x)$ 的极限,其中 Direction $\to 1$ 表示沿坐标轴正方向趋于 x_0.

4. $\text{Limit}[f[x], x \to x0, \text{Direction} \to -1]$:可用于求当 $x \to x_0^+$ 时函数 $f(x)$ 的极限,其中 Direction $\to 1$ 表示沿坐标轴负方向趋于 x_0.

5. $\text{Limit}[f[x], x \to \text{Infinity}]$:可用于求当 $x \to \infty$ 时函数 $f(x)$ 的极限.

6. $\text{Limit}[f[x], x \to -\text{Infinity}]$:可用于求当 $x \to -\infty$ 时函数 $f(x)$ 的极限.

7. $\text{Limit}[f[x], x \to +\text{Infinity}]$:可用于求当 $x \to +\infty$ 时函数 $f(x)$ 的极限.

三、实训内容

(一)作散点图

例 2.1 分别画出坐标为 (i, i^2),$(i^2, 4i^2 + i^3)$ $(i = 1, 2, \cdots, 10)$ 的散点图,并画出折线图.

分别输入命令:

```
t1 = Table[i^2, {i,10}]; g1 = ListPlot[t1, PlotStyle -> PointSize[0.02]]
g2 = ListPlot[t1, PlotJoined -> True]; Show[g1, g2]
t2 = Table[{i^2, 4i^2 + i^3}, {i,10}]
g1 = ListPlot[t2, PlotStyle -> PointSize[0.02]]
g2 = ListPlot[t2, PlotJoined -> True]; Show[g1, g2]
```

则分别输出所求图形如下:

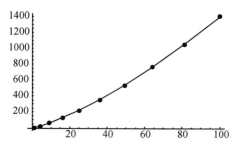

例 2. 2 画出前 25 个素数的散点图.

输入命令:

Table[Prime[n] , {n,25}]

ListPlot[Table[Prime[n] , {n,25}] , PlotStyle -> PointSize[0.015]]

则分别输出所求图形如下:

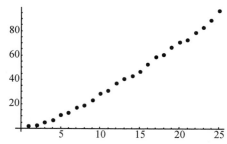

(二)数列极限

例 2. 3 观察数列 $\{\sqrt[n]{n}\}$ 的前 100 项变化趋势.

输入命令:

t = N[Table[n^(1/n) , {n,1,100}]]

ListPlot[t , PlotStyle -> PointSize[0.015]]

则分别输出所求图形如下:

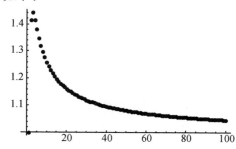

从图中可看出,这个数列似乎收敛于 1.

下面我们以数值的方式来说明这一变化趋势. 输入以下语句,并观察其数值结果.

m = 2 ; xn = 0 ;

For[i = 1 , i <= 1000 , i + = 50 , If[Abs[xn - 1] > 10^(- m) , xn = N[n^(1/n) , 20]]]

Print[i , ″ ″ , xn]

设该数列收敛于 $A = 1 + u(u \geqslant 0)$,不妨取 $u = 10^{-2}$,下面考察 $\sqrt[n]{n}$ 与 A 的接近程度. 输入

以下 Mathematica 语句：

u = 10^(-2)；A = 1 + u；m = 5；n = 3；an = Sqrt[3]；

While[Abs[A - an] > = 10^(-m), n + +；an = N[n^(1/n)]]

Print["n = ", n, "an = ", an, "|A - an| = ", Abs[A - an]]

结果表明：当 $n = 651, a_n = 1.01$ 时, a_n 与 $1 + 10^{-2}$ 的距离小于 10^{-5}.

例 2.4 观察 Fibonacci 数列的变化趋势.

Fibonacci 数列具有递推关系：$F_0 = 1, F_1 = 1, F_n = F_{n-1}$, 令 $R_n = \dfrac{F_n}{F_{n+1}}$.

输入命令：

fn1 = 1；fn2 = 1；rn = 1；

For[i = 3, i < = 14, i + + ,

Fn = fn2 + fn1；fn2 = fn1；fn1 = fn；rn = N[fn2/fn1 ,20]；dn = rn - rn1；

rn1 = rn；

Print[i, " ", fn1, " ", rn, " ", dn]]

其中第二列给出了 Fibonacci 数列的前 14 项, 第 3 列给出了 R_n 的值, 由第 4 列可以看出, $R_n - R_{n-1} \to 0$. 我们也可以用散点图来观察 Fibonacci 数列的变化趋势（如下图）, 输入命令：

Clear[f]；f[n_] : = f[n - 1] + f[n - 2]；f[0] = 1；f[1] = 1；

fab20 = Table[f[i] ,{ i,0,20}]；ListPlot[fab20, PlotStyle - > PointSize[0.02]]

Infab20 = Log[fab20]；ListPlot[Infab20, PlotStyle - > PointSize[0.02]]

则输出所求散点图如下：

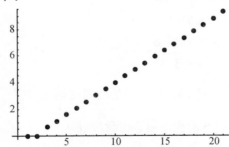

为了更好地观察数列的变化趋势, 我们可以利用 Mathematica 的动画功能来进一步观察数列随着 n 的增大的变化趋势.

例 2.5 通过动画观察：当 $n \to \infty$ 时数列 $a_n = \dfrac{1}{n^2}$ 的变化趋势.

输入命令：

Clear[tt]

tt = { 1,1/2^2,1/3^2}

Do[tt = Append[tt, N[1/i^2]]

ListPlot[tt, PlotRange - > { 0,1} , PlotStyle - > PointSize[0.02]] ,{ i,4,20}]

则输出所求图形动画如下：从图中可以看出所画出的点逐渐接近于 x 轴.

例 2.6 研究极限 $\lim\limits_{n\to\infty}\dfrac{2n^3+1}{5n^3+1}$.

输入命令：

Print［n，＂＂，Ai，＂＂，0.4－Ai］

For［i＝1，i<＝15，i＋＋，Aii＝N［（2i^3＋1）/（5i^3＋1），10］；

Bii＝0.4－Aii；Print［i，＂＂，Aii，＂＂，Bii］］

则输出

n	Ai	0.4 － Ai
1	0.5	－ 0.1
2	0.414634	－ 0.0146341
3	0.404412	－ 0.00441176
4	0.401869	－ 0.00186916
5	0.400958	－ 0.000958466
6	0.400555	－ 0.000555042
7	0.40035	－ 0.00034965
8	0.400234	－ 0.000234283
9	0.400165	－ 0.000164564
10	0.40012	－ 0.000119976
11	0.40009	－ 0.0000901442
12	0.400069	－ 0.0000694364
13	0.400055	－ 0.000054615
14	0.400044	－ 0.0000437286
15	0.400036	－ 0.0000355534

观察所得数表. 第一列是下标 n. 第二列是数列的第 n 项 $\dfrac{2n^3+1}{5n^3+1}$，它与 0.4 越来越接近.

第三列是数列的极限 0.4 与数列的项的差，逐渐接近 0.

再输入命令：

fn＝Table［（2n^3＋1）/（5n^3＋1），{n，15}］

ListPlot［fn，PlotStyle－>{PointSize［0.02］}］

则输出散点图如下：

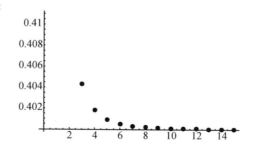

观察所得散点图,可见表示数列的点逐渐接近于直线 $y=0.4$.

例2.7 设 $x_1=\sqrt{2}$, $x_{n+1}=\sqrt{2+x_n}$. 从初值 $x_1=\sqrt{2}$ 出发,可以将数列一项一项地计算出来. 这样定义的数列称为递归数列.

输入命令:

f[1] = N[Sqrt[2],20];

f[n_]: = N[Sqrt[2+f[n-1]],20];

f[9]

则已经定义了该数列,并且求出它的第9项的近似值为

1.9999905876191523430.

输入命令:

fn = Table[f[n],{n,20}];

得到这个数列的前20项的近似值(输出结果略). 再输入命令:

ListPlot[fn,PlotStyle -> {PointSize[0.02]}];

输出图形如下:

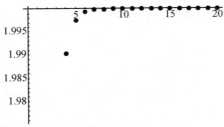

观察该散点图,表示数列的点越来越接近于直线 $y=2$.

例2.8 设数列 $\{x_n\}$ 与 $\{y_n\}$ 由下式确定:

$$x_1=1, y_1=2, x_{n+1}=\sqrt{x_n y_n}, y_{n+1}=\frac{x_n+y_n}{2}(n=1,2,\cdots).$$

观察 $\{x_n\}$ 与 $\{y_n\}$ 的极限是否存在.

输入命令:

Clear[f, g]; f[x_, y_] : = Sqrt[x * y];

g[x_, y_] : = (x + y)/2; xn = 1; yn = 2;

For[n = 2, n <= 100, n + +,

xN = xn; yN = yn; xn = N[f[xN, yN]]; yn = N[g[xN, yN]]];

Print["x100 = ", xn, " y100 =", yn]

运行该程序可判断出: $\{x_n\}$ 与 $\{y_n\}$ 有极限,且这两个极限值是相等的($x_{100}=y_{100}=$ 1.45679).

(三)函数的极限

例2.9 在区间 $[-4,4]$ 上作出函数 $f(x)=\dfrac{x^3-9x}{x^3-x}$ 的图形,并研究

$$\lim_{x\to\infty}f(x)\text{ 和}\lim_{x\to1}f(x).$$

输入命令:

Clear[f];f[x_] = (x^3 - 9x)/(x^3 - x);

Plot[f[x],{x, -4,4}]

则输出 $f(x)$ 的图形如下:

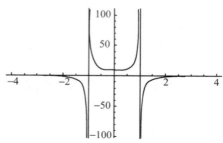

从图可猜测 $\lim\limits_{x \to 0} f(x) = 9$,$\lim\limits_{x \to 1} f(x)$ 不存在.

例 2.10 观察函数 $f(x) = \dfrac{1}{x^2}\sin x$ 当 $x \to \infty$ 时的变化趋势.

取一个较小的区间 $[1, 10]$,输入命令:

f[x_] = Sin[x]/x^2;Plot[f[x],{x,1,20}]

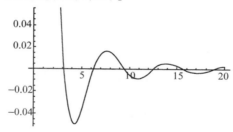

则输出 $f(x)$ 在这一区间上的图形如下:从图中可以看出图形逐渐趋于 0. 事实上,逐次取更大的区间,可以更有力地说明当 $x \to +\infty$ 时,$f(x) \to 0$.

作动画:分别取区间 $[10,15]$,$[10,20]$,$\cdots$,$[10,100]$ 画出函数的图形,输入以下命令:

i = 3;

While[i <= 20,Plot[f[x],{x,10,5 * i},PlotRange -> {{10,100},{ - 0.008,0.004}}];

i + +]

则输出 17 幅图,点黑右边的线框,并选择从前向后的播放方式播放这些图形,可得函数 $f(x) = \dfrac{1}{x^2}\sin x$ 当 $x \to \infty$ 时变化趋势的动画,从而可以更好地理解此时函数的变化趋势.

例 2.11 考虑函数 $y = \arctan x$.

输入命令:

Plot[ArcTan[x],{x, -50,50}]

则输出该函数的图形如下:

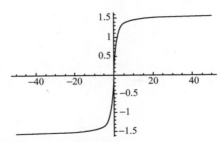

观察当 $x \to \infty$ 时, 函数值的变化趋势.

输入命令:

Limit[ArcTan[x], x -> Infinity, Direction -> +1]

Limit[ArcTan[x], x -> Infinity, Direction -> -1]

输出分别为 $\dfrac{\pi}{2}$ 与 $-\dfrac{\pi}{2}$.

考虑函数 $y = \mathrm{sgn}x$. 输入命令:

Limit[Sign[x], x -> 0, Direction -> +1]

Limit[Sign[x], x -> 0, Direction -> -1]

输出分别为 -1 与 1.

例 2.12 考虑第一个重要极限 $\lim\limits_{x \to 0}\dfrac{\sin x}{x}$.

输入命令:

Plot[Sin[x]/x, { x, -Pi, Pi }]

则输出函数 $\dfrac{\sin x}{x}$ 的图形如下:

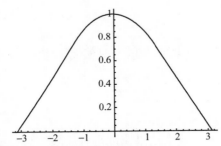

观察图中当 $x \to 0$ 时, 函数值的变化趋势. 输入

Limit[Sin[x]/x, x -> 0];

输出为 1, 结论与图形一致.

例 2.13 研究第二个重要极限 $\lim\limits_{x \to \infty}\left(1 + \dfrac{1}{x}\right)^{x}$.

输入命令:

Limit[(1 + 1/n)^n, n -> Infinity]

输出为 e.

再输入命令:

$$\text{Plot}\big[\,(1+1/x)\text{\textasciicircum}x,\{x,1,100\}\,\big]$$

则输出函数 $\left(1+\dfrac{1}{x}\right)^x$ 的图形如下：

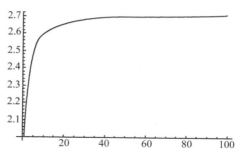

观察图中函数的单调性. 理解第二个重要极限 $\lim\limits_{x\to\infty}\left(1+\dfrac{1}{x}\right)^x=\mathrm{e}$.

例 2.14 考虑无穷大.

输入命令：

$$\text{Plot}\big[\,(1+2\ x)/(1-x),\{x,-3,4\}\,\big]$$

$$\text{Plot}\big[\,x\text{\textasciicircum}3-x,\{x,-20,20\}\,\big]$$

则分别输出两个给定函数的图形如下：

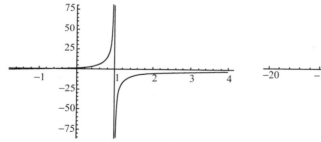 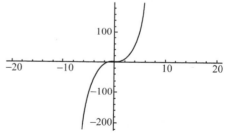

在第一个函数的图形中，$x\to 1$ 时函数的绝对值无限增大，在第二个函数的图形中，$x\to\infty$ 时函数的绝对值在无限增大.

输入命令：

$$\text{Limit}\big[\,(1+2x)/(1-x),x->1\,\big]$$

Mathematica 输出的是 $-\infty$. 这个结果应该是右极限.

例 2.15 考虑单侧无穷大.

输入命令：

$$\text{Plot}\big[\,\mathrm{E}\text{\textasciicircum}(1/x),\{x,-20,20\},\text{PlotRange}->\{-1,4\}\,\big]$$

$$\text{Limit}\big[\,\mathrm{E}\text{\textasciicircum}(1/x),x->0,\text{Direction}->+1\,\big]$$

$$\text{Limit}\big[\,\mathrm{E}\text{\textasciicircum}(1/x),x->0,\text{Direction}->-1\,\big]$$

则输出所给函数的图形如下：

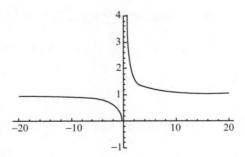

左极限值 0 和右极限值 ∞.

再输入命令：

Limit[E^(1/x), x -> 0]

Mathematica 的输出仍然为 ∞. 这又是右极限(同上例). 因此在没有指明是左右极限时, 命令 Limit 给出的是右极限.

例 2.16 输入命令：

Plot[x + 4 * Sin[x], {x, 0, 20 Pi}]

则输出所给函数的图形如下：

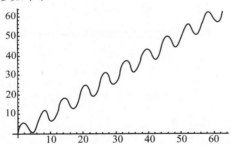

观察函数值的变化趋势. 当 $x \to \infty$ 时, 这个函数是无穷大. 但是, 它并不是单调增加. 于是, 无穷大并不要求函数单调.

例 2.17 输入命令：

Plot[x * Sin[x], {x, 0, 20 Pi}]

则输出所给函数的图形如下：

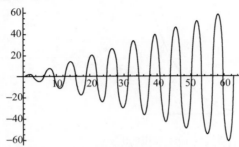

观察图中函数的变化趋势. 这个函数无界, 但是, 当 $x \to \infty$ 时, 这个函数不是无穷大. 即趋向于无穷大的函数当然无界, 而无界函数并不一定是无穷大.

例 2.18 考察函数 $f(x) = \sin x$ 在 $x = 5$ 处的连续性.

选取几个 $\{x_n\}$ 考察当 $x_n \to 5$ 时，$\sin x_n$ 的变化趋势，依次取

$$x_n = 5 + \frac{1}{n},\ x_n = 5 + (-1)^n \frac{1}{\sqrt{n}},\ x_n = \ln\left(1 + \frac{1}{n}\right)^{5n},$$

当 $n \to \infty$ 时，他们的极限均为 5.

输入命令：

g1 = ListPlot[Table[Sin[5 + 1/n], {n, 1, 1000, 5}], PlotStyle -> RGBColor[1, 0, 0]]

g2 = ListPlot[Table[Sin[5 + (-1)^n/Sqrt[n]], {n, 1, 1000, 5}],
PlotStyle -> RGBColor[0, 1, 0]]

g3 = ListPlot[Table[Sin[5 * n * Log[(1 + 1/n)]], {n, 1, 1000, 5}],
PlotStyle -> RGBColor[0, 0, 1]]

g = Show[g1, g2, g3]

则输出相应的 $(x_n, \sin x_n)$ 的散点图如下：

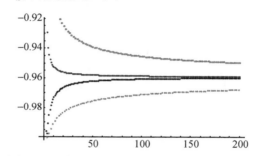

由图可看出它们趋于同一极限值.

例 2.19 观察可去间断.

输入命令：

Plot[Tan[x]/x, {x, -1, 1}]

Plot[(Sin[x] - x)/x^2, {x, -Pi, Pi}]

则输出所给函数的图形如下：

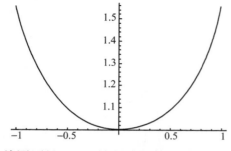 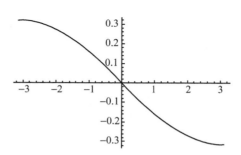

从图可见，$x = 0$ 是所给函数的可去间断点.

例 2.20 观察跳跃间断.

输入命令：

Plot[Sign[x], {x, -2, 2}]

Plot[(E^(1/x) − 1)/(E^(1/x) + 1), {x, −2,2}]

则分别输出所给函数的图形如下：

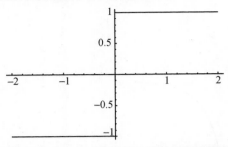 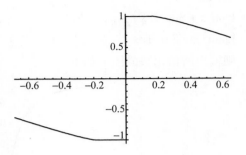

从图可见, $x = 0$ 是所给函数的跳跃间断点.

例 2. 21 观察无穷间断.

输入命令：

Plot[1/(1 − x^2), {x, −3,3}]

则输出所给函数的图形如下：

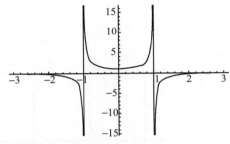

从图可见, $x = 0$ 是所给函数的跳跃间断点.

例 2. 22 观察振荡间断.

输入命令：

Plot[Cos[1/x], {x, −Pi,Pi}]

则输出所给函数的图形如下：

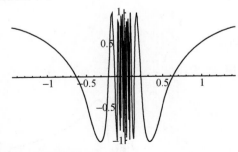

从图可见, $x = 0$ 是所给函数的跳跃间断点.

再输入命令：

Limit[Sin[1/x], x −>0]

Mathematica 4.0 输出为 Interval[{−1,1}]. 读者可猜测这是什么意思.

例 2.23 有界量乘以无穷小.

输入命令：

Plot[x * Sin[1/x], {x, − Pi, Pi}]

Limit[x * Sin[1/x], x −> 0]

则输出所给函数的图形如下：

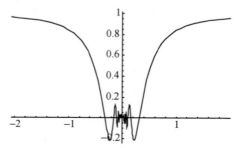

所求极限 0. 因为无穷小乘以有界函数得无穷小.

例 2.24 观察无穷间断.

输入命令：

Plot[Tan[x], {x, − 2Pi, 2Pi}]

则输出函数 $y = \tan x$ 的图形如下：

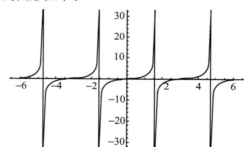

从图可见，$x = 0$ 是所给函数的跳跃间断点.

例 2.25 观察振荡间断.

输入命令：

Plot[Sin[1/x], {x, − Pi, Pi}]

则输出函数 $\sin \dfrac{1}{x}$ 的图形如下：

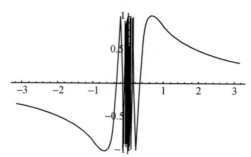

从图可见, $x = 0$ 是所给函数的跳跃间断点.

再输入命令:

Limit[Sin[1/x] , x −> 0] ;

则输出为 Interval[{ −1 , 1}]. 表示函数极限不存在, 且在 −1 与 1 之间振荡.

四、练习题

1. 计算 $\lim\limits_{n \to \infty} \dfrac{n-1}{n+1}$.

2. 计算 $\lim\limits_{n \to \infty} \dfrac{3}{2^{n+1}}$.

3. 已知函数 $f(x) = \begin{cases} 3x, & -1 < x < 1, \\ 2, & x = 1, \\ 3x^2, & 1 < x < 2, \end{cases}$ 计算 $\lim\limits_{x \to 0} f(x)$, $\lim\limits_{x \to 1} f(x)$, $\lim\limits_{x \to \frac{3}{2}} f(x)$.

4. 求下列极限:

(1) $\lim\limits_{x \to \infty} \dfrac{2x+1}{3x-6}$;

(2) $\lim\limits_{x \to \infty} \dfrac{(x+2)(2x^2+3)}{(3x-1)^3}$;

(3) $\lim\limits_{x \to 3} \dfrac{x^2-5x+6}{x^2-8x+15}$;

(4) $\lim\limits_{x \to 1} \left(\dfrac{2}{x^2-1} - \dfrac{1}{x-1} \right)$.

5. 讨论函数 $f(x) = e^x$ 当 $x \to \infty$ 时的极限.

实训三 导数的运算

一、实训目的

初步学会利用 Mathematica 求函数的导数以及高阶导数.

二、基本命令

1. $\text{Limit}\big[(f[x]-f[a])/(x-a),x->a\big]$:利用导数定义式 $\lim\limits_{x \to a}\dfrac{f(x)-f(a)}{x-a}$ 求函数 $f(x)$ 在 $x=a$ 处的导数.

2. $\text{Limit}\big[(f[x]-f[a])/(x-a),x->a,\text{Direction1}\big]$:利用导数定义式 $\lim\limits_{x \to a^-}\dfrac{f(x)-f(a)}{x-a}$ 求函数 $f(x)$ 在 $x=a$ 处的左导数.

3. $\text{Limit}\big[(f[x]-f[a])/(x-a),x->a,\text{Direction}-1\big]$:利用导数定义式 $\lim\limits_{x \to a^+}\dfrac{f(x)-f(a)}{x-a}$ 求函数 $f(x)$ 在 $x=a$ 处的右导数.

4. $\text{D}\big[f[x],x\big]$:用于求函数 $f(x)$ 的导数 $f'(x)$.

5. $\text{D}\big[f[x],\{x,n\}\big]$:用于求函数 $f(x)$ 的 n 阶导数 $f^{(n)}(x)$.

6. $\text{D}\big[f[x],x\big]/.x->a$:用于求函数 $f(x)$ 在 $x=a$ 的导数 $f'(a)$.

7. $\text{D}\big[f[x],\{x,n\}\big]/.x->a$:用于求函数 $f(x)$ 在 $x=a$ 的 n 阶导数 $f^{(n)}(a)$.

三、实训内容

例 3.1 用定义求 $g(x)=x^3-3x^2+x+1$ 的导数.

输入命令:

Clear[g]

g[x_] = x^3 − 3x^2 + x + 1

quog = Simplify[(g[x + h] − g[x])/h]

执行以后得到函数的增量与自变量的增量的比:

$$1+h^2+3h(-1+x)-6x+3x^2.$$

再输入命令:

dg = Limit[quog,h −> 0]

Plot[{g[x],dg},{x,−1.5,3},

PlotStyle $->$ {GrayLevel[0],Dashing[{0.01}]},PlotRange $->$ {$-3,2$}]

执行后便得到函数 $g(x)$ 的导数:

$1 - 6x + 3x^2$

并把函数 $g(x)$ 和它的导数的图形作在同一个坐标系内(如下图).

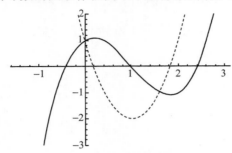

例3.2　作函数 $f(x) = 2x^3 + 3x^2 - 12x + 7$ 的图形和其在 $x = -1$ 在处的切线.

输入命令:

Clear[f]

f[x_] $= 2x^3 + 3x^2 - 12x + 7$

plotf $=$ Plot[f[x],{x,$-4,3$},DisplayFunction $->$ Identity]

plot2 $=$ Plot[f'[-1]$*(x+1)+$f[-1],{x,$-4,3$}, PlotStyle $->$ GrayLevel[0.5],

DisplayFunction $->$ Identity]

Show[plotf,plot2,DisplayFunction $->$ DisplayFunction]

执行后便在同一个坐标系内作出了函数 $f(x)$ 的图形和它在 $x = -1$ 处的切线.

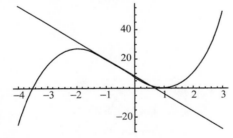

(一) 求函数的导数与微分

例3.3　求函数 $y = x^n$ 的一阶导数.

输入命令:

D[x^n,x]

则输出函数 $y = x^n$ 的一阶导数:

nx^{-1+n}

注: 在求导数时,已经将指数 n 看作常数.

例3.4　求函数 $f(x) = \sin ax \cos bx$ 的一阶导数,并求 $f'\left(\dfrac{1}{a+b}\right)$.

输入命令：

D[Sin[a * x] * Cos[b * x],x]/. x -> 1/(a + b)]

则输出函数在该点的导数

$$aCos\left[\frac{a}{a+b}\right]Cos\left[\frac{b}{a+b}\right] - bSin\left[\frac{a}{a+b}\right]Sin\left[\frac{b}{a+b}\right]$$

例 3.5　求函数 $y = x^{10} + 2(x-10)^9$ 的 1 阶到 11 阶导数.

输入命令：

Clear[f]

f[x_] = x^10 + 2 * (x - 10)^9

D[f[x],{ x,2 }]

则输出函数的二阶导数：

$$144(-10 + x)^7 + 90x^8$$

类似地，可求出 3 阶、4 阶导数等.

为了将 1 阶到 11 阶导数一次都求出来，输入命令：

Do[Print[D[f[x],{ x,n }]],{ n,1,11 }]

则输出：

$$18(-10 + x)^8 + 10x^9$$

$$144(-10 + x)^7 + 90x^8$$

$$1008(-10 + x)^6 + 720x^7$$

……

$$725760 + 3628800x$$

$$3628800$$

$$0$$

或输入命令：

Table[D[f[x],{ x,n }],{ n,11 }]

则输出集合形式的 1 至 11 阶导数(输出结果略).

例 3.6　求函数 $y = \sin2x$ 与 $y = \sin ax\cos bx$ 的微分.

输入命令：

Dt[Sin[2 * x]]

则输出函数 $y = \sin2x$ 的微分：

2Cos[2x] Dt[x]

再输入命令：

Dt[Sin[a * x] * Cos[b * x],Constants -> { a,b }]//Simplify

其中选项 Constants -> { a,b } 指出 a,b 是常数.

则输出函数的微分：

Dt[x,Constants -> { a,b }](a Cos[ax]Cos[bx] - b Sin[ax] Sin[bx])

输出中的 Dt[x,Constants -> { a,b }] 就是自变量的微分 dx.

如果输入命令:

Dt[Sin[a * x] * Cos[b * x]]

则将 a, b 看作变量, 得到的是三元函数的全微分:

Cos[ax] Cos[bx] (x Dt[a] + a Dt[x]) + (−x Dt[b] − b Dt[x] Sin[ax] Sin[bx]

(二) 求隐函数的导数及由参数方程定义的函数的导数

例 3.7　求由方程 $2x^2 - 2xy + y^2 + x + 2y + 1 = 0$ 确定的隐函数的导数.

方法 1　输入命令:

deq1 = D[2 x^2 − 2 x * y[x] + y[x]^2 + x + 2 y[x] + 1 == 0 , x]

这里输入 $y[x]$ 以表示 y 是 x 的函数. 输出为对原方程两边求导数后的方程 deq1:

1 + 4x − 2y[x] + 2y′[x] − 2xy′[x] + 2y[x]y′[x] == 0

再解方程, 输入命令:

Solve[deq1 , y′[x]]

则输出所求结果:

$$\left\{ \left\{ y'[x] \to -\frac{-1-4x+2y[x]}{2(-1+x-y[x])} \right\} \right\}$$

方法 2　使用微分命令. 输入命令:

deq2 = Dt[2 x^2 − 2x * y + y^2 + x + 2y + 1 == 0 , x]

得到导数满足的方程 deq2:

1 + 4x − 2y + 2 Dt[y , x] − 2x Dt[y , x] + 2y Dt[y , x] == 0

再解方程, 输入命令:

Solve[deq2 , Dt[y , x]]

则输出:

$$\left\{ \left\{ Dt[y,x] \to -\frac{-1-4x+2y}{2(-1+x-y)} \right\} \right\}$$

> **注意**: 前者用 $y'[x]$, 而后者用 $Dt[y,x]$ 表示导数.

如果求二阶导数, 再输入命令:

deq3 = D[deq1 , x]

Solve[{ deq1 , deq3 } , { y′ [x] , y″ [x] }]//Simplify

则输出结果:

$$\left\{ \left\{ y''[x] \to \frac{13+4x+8x^2-8(-1+x)y[x]+4y[x]^2}{4(-1+x-y)[x])^3}, y'[x] \to \frac{1+4x-2y[x]}{-2+2x-2y[x]} \right\} \right\}$$

例 3.8　求由参数方程 $x = e^t\cos t, y = e^t\sin t$ 确定的函数的导数.

输入命令:

D[E^t * Sin[t] , t]/D[E^t * Cos[t] , t]

则得到导数:

$$\frac{e^t\text{Cos}[t] + e^t[\text{Sin}][t]}{e^t\text{Cos}[t] - e^t\text{Sin}[t]}$$

再输入命令：

D［％ ,t］/D［E^t * Cos［t］,t］//Simplify

则得到二阶导数：

$$\frac{2e^{-t}}{(Cos[t] - Sin[t])^3}$$

四、练习题

1. 求函数 $f(x) = \tan x$ 的导数.

2. 求函数 $f(x) = \arcsin x$ 的导数.

3. 已知 $f(x) = \begin{cases} x+1, & x > 0, \\ x^2, & x \leqslant 0, \end{cases}$ 讨论 $f(x)$ 在 $x = 0$ 处的可导性.

4. 求下列函数的导数：

（1） $y = \sec x + \csc x$；

（2） $y = \dfrac{2x}{1 - x^2}$；

（3） $y = (x^2 + 1)^{100}$；

（4） $y = \ln(x - \sqrt{x^2 - 1})$.

5. 求函数 $f(x) = e^{x\sin x}$ 在 $x = \dfrac{\pi}{2}$ 处的导数.

6. 求下列函数的二阶导数：

（1） $y = 4x^2 + \ln x$；

（2） $y = xe^x$.

7. 求函数 $f(x) = \ln(1 + x)$ 在 $x = 2$ 处的三阶导数.

实训四　导数的应用

一、实训目的

理解并掌握用函数的导数确定函数的单调区间、凹凸区间和函数的极值的方法. 理解曲线的曲率圆和曲率的概念. 进一步熟悉和掌握用 Mathematica 作平面图形的方法和技巧. 掌握用 Mathematica 求方程的根(包括近似根)和求函数极值(包括近似极值)的方法.

二、基本命令

1. Solve[f′[x] == 0, x].
2. Solve[f″[x] == 0, x].

三、实训内容

例 4.1　求函数 $y = x^3 - 2x + 1$ 的单调区间.

输入命令：

f1[x_] := x^3 - 2x + 1

Plot[{f1[x], f1′[x]}, {x, -4, 4},

PlotStyle ->

{GrayLeve1[0.01], Dashing[{0.01}]}]

则输出函数的图形如下：

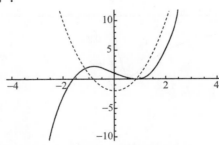

图中的虚线是导函数的图形. 观察函数的增减与导函数的正负之间的关系.

再输入命令：

Solve[f1′[x] == 0, x]

则输出：

$$\left\{\left\{x->-\frac{\sqrt{2}}{3}\right\},\left\{x->\sqrt{\frac{2}{3}}\right\}\right\}$$

即得到导函数的零点 $\pm\sqrt{\frac{2}{3}}$. 用这两个零点，把导函数的定义域分为三个区间. 因为导函数连续，在它的两个零点之间，导函数保持相同符号. 因此，只需在每个小区间上取一点计算导数值，即可判定导数在该区间的正负，从而得到函数的增减.

输入命令：

f1′[-1]

f1′[0]

f1′[1]

输出为 1，-2,1. 说明导函数在区间 $\left(-\infty,-\sqrt{\frac{2}{3}}\right),\left(-\sqrt{\frac{2}{3}},\sqrt{\frac{2}{3}}\right),\left(\sqrt{\frac{2}{3}},+\infty\right)$ 上分

别取 +，- 和 +. 因此函数在区间 $\left(-\infty,-\sqrt{\frac{2}{3}}\right]$ 和 $\left[\sqrt{\frac{2}{3}},+\infty\right)$ 上单调增加，在区间

$\left[-\sqrt{\frac{2}{3}},\sqrt{\frac{2}{3}}\right]$ 上单调减少.

（一）求函数的极值

例 4.2　求函数 $y=\dfrac{x}{1+x^2}$ 的极值.

输入命令：

f2[x_]: = x/(1 + x^2)

Plot[f2[x],{ x, -10,10 }]

则输出函数的图形如下：

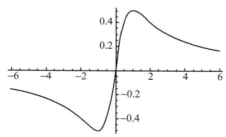

观察它的两个极值. 再输入命令：

Solve[f2′[x] = = 0,x]

则输出：

{{ x -> -1 },{ x ->1 }}

即驻点为 $x=\pm1$. 用二阶导数判定极值，输入命令：

f2″[-1]

f2″[1]

则输出 $\dfrac{1}{2}$ 与 $-\dfrac{1}{2}$. 因此 $x = -1$ 是极小值点，$x = 1$ 是极大值点.

为了求出极值，再输入命令：

f2[-1]

f2[1]

输出 $-\dfrac{1}{2}$ 与 $\dfrac{1}{2}$，即极小值为 $-\dfrac{1}{2}$，极大值为 $\dfrac{1}{2}$.

（二）求函数的凹凸区间和拐点

例4.3　求函数 $y = \dfrac{1}{1 + 2x^2}$ 的凹凸区间和拐点.

输入命令：

f3[x_] : = 1/(1 + 2x^2)

Plot[{f3[x], f3″[x]}, {x, -3,3}, PlotRange -> { -5,2},

PlotStyle -> { GrayLevel[0.01], Dashing[{0.01}] }]]

输出的图形如下：

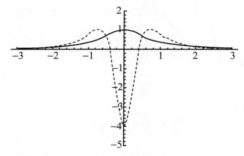

其中虚线是函数的二阶导数. 观察二阶导数的正负与函数的凹凸之间的关系.

再输入命令：

gen = Solve[f3″[x] == 0 ,x]

则输出：

$$\left\{\left\{x -> -\dfrac{1}{\sqrt{6}}\right\},\left\{x -> \dfrac{1}{\sqrt{6}}\right\}\right\}$$

即得到二阶导数等于 0 的点是 $\pm\dfrac{1}{\sqrt{6}}$. 用例 4.1 中类似的方法知，在 $\left(-\infty, -\dfrac{1}{\sqrt{6}}\right)$ 和

$\left(\dfrac{1}{\sqrt{6}}, +\infty\right)$ 上二阶导数大于零，曲线弧向上凹. 在 $\left(-\dfrac{1}{\sqrt{6}}, \dfrac{1}{\sqrt{6}}\right)$ 上二阶导数小于零，曲线弧向上凸.

再输入命令：

f3[x]/. gen

则输出：

{3/4,3/4}

这说明函数在 $-\dfrac{1}{\sqrt{6}}$ 和 $\dfrac{1}{\sqrt{6}}$ 的值都是 $\dfrac{3}{4}$. 因此两个拐点分别是 $\left(-\dfrac{1}{\sqrt{6}},\dfrac{3}{4}\right)$ 和 $\left(\dfrac{1}{\sqrt{6}},\dfrac{3}{4}\right)$.

例 4.4 已知函数

$$f(x)=\frac{1}{2}x^6-2x^4+60x^3-150x^2-180x-25.$$

在区间 $[-6,6]$ 上画出函数 $f(x)$，$f'(x)$，$f''(x)$ 的图形，并找出所有的驻点和拐点.

输入命令：

f[x_] = x^6/2 − 2 * x^5 − 25 * x^4/2 + 60 * x^3 − 150 * x^2 − 180 * x − 25

Plot[{f[x], f′[x], f″[x]}, {x, −6,6},

PlotStyle −> {GrayLevel[0], Dashing[{0.01′}], RGBColor[1,0,0]}]

NSolve[f′[x] == 0, x], NSolve[f″[x] == 0, x]

则输出所给函数的图形如下：

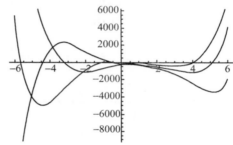

（三）证明函数的不等式

例 4.5 证明不等式 $e^x>1+x$，当 $x>0$ 时成立.

先作图，输入：

Plot[{E^x, 1 + x}, {x, 0, 3},

PlotStyle −> {GrayLevel1[0.0], Dashing[{0.01, 0.01}]}]

输出的图形如下：

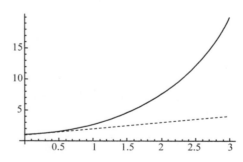

当 $x=0$ 时两条曲线交于一点；当 x 增加时，两函数值的差距逐渐增大. 这正是需要用单调性证明的不等式的典型特征.

输入命令：

Clear[F]

F[x_] := E^x − x − 1

F[0]

则输出：

0

即 $F(0) = 0$. 再输入命令：

F′[x]

Solve[F′[x] == 0, x]

则输出：

$-1 + e^x$

{x→0}

即 $F'(x) = -1 + e^x$，仅当 $x = 0$ 时，$F'(x) = 0$. 因为 $x > 0$ 时，$-1 + e^x > 0$，所以当 $x > 0$ 时，$F'(x) > 0$. 于是函数 $F(x)$ 单调增加，当 $x > 0$ 时，有 $e^x > 1 + x$.

例 4.6 证明不等式 $\sin x > \dfrac{2}{\pi}x$，当 $0 < x < \dfrac{\pi}{2}$ 时成立.

先作图，输入命令：

Plot[{Sin[x], 2 * x/Pi}, {x, 0, Pi/2},

PlotStyle -> {GrayLevel[0.0], Dashing[{0.01, 0.01}]}]]

则输出的图形如下：

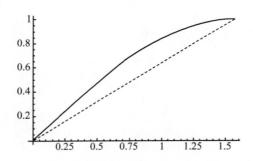

当 $x = 0$ 或 $x = \dfrac{\pi}{2}$ 时，两条曲线相交. 在这两点之间两函数值的差距较大. 这是需要用凹凸性证明的不等式的特征.

输入命令：

Clear[F, G]

F[x_] := Sin[x] - 2 * x/Pi

F[0]

F[Pi/2]

则输出：

0

0

即在区间端点，函数值等于 0.

再输入命令：

$$G[x\_] = D[F[x], \{x, 2\}]$$

则输出:

$-Sin[x]$

即 $G(x) = F''(x) = -\sin x.$

注意: 在区间 $\left(0, \dfrac{\pi}{2}\right)$ 内, $F''(x) = -\sin x < 0$, 函数的曲线上凸. 又在区间的两个端点都等于 0, 因此在区间内部恒大于 0, 即当 $0 < x < \dfrac{\pi}{2}$ 时, 有 $\sin x > \dfrac{2}{\pi}x.$

四、练习题

1. 求下列曲线的极值:

（1）$y = 2x^3 - 6x^2 - 18x - 7$;　　　　　　（2）$y = x^3 - 3x^2 - 9x + 5.$

2. 求下列曲线的拐点:

（1）$y = 3x^4 - 4x^3 + 1$;　　　　　　（2）$y = x^3 - 5x^2 + 3x + 5.$

3. 证明下列不等式:

（1）不等式 $e^x < \dfrac{1}{1-x}$, 当 $x < 1$ 且 $x \neq 0$ 时成立.

（2）不等式 $\arctan x + \dfrac{1}{x} > \dfrac{\pi}{2}$, 其中 $x > 0.$

实训五 积分及其应用

一、实训目的

掌握用 Mathematica 计算不定积分与定积分的方法. 通过作图和观察，深入理解定积分的概念和思想方法. 初步了解定积分的近似计算方法. 理解变上限积分的概念. 提高应用定积分解决各种问题的能力.

二、基本命令

1. Integrate[f[x],x]:用于计算不定积分 $\int f(x)\,\mathrm{d}x$.

2. Integrate[f[x],{x,a,b}]:用于计算不定积分 $\int_a^b f(x)\,\mathrm{d}x$.

3. Solve[lhs = = rhs,var]:求代数方程 lhs = = rhs 的全部精确解,var 表示方程中的未知数.

4. NSolve[lhs = = rhs,var]:求代数方程 lhs = = rhs 的全部数值解.

三、实训内容

例 5.1 计算 $\int_0^1 x^2\,\mathrm{d}x$ 的近似值.

输入命令:

s1[f_,{a_,b_},n_]: = N[(b − a)/n * Sum[f[a + k * (b − a)/n],{k,0,n − 1}]]

s2[f_,{a_,b_},n_]: = N[(b − a)/n * Sum[f[a + k * (b − a)/n],{k,1,n}]]

再输入:

Clear[f]

f[x_] = x^2

js1 = Table[{2^n,s1[f,{0,1},2^n],s2[f,{0,1},2^n]},{n,1,10}]

TableForm[js1,TableHeadings −> {None,{ "n", "s1", "s2"}}]

则输出:

n	s1	s2
2	0.125	0.625
4	0.21875	0.46875
8	0.273438	0.398438
16	0.302734	0.365234
32	0.317871	0.349121
64	0.325562	0.341187
128	0.329437	0.33725
256	0.331383	0.335289
512	0.332357	0.334311
1024	0.332845	0.333822

这是 $\int_0^1 x^2 \mathrm{d}x$ 的一系列近似值,且有 $s1 < \int_0^1 x^2 \mathrm{d}x < s2$.

例 5.2 求 $\int x^2 (1-x^3)^5 \mathrm{d}x$.

输入命令:

Integrate[x^2 * (1 - x^3)^5, x]

则输出:

$$\frac{x^3}{3} - \frac{5x^6}{6} + \frac{10x^9}{9} - \frac{5x^12}{6} + \frac{x^{15}}{3} - \frac{x^{18}}{18}$$

例 5.3 求 $\int \mathrm{e}^{-2x} \sin 3x \mathrm{d}x$.

输入命令:

Integrate[Exp[-2x] * Sin[3x], x]

则输出:

$$-\frac{1}{13} \mathrm{e}^{-2x} (2\cos[3x] + 2\sin[3x])$$

例 5.4 求 $\int x^2 \arctan x \mathrm{d}x$.

输入命令:

Integrate[x^2 * ArcTan[x], x]

则输出:

$$-\frac{x^2}{6} + \frac{1}{3} x^3 \mathrm{ArcTan}[x] + \frac{1}{6} \log[1 + x^2]$$

例 5.5 求 $\int \frac{\sin x}{x} \mathrm{d}x$.

输入命令:

Integrate[Sin[x]/x, x]

则输出:

SinIntegrate[x]

它已不是初等函数.

（一）定积分计算

例5.6 求 $\int_0^1 (x-x^2)\,\mathrm{d}x$.

输入命令:

Integrate[x - x^2, {x, 0, 1}]

则输出:

$\dfrac{1}{6}$

例5.7 求 $\int_0^4 |x-2|\,\mathrm{d}x$.

输入命令:

Integrate[Abs[x - 2], {x, 0, 4}]

则输出:

4

例5.8 求 $\int_1^2 \sqrt{4-x^2}\,\mathrm{d}x$.

输入命令:

Integrate[Sqrt[4 - x^2], {x, 1, 2}]

则输出:

$\dfrac{1}{6}(-3\sqrt{3}-2\pi)+\pi$

例5.9 求 $\int_0^1 \mathrm{e}^{-x^2}\,\mathrm{d}x$.

输入命令:

Integrate[Exp[-x^2], {x, 0, 1}]

则输出:

$\dfrac{1}{2}\sqrt{\pi}\,\mathrm{Erf}[1]$

其中 Erf 是误差函数, 它不是初等函数. 改为求数值积分, 输入命令:

NIntegrate[Exp[-x^2], {x, 0, 1}]

则有结果:

0.746824.

（二）变上限积分

例5.10 求 $\dfrac{\mathrm{d}}{\mathrm{d}x}\int_0^{\cos^2 x} w(x)\,\mathrm{d}x$.

输入命令:

D[Integrate[w[x], {x, 0, Cos[x]^2}], x]

则输出：

$-2\ \mathrm{Cos}[\ \mathrm{x}\ ]\ \mathrm{Sin}[\ \mathrm{x}\ ]\mathrm{w}[\ \mathrm{Cos}[\ \mathrm{x}\ ]^2\ ]$

注意：这里使用了复合函数求导公式.

例 5.11 画出变上限函数 $\int_0^x t\sin t^2 \mathrm{d}t$ 及其导函数的图形.

输入命令：

f1[x_] : = Integrate[t * Sin[t^2] ,{ t,0,x}]

f2[x_] : = Evaluate[D[f1[x] ,x]]

g1 = Plot[f1[x] ,{ x,0,3} ,PlotStyle -> RGBColor[1,0,0]]

g2 = Plot[f2[x] ,{ x,0,3} ,PlotStyle -> RGBColor[0,0,1]]

Show[g1,g2]

则输出函数的图形如下：

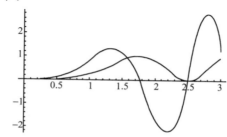

（三）求平面图形的面积

例 5.12 设 $f(x) = \mathrm{e}^{-(x-2)^2\cos\pi x}$ 和 $g(x) = 4\cos(x-2)$. 计算区间 $[0,4]$ 上两曲线所围成的平面的面积.

输入命令：

Clear[f,g] ;f[x_] = Exp[-(x-2)^2 Cos[Pi x]] ;g[x_] = 4Cos[x-2]

Plot[{ f[x] ,g[x] } ,{ x,0,4} ,PlotStyle -> { RGBColor[1,0,0] ,

      RGBColor[0,0,1] }]

FindRoot[f[x] == g[x] ,{ x,1.06}]

FindRoot[f[x] == g[x] ,{ x,2.93}]

NIntegrate[g[x] -f[x] ,{ x,1.06258,2.93742}]

则输出两函数的图形如下：

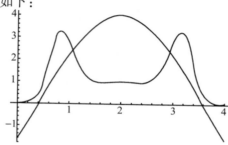

所求面积 $s = 4.17413$.

（四）求旋转体的体积

例 5. 13　求曲线 $g(x) = x\sin^2 x (0 \leqslant x \leqslant \pi)$ 与 x 轴所围成的图形分别绕 x 轴和 y 轴旋转所成的旋转体体积.

输入命令：

Clear[g]

g[x_] = x * Sin[x]^2

Plot[g[x], {x, 0, Pi}]

则输出函数的图形如下：

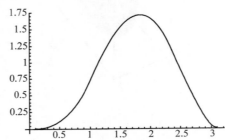

观察 $g(x)$ 的图形. 再输入命令：

Integrate[Pi * g[x]^2, {x, 0, Pi}]

得到输出结果：

$$\pi\left(-\frac{15\pi}{64} + \frac{\pi^3}{8} \right)$$

又输入命令：

Integrate[2Pi * x * g[x], {x, 0, Pi}]

得到输出结果：

$$\pi\left(-\frac{\pi}{2} + \frac{\pi^3}{3} \right)$$

若输入命令：

NIntegrate[2Pi * x * g[x], {x, 0, Pi}]

则得到体积的近似值为

27. 5349

注：上图绕 y 轴旋转一周所生成的旋转体的体积 $V = \int_0^{\pi} 2\pi g(x)\,\mathrm{d}x$.

输入命令：

Clear[x, y, z, r, t]

x[r_, t_] = r

y[r_, t_] = g[r] * Cos[t]

z[r_, t_] = g[r] * Sin[t]

ParametricPlot3D[{x[r,t] ,y[r,t] ,z[r,t] } , {r,0,Pi} , {t, − Pi,Pi}]

则得到绕 x 轴旋转所得旋转体的图形如下：

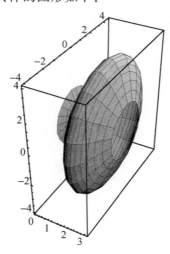

又输入命令：

Clear[x,y,z]

x[r_,t_] = r ∗ Cos[t]

y[r_,t_] = r ∗ Sin[t]

z[r_,t_] = g[r]

ParametricPlot3D[{x[r,t] ,y[r,t] ,z[r,t] } , {r,0,Pi} , {t, − Pi,Pi}]

则得到绕 y 轴旋转所得旋转体的图形如下：

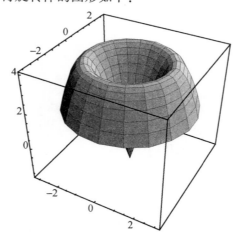

四、练习题

1. 求下列不定积分：

（1）$\int \dfrac{1}{a^2 - x^2}\mathrm{d}x$；   （2）$\int \sec x\mathrm{d}x$；

（3）$\int \dfrac{1}{1+\sqrt{x}}dx$；

（4）$\int \sqrt{4-x^2}dx$；

（5）$\int x^2 e^x dx$；

（6）$\int x\ln x(x-1)dx$.

2. 求下列定积分：

（1）$\int_0^1 (2x+1)^3 dx$；

（2）$\int_1^e \dfrac{1+\ln x}{x}dx$；

（3）$\int_0^{\frac{\pi}{2}} \cos^3 x dx$；

（4）$\int_0^3 \dfrac{x}{1+\sqrt{x+1}}dx$；

（5）$\int_0^{\frac{\pi}{2}} x\sin 2x dx$；

（6）$\int_1^e \ln^2 x dx$.

3. 求由抛物线 $y=x^2$ 和直线 $y=x$ 围成的图形的面积，并画图.

4. 求由抛物线 $y=2x$ 和直线 $y=x-4$ 围成的图形的面积，并画图.

5. 问抛物线 $y=x^2$ 在 $[0,1]$ 上分别绕 x 轴、y 轴旋转一周，所得图形的体积分别是多少？并画出图形.

附录一　初等数学常用公式

一、因式分解

1. $(a+b)^3 = a^3 + 3a^2b + 3ab^2 + b^3$.

2. $(a-b)^3 = a^3 - 3a^2b + 3ab^2 - b^3$.

3. $a^3 + b^3 = (a+b)(a^2 - ab + b^2)$.

4. $a^3 - b^3 = (a-b)(a^2 + ab + b^2)$.

5. $a^n - b^n = (a-b)(a^{n-1} + a^{n-2}b + a^{n-3}b^2 + \cdots + b^{n-1})$.

二、指数

1. $\dfrac{1}{a^m} = a^{-m}$.

2. $(a^m)^n = a^{m \cdot n}$.

3. $(a \cdot b)^m = a^m \cdot b^m$.

4. $\left(\dfrac{a}{b}\right)^m = \dfrac{a^m}{b^m}$.

5. $\sqrt[n]{a^m} = a^{\frac{m}{n}}$.

6. $a^m \cdot a^n = a^{m+n}$.

7. $\dfrac{a^m}{a^n} = a^{m-n}$.

三、对数

设 $a > 0, a \neq 1$.

1. $\log_a xy = \log_a x + \log_a y$.

2. $\log_a \dfrac{x}{y} = \log_a x - \log_a y$.

3. $\log_a x^b = b\log_a x$.

4. $\log_a x = \dfrac{\log_b x}{\log_b a}$.

5. $a^{\log_a x} = x, \log_a 1 = 0, \log_a a = 1$.

四、一些常见数列的前 n 项和

1. $1 + 2 + 3 + \cdots + n = \dfrac{1}{2}n(n+1)$.

2. $1^2 + 2^2 + 3^2 + \cdots + n^2 = \dfrac{1}{6}n(n+1)(2n+1)$.

3. $1 \cdot 2 + 2 \cdot 3 + 3 \cdot 4 + \cdots + n(n+1) = \dfrac{1}{3}n(n+1)(n+2)$.

4. $1^3 + 2^3 + 3^3 + \cdots + n^3 = \left[\dfrac{n(n+1)}{2}\right]^2$.

五、三角公式

1. 倒数关系：

$$\sin\alpha = \frac{1}{\csc\alpha};$$

$$\cos\alpha = \frac{1}{\sec\alpha};$$

$$\tan\alpha = \frac{1}{\cot\alpha}.$$

2. 平方关系：

$$\sin^2\alpha + \cos^2\alpha = ;$$
$$\sec^2\alpha - \tan^2\alpha = 1;$$
$$\csc^2\alpha - \cot^2\alpha = 1.$$

3. 两角和、差：

$$\sin(\alpha+\beta) = \sin\alpha\cos\beta + \cos\alpha\sin\beta;$$
$$\sin(\alpha-\beta) = \sin\alpha\cos\beta - \cos\alpha\sin\beta;$$
$$\cos(\alpha+\beta) = \cos\alpha\cos\beta - \sin\alpha\sin\beta;$$
$$\cos(\alpha-\beta) = \cos\alpha\cos\beta + \sin\alpha\sin\beta.$$

4. 倍角：

$$\sin 2\alpha = 2\sin\alpha\cos\alpha;$$
$$\cos 2\alpha = \cos^2\alpha - \sin^2\alpha = 2\cos^2\alpha - 1 = 1 - 2\sin^2\alpha.$$

5. 和差化积：

$$\sin\alpha + \sin\beta = 2\sin\frac{\alpha+\beta}{2}\cos\frac{\alpha-\beta}{2};$$

$$\sin\alpha - \sin\beta = 2\cos\frac{\alpha+\beta}{2}\sin\frac{\alpha-\beta}{2};$$

$$\cos\alpha + \cos\beta = 2\cos\frac{\alpha+\beta}{2}\cos\frac{\alpha-\beta}{2};$$

$$\cos\alpha - \cos\beta = -2\sin\frac{\alpha+\beta}{2}\sin\frac{\alpha-\beta}{2}.$$

6. 积化和差:

$$\sin\alpha\cos\beta = \frac{1}{2}\left[\sin(\alpha+\beta) + \sin(\alpha-\beta)\right];$$

$$\cos\alpha\sin\beta = -\frac{1}{2}\left[\sin(\alpha+\beta) - \sin(\alpha-\beta)\right];$$

$$\cos\alpha\cos\beta = \frac{1}{2}\left[\cos(\alpha+\beta) + \cos(\alpha-\beta)\right];$$

$$\sin\alpha\sin\beta = -\frac{1}{2}\left[\cos(\alpha+\beta) - \cos(\alpha-\beta)\right].$$

六、常用求面积和体积的公式

1. 扇形:

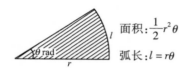

面积:$\frac{1}{2}r^2\theta$

弧长:$l = r\theta$

2. 圆柱体:

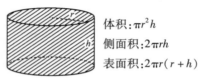

体积:$\pi r^2 h$

侧面积:$2\pi rh$

表面积:$2\pi r(r+h)$

3. 球体:

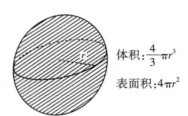

体积:$\frac{4}{3}\pi r^3$

表面积:$4\pi r^2$

4. 圆锥体:

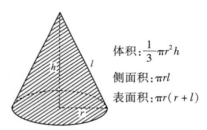

体积:$\frac{1}{3}\pi r^2 h$

侧面积:πrl

表面积:$\pi r(r+l)$

5. 圆台:

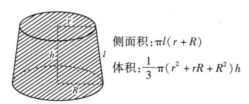

侧面积:$\pi l(r+R)$

体积:$\frac{1}{3}\pi(r^2 + rR + R^2)h$

附录二 正 交 表

1. $L_4(2^3)$

试验号 \\ 列号	1	2	3
1	1	1	1
2	1	2	2
3	2	1	2
4	2	2	1
组	1	2	

注：任两列的交互作用为第3列.

2. $L_8(2^7)$

试验号 \\ 列号	1	2	3	4	5	6	7
1	1	1	1	1	1	1	1
2	1	1	1	2	2	2	2
3	1	2	2	1	1	2	2
4	1	2	2	2	2	1	1
5	2	1	2	1	2	1	2
6	2	1	2	2	1	2	1
7	2	2	1	1	2	2	1
8	2	2	1	2	1	1	2
组	1	2		3			

$L_8(2^7)$ 表头设计

因素数 \\ 列号	1	2	3	4	5	6	7
3	A	B	$A \times B$	C	$A \times C$	$B \times C$	
4	A	B	$A \times B$ $C \times D$	C	$A \times C$ $B \times D$	$B \times C$ $A \times D$	D
4	A	B $C \times D$	$A \times B$	C $B \times D$	$A \times C$	D $B \times C$	$A \times D$
5	A $D \times E$	B $C \times D$	$A \times B$ $C \times E$	C $B \times D$	$A \times C$ $B \times E$	$DA \times E$ $B \times C$	E $A \times D$

$L_8(2^7)$ 两列间的交互作用列

1	2	3	4	5	6	7	列号
(1)	3	4	5	6	7	6	1
	(2)	1	6	7	4	5	2
		(3)	7	6	5	4	3
			(4)	1	2	3	4
				(5)	3	2	5
					(6)	1	6
						(7)	7

3. $L_9(3^4)$

试验号 \ 列号	1	2	3	4
1	1	1	1	1
2	1	2	2	2
3	1	3	3	3
4	2	1	2	3
5	2	2	3	1
6	2	3	1	2
7	3	1	3	2
8	3	2	1	3
9	3	3	2	1
组	1		2	

注:任意两列间的交互作用为另外两列.

4. $L_{16}(4^5)$

试验号 \ 列号	1	2	3	4	5
1	1	1	1	1	1
2	1	2	2	2	2
3	1	3	3	3	3
4	1	4	4	4	4
5	2	1	2	3	4
6	2	2	1	4	3
7	2	3	4	1	2
8	2	4	3	2	1
9	3	1	3	4	2
10	3	2	4	3	1
11	3	3	1	2	4
12	3	4	2	1	3
13	4	1	4	2	3
14	4	2	3	1	4
15	4	3	2	4	1
16	4	4	1	3	2
组	1		2		

5. $L_{16}(2^{15})$

列号 试验号	1	2	3	4	5	6	7	8	9	10	11	12	13	14	15
1	1	1	1	1	1	1	1	1	1	1	1	1	1	1	1
2	1	1	1	1	1	1	1	2	2	2	2	2	2	2	2
3	1	1	1	2	2	2	2	1	1	1	1	2	2	2	2
4	1	1	1	2	2	2	2	2	2	2	2	1	1	1	1
5	1	2	2	1	1	2	2	1	1	2	2	1	1	2	2
6	1	2	2	1	1	2	2	2	2	1	1	2	2	1	1
7	1	2	2	2	2	1	1	1	1	2	2	2	2	1	1
8	1	2	2	2	2	1	1	2	2	1	1	1	1	2	2
9	2	1	2	1	2	1	2	1	2	1	2	1	2	1	2
10	2	1	2	1	2	1	2	2	1	2	1	2	1	2	1
11	2	1	2	2	1	2	1	1	2	1	2	2	1	2	1
12	2	1	2	2	1	2	1	2	1	2	1	1	2	1	2
13	2	2	1	1	2	2	1	1	2	2	1	1	2	2	1
14	2	2	1	1	2	2	1	2	1	1	2	2	1	1	2
15	2	2	1	2	1	1	2	1	2	2	1	2	1	1	2
16	2	2	1	2	1	1	2	2	1	1	2	1	2	2	1
组	1	2		3				4							

$L_{16}(2^{15})$ 表头设计

列号 因素数	1	2	3	4	5	6	7	8	9	10	11	12	13	14	15
4	A	B	$A\times B$	C	$A\times C$	$B\times C$		D	$A\times D$	$B\times D$		$C\times D$			
5	A	B	$A\times B$	C	$A\times C$	$B\times C$	$D\times E$	D	$A\times D$	$B\times D$	$C\times E$	$C\times D$	$B\times E$	$A\times E$	E
5	A	B	—	C	—	—		D	—	—	E	—	F		—
7	A	B	—	C	—	—		D	—	—	E	—	F	G	—
8	A	B	—	C	—	—	H	D	—	—	E	—	F	G	—

注:打"—"处表示有两个以上交互作用发生混杂.

$L_{16}(2^{15})$ 二列间的交互作用

1	2	3	4	5	6	7	8	9	10	11	12	13	14	15	列号
(1)	3	2	5	4	7	6	9	8	11	10	13	12	15	14	1
	(2)	1	6	7	4	5	10	11	8	9	14	15	12	13	2
		(3)	7	6	5	4	11	10	9	8	15	14	13	12	3
			(4)	1	2	3	12	13	14	15	8	9	10	11	4
				(5)	3	2	13	12	15	14	9	8	11	10	5
					(6)	1	14	15	12	13	10	11	8	9	6
						(7)	15	14	13	12	11	10	9	8	7
							(8)	1	2	3	4	5	6	7	8
								(9)	3	2	5	4	7	6	9
									(10)	1	6	7	4	5	10
										(11)	7	6	5	4	11
											(12)	1	2	3	12
												(13)	3	2	13
													(14)	1	14
														(15)	15

6. $L_{25}(5^6)$

试验号 \ 列号	1	2	3	4	5	6
1	1	1	1	1	1	1
2	1	2	2	2	2	2
3	1	3	3	3	3	3
4	1	4	4	4	4	4
5	1	5	5	5	5	5
6	2	1	2	3	4	5
7	2	2	3	4	5	1
8	2	3	4	5	1	2
9	2	4	5	1	2	3
10	2	5	1	2	3	4
11	3	1	3	5	2	4
12	3	2	4	1	3	5
13	3	3	5	2	4	1
14	3	4	1	3	5	2
15	3	5	2	4	1	3
16	4	1	4	2	5	3
17	4	2	5	3	1	4
18	4	3	1	4	2	5
19	4	4	2	5	3	1
20	4	5	3	1	4	2

续表

试验号 \ 列号	1	2	3	4	5	6
21	5	1	5	4	3	2
22	5	2	1	5	4	3
23	5	3	2	1	5	4
24	5	4	3	2	1	5
25	5	5	4	3	2	1
组	1	2				

7. $L_{27}(3^{13})$

试验号 \ 列号	1	2	3	4	5	6	7	8	9	10	11	12	13
1	1	1	1	1	1	1	1	1	1	1	1	1	1
2	1	1	1	1	2	2	2	2	2	2	2	2	2
3	1	1	1	1	3	3	3	3	3	3	3	3	3
4	1	2	2	2	1	1	1	2	2	2	3	3	3
5	1	2	2	2	2	2	2	3	3	3	1	1	1
6	1	2	2	2	3	3	3	1	1	1	2	2	2
7	1	3	3	3	1	1	1	3	3	3	2	2	2
8	1	3	3	3	2	2	2	1	1	1	3	3	3
9	1	3	3	3	3	3	3	2	2	2	1	1	1
10	2	1	2	3	1	2	3	1	2	3	1	2	3
11	2	1	2	3	2	3	1	2	3	1	2	3	1
12	2	1	2	3	3	1	2	3	1	2	3	1	2
13	2	2	3	1	1	2	3	2	3	1	3	1	2
14	2	2	3	1	2	3	1	3	1	2	1	2	3
15	2	2	3	1	3	1	2	1	2	3	2	3	1
16	2	3	1	2	1	2	3	3	1	2	2	3	1
17	2	3	1	2	2	3	1	1	2	3	3	1	2
18	2	3	1	2	3	1	2	2	3	1	1	2	3
19	3	1	3	2	1	3	2	1	3	2	1	3	2
20	3	1	3	2	2	1	3	2	1	3	2	1	3
21	3	1	3	2	3	2	1	3	2	1	3	2	1
22	3	2	1	3	1	3	2	2	1	3	3	2	1
23	3	2	1	3	2	1	3	3	2	1	1	3	2
24	3	2	1	3	3	2	1	1	3	2	2	1	3
25	3	3	2	1	1	3	2	3	2	1	2	1	3
26	3	3	2	1	2	1	3	1	3	2	3	2	1
27	3	3	2	1	3	2	1	2	1	3	1	3	2
组	1	2			3								

$L_{27}(3^{13})$ 表头设计

因素数	1	2	3	4	5	6	7	8	9	10	11	12	13
3	A	B	$A\times B$		C	$A\times C$		$B\times C$		$B\times C$			
4	A	B	$A\times B$ $C\times D$	$A\times B$	C	$A\times C$ $B\times D$	$A\times C$	$B\times C$ $A\times D$	D	$A\times D$	$B\times C$	$B\times D$	$C\times D$

$L_{27}(3^{13})$ 两列间的交互作用

1	2	3	4	5	6	7	8	9	10	11	12	13	列号
(1)	3	2	2	6	5	5	9	8	8	12	11	11	1
	4	4	3	7	7	6	10	10	9	13	13	12	
	(2)	1	1	8	9	10	5	6	7	5	6	7	2
		4	3	11	12	13	11	12	13	8	9	10	
		(3)	1	9	10	8	7	5	6	6	7	5	3
			2	13	11	12	12	13	11	10	8	9	
			(4)	10	8	9	6	7	5	7	5	6	4
				12	13	11	13	11	12	9	10	8	
				(5)	1	1	2	3	4	2	4	3	5
					7	6	11	13	12	8	10	9	
					(6)	1	4	2	3	2	2	4	6
						5	12	12	11	10	9	8	
						(7)	3	4	2	4	3	2	7
							12	11	13	9	8	10	
							(8)	1	1	2	3	4	8
								10	9	5	7	6	
								(9)	1	4	2	3	9
									8	7	6	5	
									(10)	3	4	2	10
										6	5	7	
										(11)	1	1	11
											13	12	
											(12)	1	12
												11	
												(13)	13

8. $L_8(4 \times 2^4)$

列号 试验号	1	2	3	4	5
1	1	1	1	1	1
2	1	2	2	2	2
3	2	1	1	2	2
4	2	2	2	1	1
5	3	1	2	1	2
6	3	2	1	2	1
7	4	1	2	2	1
8	4	2	1	1	2

9. $L_{12}(3 \times 2^3)$

列号 试验号	1	2	3	4
1	1	1	1	1
2	1	2	1	2
3	1	1	2	2
4	1	2	2	1
5	2	1	1	2
6	2	2	1	1
7	2	1	2	1
8	2	2	2	2
9	3	1	1	1
10	3	2	1	2
11	3	1	2	2
12	3	2	2	1

10. $L_{18}(2 \times 3^7)$

列号 试验号	1	2	3	4	5	6	7	8
1	1	1	1	1	1	1	1	1
2	1	1	2	2	2	2	2	2
3	1	1	3	3	3	3	3	3
4	1	2	1	1	2	2	3	3
5	1	2	2	2	3	3	1	1
6	1	2	3	3	1	1	2	2

续表

试验号 \ 列号	1	2	3	4	5	6	7	8
7	1	3	1	2	1	3	2	3
8	1	3	2	3	2	1	3	1
9	1	3	3	1	3	2	1	2
10	2	1	1	3	3	2	2	1
11	2	1	2	1	1	3	3	2
12	2	1	3	2	2	1	1	3
13	2	2	1	2	3	1	3	2
14	2	2	2	3	1	2	1	3
15	2	2	3	1	2	3	2	1
16	2	3	1	3	2	3	1	2
17	2	3	2	1	3	1	2	3
18	2	3	3	2	1	2	3	1

11. $L_{16}(4 \times 2^{12})$

试验号 \ 列号	1	2	3	4	5	6	7	8	9	10	11	12	13
1	1	1	1	1	1	1	1	1	1	1	1	1	1
2	1	1	1	1	1	2	2	2	2	2	2	2	2
3	1	2	2	2	2	1	1	1	1	2	2	2	2
4	1	2	2	2	2	2	2	2	2	1	1	1	1
5	2	1	1	2	2	1	1	2	2	1	1	2	2
6	2	1	1	2	2	2	2	1	1	2	2	1	1
7	2	2	2	1	1	1	1	2	2	2	2	1	1
8	2	2	2	1	1	2	2	1	1	1	1	2	2
9	3	1	2	1	2	1	2	1	2	1	2	1	2
10	3	1	2	1	2	2	1	2	1	2	1	2	1
11	3	2	1	2	1	1	2	1	2	2	1	2	1
12	3	2	1	2	1	2	1	2	1	1	2	1	2
13	4	1	2	2	1	1	2	2	1	1	2	2	1
14	4	1	2	2	1	2	1	1	2	2	1	1	2
15	4	2	1	1	2	1	2	2	1	2	1	1	2
16	4	2	1	1	2	2	1	1	2	1	2	2	1

12. $L_{16}(4^2 \times 2^9)$

列号 试验号	1	2	3	4	5	6	7	8	9	10	11
1	1	1	1	1	1	1	1	1	1	1	1
2	1	2	1	1	1	2	2	2	2	2	1
3	1	3	2	2	2	1	1	1	2	2	2
4	1	4	2	2	2	2	2	2	1	1	1
5	2	1	1	2	2	1	2	2	1	2	2
6	2	2	1	2	2	2	1	1	2	1	1
7	2	3	2	1	1	1	2	2	2	1	1
8	2	4	2	1	1	2	1	1	1	2	2
9	3	1	2	1	2	2	1	2	2	1	2
10	3	2	2	1	2	1	2	1	1	2	1
11	3	3	1	2	1	2	1	2	1	2	1
12	3	4	1	2	1	1	2	1	2	1	2
13	4	1	2	2	1	2	2	1	2	2	1
14	4	2	2	2	1	1	1	2	1	1	2
15	4	3	1	1	2	2	2	1	1	1	2
16	4	4	1	1	2	1	1	2	2	2	1

13. $L_{16}(4^3 \times 2^6)$

列号 试验号	1	2	3	4	5	6	7	8	9
1	1	1	1	1	1	1	1	1	1
2	1	2	2	1	1	2	2	2	2
3	1	3	3	2	2	1	1	2	2
4	1	4	4	2	2	2	2	1	1
5	2	1	2	2	2	1	1	1	2
6	2	2	1	2	2	2	1	2	1
7	2	3	4	1	1	1	2	2	1
8	2	4	3	1	1	2	1	1	2
9	3	1	3	1	2	2	2	2	1
10	3	2	4	1	2	1	1	1	2
11	3	3	1	2	1	2	2	1	2
12	3	4	2	2	1	1	1	2	1
13	4	1	4	2	1	2	1	2	2
14	4	2	3	2	1	1	2	1	1
15	4	3	2	1	2	2	1	1	1
16	4	4	1	1	2	1	2	2	2

14. $L_{16}(4^4 \times 2^3)$

列号\试验号	1	2	3	4	5	6	7
1	1	1	1	1	1	1	1
2	1	2	2	2	1	2	2
3	1	3	3	3	2	1	2
4	1	4	4	4	2	2	1
5	2	1	2	3	2	2	1
6	2	2	1	4	2	1	2
7	2	3	4	1	1	2	2
8	2	4	3	2	1	1	1
9	3	1	3	4	1	2	2
10	3	2	4	3	1	1	1
11	3	3	1	2	2	2	1
12	3	4	2	1	2	1	2
13	4	1	4	2	2	1	2
14	4	2	3	1	2	2	1
15	4	3	2	4	1	1	1
16	4	4	1	3	1	2	2

15. $L_{24}(3 \times 4 \times 2^4)$

列号\试验号	1	2	3	4	5	6
1	1	1	1	1	1	1
2	1	2	1	1	2	2
3	1	3	1	2	1	2
4	1	4	1	2	2	1
5	1	1	2	2	2	2
6	1	2	2	2	1	1
7	1	3	2	1	2	1
8	1	4	2	1	1	2
9	2	1	2	2	1	1
10	2	2	2	2	2	2
11	2	3	2	1	1	2
12	2	4	2	1	2	1
13	2	1	1	1	2	2
14	2	2	1	1	1	1
15	2	3	1	2	2	1
16	2	4	1	2	1	2

续表

列号 试验号	1	2	3	4	5	6
17	3	1	1	2	2	1
18	3	2	1	2	1	2
19	3	3	1	1	2	2
20	3	4	1	1	1	1
21	3	1	2	1	1	2
22	3	2	2	1	2	1
23	3	3	2	2	1	1
24	3	4	2	2	2	2

参 考 答 案

第一部分　应用数学

练习题1.1

1. (1) 不同；(2) 不同；(3) 不同；(4) 相同. **2.** $7,27,2a^2-3a+7,2x^2+x+9$. **3.** $-1,0,1,4$.

4. (1) $x \in \mathbf{R}$；(2) $(-\infty,1)\cup(1,2)\cup(2,+\infty)$；(3) $[-1,0)\cup(0,1]$；(4) $[-3,1)$；(5) $(-\infty,1]\cup[2,5)$；(6) $(1,+\infty)$；(7) $(1,2)\cup(2,4]$；(8) $(1,+\infty)$. **5.** $\left(0,\dfrac{\pi}{4}\right)+k\pi$.

6. (1) 偶；(2) 偶；(3) 偶；(4) 奇；(5) 奇；(6) 非奇非偶. **7.** $\dfrac{x}{1-2x}$. **8.** $y=(\log_3 x)^2$.

9. (1) $y=\sqrt{u},u=3x-1$；(2) $y=\sin u,u=5x$；(3) $y=\lg u,u=1+2x$；(4) $y=u^6,y=1+v^3,v=\lg x$；

(5) $y=\sqrt{u},u=\lg v,v=\sqrt{x}$；(6) $y=\lg u,u=\arcsin v,v=x^5$；(7) $y=e^u,u=\sqrt{v},v=x+1$；(8) $y=u^3,u=\cos v,v=2x+1$.

10. $y=\begin{cases} -b, & x\leqslant -a, \\ \dfrac{b}{a}x, & -a<x<a, \\ b, & x\geqslant a. \end{cases}$　**11.** $v=\pi\left(R^2-\dfrac{h^2}{4}\right)h$.

练习题1.2

1. (1) 1；(2) 2；(3) 0；(4) 1；(5) 不存在；(6) 不存在.

2. (1) 9；(2) 不存在,右极限0；(3) 2；(4) 不存在,左极限4,右极限2；(5) 不存在,$x\to-\infty$ 时,极限为0；(6) 不存在. **3.** (1) 0；(2) $0,3,\dfrac{27}{4}$；(3) 不存在；(4) 不存在.

4. (1) 3；(2) 0；(3) ∞；(4) 0；(5) $\dfrac{1}{2}$；(6) $\dfrac{2}{3}$；(7) $\dfrac{1}{4}$；(8) $\dfrac{2^{30}3^{20}}{5^{50}}$；(9) $-\dfrac{1}{2}$；(10) $-\dfrac{1}{2}$；(11) 0；(12) 0；(13) $\dfrac{1}{2}$；(14) $\dfrac{1}{3}$. **5.** $2,3,0,1$. **6.** (1) $\dfrac{5}{3}$；(2) $\dfrac{2}{3}$；(3) 0；(4) $\dfrac{2}{3}$；(5) 2；(6) $\dfrac{1}{2}$；(7) 5；(8) 1.

7. (1) e^3；(2) e^{-2}；(3) e^{-4}；(4) $e^{\frac{1}{2}}$；(4) $e^{-\frac{1}{2}}$；(6) e^2；(7) e^{-2}；(8) e^5.

练习题1.3

1. $\dfrac{1}{9}$. **2.** (1) $x=2$,第二类间断点；(2) $x=1$,可去间断点,$x=2$,第二类间断点；(3) $x=0$,可去间断点；(4) $x=\dfrac{1}{2}$,第二类间断点,$x=-\dfrac{1}{2}$,可去间断点. **3.** 连续,不连续,连续,作图略. **4.** $a=1,b=3$.

5. (1) 1；(2) $\dfrac{1}{\sin 1}$；(3) $\sqrt{2}$；(4) $\dfrac{1}{2}\ln\dfrac{3}{2}$；(5) $\dfrac{1}{6}$；(6) $-\dfrac{\sqrt{3}}{18}$.

自测题一

一、**1.** C.　**2.** C.　**3.** D.　**4.** B.　**5.** B.　**6.** A.　**7.** C.

二、**1.** $\left(-\dfrac{\pi}{2},+\infty\right),\ln\dfrac{3}{2}.$　**2.** $-\dfrac{3}{2}.$　**3.** $0,\sin1,1.$　**4.** $1,0^+$或$+\infty.$　**5.** $1,\mathrm{e}^{-2},\mathrm{e}^2.$

6. 必要但不充分条件.　**7.** $x=0$,跳跃间断点.　**8.** $\mathrm{e}^{-1}.$　**9.** $\lim\limits_{x\to x_0}f(x)=f(x_0).$

三、**1.** (1) $2x$; (2) 0; (3) $\dfrac{1}{2}$; (4) $\dfrac{\sqrt3-1}{2}$; (5) $-\dfrac{\sqrt2}{6}$; (6) $-\dfrac{1}{2}$; (7) -1; (8) $\mathrm{e}^{-\frac{2}{3}}.$　**2.** 连续.

3. $a=-1,b=4.$　**4.** $a=\dfrac{1}{2},b=2.$　**5.** $x=0$,可去间断点;$x=k\pi$且$k\neq0,k\in\mathbf{Z}$,第二类间断点.

练习题 2.1

1. (1) $2f'(x_0)$; (2) $-f'(x_0)$; (3) $f'(x_0)$; (4) $-f'(x_0).$　**2.** $y=\dfrac{1}{2}x-\dfrac{\pi}{6}+\dfrac{\sqrt3}{2},y=-2x+\dfrac{2\pi}{3}+\dfrac{\sqrt3}{2}.$

3. $3x-12y+1=0,3x-12y-1=0.$　**4.** 不连续,不可导.　**5.** $a=2,b=-1.$

练习题 2.2

1. $6x+4x^{-3}.$　**2.** $0.$　**3.** $15x^{14}+15^x\ln15.$

4. (1) $12x^3+\dfrac{2}{x^3}+\cos x$;　(2) $2x\ln x+\dfrac{5}{2}x\sqrt x+x$;　(3) $\mathrm{e}^x-\sin x$;

(4) $\dfrac{3}{5}x^{-\frac{2}{5}}+2^x\ln2-\dfrac{1}{1+x^2}$;　(5) $6x^2-4x^3-\dfrac{2}{x^2}$;　(6) $10x^{-3}-\dfrac{15}{2}x^{-\frac{7}{2}}$;

(7) $2x\sec x+x^2\sec x\tan x$;　(8) $2x\arctan x+\dfrac{x^2}{1+x^2}$;　(9) $\dfrac{x\sec^2x-\tan x}{x^2}$;

(10) $\dfrac{2(1+x^2)}{(1-x^2)^2}.$

5. (1) $\cos2x,-1$;(2) $\dfrac{5}{(5-x)^2}+\dfrac{2x}{5},\dfrac{5}{(5-\pi)^2}+\dfrac{2\pi}{5},\dfrac{5}{(5+\pi)^2}-\dfrac{2\pi}{5}.$

练习题 2.3

1. (1) $-2x\sin(x^2+1)$;　(2) $\dfrac{2\arctan x}{1+x^2}$;

(3) $200(x+1)(x^2+2x)^{99}$;　(4) $\dfrac{3}{3x-1}$;

(5) $-\dfrac{1}{|x|\sqrt{x^2-1}}$;　(6) $\dfrac{\cos(\ln x)}{x}$;

(7) $-\dfrac{1}{\sqrt{x^2-1}}$;　(8) $-\dfrac{1}{2(\sqrt x+x)}-\dfrac{2}{3-2x}$;

(9) $-\dfrac{3}{2}\sin\dfrac{x}{2}+3\mathrm{e}^{3x}$;　(10) $\sqrt{1+x^2}+\dfrac{x^2}{\sqrt{1+x^2}}$;

(11) $2^{\sin x}\ln2\cos x-\dfrac{\sin\sqrt x}{2\sqrt x}$;　(12) $-2\mathrm{e}^{-2x}+2x\mathrm{e}^{x^2}$;

(13) $3\mathrm{e}^{3x}\sin(4x+1)+4\mathrm{e}^{3x}\cos(4x+1)$;　(14) $-5\sin5x(3x+1)^{-3}-9\cos5x(3x+1)^{-4}.$

2. (1) $8-\dfrac{1}{x^2}$;　(2) $2\mathrm{e}^{-x}\sin x$;

(3) $\dfrac{6x(2x^3-1)}{(x^3+1)^3}$;　(4) $-\dfrac{\sin x}{x}-\dfrac{2\cos x}{x^2}+\dfrac{2\sin x}{x^3}$;

(5) $\dfrac{2}{(1+x^2)^2}$;

(6) $\dfrac{3x-6}{\sqrt{(2x-3)^3}}$;

3. (1) $2^x\ln2$;

(2) $(x+n)e^x$;

(3) $(-1)^{n-1}\dfrac{(n-1)!}{(1+x)^n}$;

(4) $n!$.

练习题 2.4

1. (1) $(\sin2x+2x\cos2x)dx$;

(2) $\dfrac{e^x}{1+e^{2x}}dx$;

(3) $3^{\sin x}\ln3\cos xdx$;

(4) $-2x\sin(x^2)dx$;

(5) $-\dfrac{x}{|x|\sqrt{1-x^2}}dx$;

(6) $e^{-x}[\sin(3-x)-\cos(3-x)]dx$;

(7) $(x^2+1)^{-\frac{3}{2}}dx$;

(8) $\dfrac{1}{1+x^2}dx$.

2. (1) 1.05;

(2) 1.0075.

自测题二

一、**1.** A. **2.** B. **3.** D. **4.** B. **5.** C. **6.** A. **7.** C. **8.** D. **9.** C.

二、**1.** $2f'(x_0)$. **2.** $2xe^{-x}-x^2e^{-x}$. **3.** 0. **4.** $-\sin xf'(\cos x)$. **5.** $2x\cos x^2e^{\sin x^2}dx$. **6.** $20,16$.

7. $243\times27!,0$.

三、**1.** (1) $-\dfrac{1}{x^2}-\dfrac{1}{2\sqrt{x}}$;

(2) $2\sin3x+6x\cos3x$;

(3) $e^x\cos x-e^x\sin x$;

(4) $2x\arctan x+\dfrac{x^2}{1+x^2}-\dfrac{1}{x}$;

(5) $-2\sin2xe^{\cos2x}$;

(6) $800x(4x^2+1)^{99}$;

(7) $\dfrac{-2x}{\sqrt{1-2x^2}}$;

(8) $2\cot(2x-5)$;

(9) $5e^{5x}(3x^2+1)^{-1}-6xe^{5x}(3x^2+1)^{-2}$;

(10) $3x^2-1$;

(11) $\dfrac{9x-3}{2\sqrt{x}}$;

(12) $\dfrac{2ab}{a^2-(bx)^2}$;

(13) $2\sin\left(\dfrac{\pi}{3}-2x\right)$;

(14) $\dfrac{1}{2\sqrt{x^3}}e^{-\frac{1}{\sqrt{x}}}$;

(15) $(x-2)\sqrt[3]{\dfrac{(x+3)^2}{1+x^2}}\left[\dfrac{1}{x-2}+\dfrac{2}{3(x+3)}-\dfrac{2x}{3(1+x^2)}\right]$;

(16) $(1+x^{\sin x})\left[\cos x\ln(1+x)+\dfrac{\sin x}{1+x}\right]$.

2. (1) $\left(\dfrac{1}{x}-\sin x\right)dx$;

(2) $(e^x\cos x-e^{-x}\sin x)dx$;

(3) $\dfrac{4x+e^x}{2x^2+e^x}dx$;

(4) $(a^x\ln a+2e^x+2xe^x)dx$;

(5) $\left(e^x+\dfrac{2x}{\sqrt{1-x^4}}\right)dx$;

(6) $\left[-\dfrac{2}{1+2x}\cdot\sin(1+2x)\right]dx$.

3. (1) $y'=2x\arctan x+1$, $y''=2\arctan x+\dfrac{2x}{1+x^2}$;

(2) $y'=3(e^x+e^{-x})^2(e^x-e^{-x})$, $y''=6(e^x-e^{-x})^2(e^x+e^{-x})+3(e^x+e^{-x})^3$.

练习题 3.1

1. (1) 增区间$(-\infty,1)$和$[2,+\infty]$,减区间$[1,2]$;

   (2) 增区间$(-1,0)$和$(1,+\infty)$,减区间$(-\infty,-1)$和$(0,1)$;

   (3) 增区间$(0,+\infty)$,减区间$(-1,0)$;

   (4) 增区间$(-\infty,-2)$和$\left(-\dfrac{4}{5},+\infty\right)$,减区间$\left(-2,-\dfrac{4}{5}\right)$;

   (5) 增区间$(-1,1)$;减区间$(-\infty,-1)$和$(1,+\infty)$;

   (6) 增区间$(-\infty,+\infty)$.

2. (1) 极小值$f(0)=2$;

   (2) 极大值$f(1)=0$,极小值$f(3)=-4$;

   (3) 极大值$f\left(\dfrac{3}{4}\right)=\dfrac{5}{4}$;

   (4) 极大值$f(2)=\dfrac{4}{e^2}$,极小值$f(0)=0$;

   (5) 极大值$f(-1)=32$,极小值$f(2)=5$;

   (6) 极小值为$f(0)=0$.

3. (1) $\dfrac{1}{2}$; (2) $\dfrac{3}{5}$; (3) 2; (4) $\dfrac{1}{2}$; (5) $\dfrac{1}{2}$; (6) 4; (7) 0; (8) $\dfrac{7}{2}$; (9) $\dfrac{1}{3}$; (10) $+\infty$;

   (11) 0; (12) $\dfrac{1}{2}$; (13) 0; (14) $\dfrac{3}{7}$; (15) $\dfrac{1}{6}$; (16) e^{-1}; (17) 1; (18) 1.

练习题 3.2

1. (1) 凹区间$(-2,+\infty)$,凸区间$(-\infty,-2)$,拐点$(-2,-2e^{-2})$;

   (2) 凹区间$\left(\dfrac{2}{3},+\infty\right)$和$(-\infty,0)$,凸区间$\left(0,\dfrac{2}{3}\right)$,拐点$(0,1)$和$\left(\dfrac{2}{3},\dfrac{11}{27}\right)$;

   (3) 凹区间$(-1,0)$和$(1,+\infty)$,凸区间$(-\infty,-1)$和$(0,1)$,拐点为$(0,0)$;

   (4) 凹区间$\left(-\dfrac{1}{2},+\infty\right)$,凸区间$\left(-\infty,-\dfrac{1}{2}\right)$,拐点$\left(-\dfrac{1}{2},-3\sqrt[3]{2}\right)$;

   (5) 凹区间$\left(-\infty,-\dfrac{1}{\sqrt{3}}\right)$和$\left(\dfrac{1}{\sqrt{3}},+\infty\right)$,凸区间$\left(-\dfrac{1}{\sqrt{3}},\dfrac{1}{\sqrt{3}}\right)$,拐点$\left(-\dfrac{1}{\sqrt{3}},\dfrac{3}{4}\right)$和$\left(\dfrac{1}{\sqrt{3}},\dfrac{3}{4}\right)$;

   (6) 凹区间$(-\infty,+\infty)$.

2. (1) 水平渐近线$y=\dfrac{2}{5}$,垂直渐近线$x=\dfrac{1}{5}$;

   (2) 垂直渐近线$x=0$;

   (3) 水平渐近线$y=0$,垂直渐近线$x=\pm2$;

   (4) 水平渐近线$y=0$;

   (5) 水平渐近线$y=0$,垂直渐近线$x=-3$;

   (6) 水平渐近线$y=1$,垂直渐近线$x=6$.

练习题 3.3

1. (1) 最大值$y(-1)=10$,最小值$y(-4)=-71$;

   (2) 最大值$y(4)=142$,最小值$y(1)=7$;

   (3) 最大值$y(4)=80$,最小值$y(-1)=-5$;

   (4) 最大值$y(3)=11$,最小值$y(2)=-14$;

(5) 最大值 $y\left(\dfrac{3}{4}\right)=1.25$,最小值 $y(-5)=-5+\sqrt{6}$;

(6) 最大值 $y(3)=81$,最小值 $y(0)=0$.

2. $h=2\sqrt[3]{\dfrac{50}{2\pi}}\approx4,r=\sqrt[3]{\dfrac{50}{2\pi}}\approx2$.   **3.** $a=2,b=3$.   **4.** 1800 元.   **5.** $r=\sqrt[3]{\dfrac{2V}{5\pi}},h=\sqrt[3]{\dfrac{25V}{4\pi}}$.

自测题三

一、**1.** D.   **2.** D.   **3.** B.   **4.** C.   **5.** A.   **6.** B.   **7.** A.   **8.** B.   **9.** C.

二、**1.** $2,-3$.   **2.** $(0,+\infty)$.   **3.** $x=-\dfrac{3}{2},y=\dfrac{1}{2}$.   **4.** 0.   **5.** $\left(-\dfrac{1}{2},\dfrac{15}{2}\right)$.   **6.** $18,-2$.

    7. $-\dfrac{2}{3},-\dfrac{1}{6},-\dfrac{2}{3}\ln2+\dfrac{4}{3},\dfrac{5}{6}$.   **8.** $-\dfrac{3}{2},\dfrac{9}{2},(-\infty,1),(1,+\infty)$.   **9.** $>$.

三、**1.** (1) 1; (2) 2; (3) $\cos a$; (4) -3; (5) 0; (6) $\dfrac{1}{4}$; (7) $\dfrac{1}{3}$; (8) 1; (9) 1; (10) e.

   2. (1) 在 $(-\infty,-1),(3,+\infty)$ 内单调递增,在 $(-1,3)$ 内单调递减;

      (2) 在 $(0,2)$ 内单调递减,在 $(2,+\infty)$ 内单调递增;

      (3) 在区间 $(0,+\infty)$ 为单调增加,在区间 $(-\infty,0)$ 为单调减少;

      (4) 在区间 $(-\infty,0),(1,+\infty)$ 为单调增加,在区间 $(0,1)$ 为单调减少.

   3. (1) 拐点 $\left(\dfrac{5}{3},\dfrac{20}{27}\right)$,在 $\left(-\infty,\dfrac{5}{3}\right)$ 内凸,在 $\left(\dfrac{5}{3},+\infty\right)$ 内凹;

      (2) 拐点 $\left(2,\dfrac{2}{e^2}\right)$,在 $(-\infty,2)$ 内凸,在 $(2,+\infty)$ 内凹;

      (3) 没有拐点,处处是凹的;

      (4) 拐点 $(-1,\ln2)$ 和 $(1,\ln2)$,在 $(-\infty,-1),(1,+\infty)$ 内凸,在 $(-1,1)$ 上是凹.

练习题 4.1

1. (1) 成立; (2) 成立; (3) 成立; (4) 成立.

2. (1) $\dfrac{2}{5}x^{\frac{5}{2}}+C$; (2) $2\sqrt{x}+C$; (3) $-\dfrac{2}{3}x^{-\frac{3}{2}}+C$; (4) $\dfrac{x^3}{3}-\dfrac{3}{2}x^2+2x+C$; (5) $\dfrac{1}{7}x^7+\dfrac{7^x}{\ln7}+C$;

    (6) $ax-\dfrac{4}{3}\sqrt{a}x^{\frac{3}{2}}+\dfrac{1}{2}x^2+C$; (7) $1+4\ln x-\dfrac{4}{x^2}+C$; (8) $3x-2\ln x-\dfrac{1}{x}-\dfrac{1}{2x^2}+C$;

    (9) $\dfrac{x^3}{3}+\dfrac{2}{5}x^{\frac{5}{2}}-\dfrac{2}{3}x^{\frac{3}{2}}-x+C$; (10) $3\arctan x-2\arcsin x+C$; (11) $x^3+\arctan x+C$;

    (12) $-\dfrac{1}{x}+\arctan x+C$; (13) $x-\arctan x+C$; (14) $-\dfrac{1}{x}-\arctan x+C$; (15) $\dfrac{1}{2}(x-\sin x)+C$;

    (16) $2x-\dfrac{5\left(\frac{3}{2}\right)^x}{\ln2-\ln3}+C$; (17) $\tan x-\sec x+C$; (18) $\tan x-x+C$; (19) $\sin x-\cos x+C$;

    (20) $\sin x+C$; (21) $e^x-\ln x+C$; (22) e^x-x+C.   **3.** $y=x^3+2$.   **4.** $s=\dfrac{3}{2}t^2-2t+5$.

练习题 4.2

(1) $\dfrac{1}{12}(2x+1)^6+C$; (2) $-\dfrac{1}{6}(1-4x)^{\frac{3}{2}}+C$; (3) $-\dfrac{1}{2}(2-3x)^{\frac{2}{3}}+C$; (4) $-\dfrac{1}{2}\ln|1-2x|+C$;

(5) $\dfrac{1}{5}e^{5x}+C$; (6) $-\dfrac{1}{2}e^{-2x+1}+C$; (7) $-3\cos\dfrac{x}{3}+C$; (8) $\dfrac{1}{5}\sin5x+C$; (9) $\dfrac{1}{2}\ln(1+x^2)+C$;

(10) $\sqrt{x^2-2}+C$; (11) $\dfrac{1}{2}\sin(x^2-1)+C$; (12) $-\dfrac{1}{2}e^{-x^2}+C$; (13) $-2\sqrt{1-x^2}-\arcsin x+C$;

(14) $\frac{1}{3}\arctan x^3 + C$; (15) $2\sin\sqrt{x} + C$; (16) $2\ln(1+\sqrt{x}) + C$; (17) $\ln x - \ln^2 x + C$;

(18) $\ln|\ln(\ln x)| + C$; (19) $-\frac{1}{2\ln^2 x} + C$; (20) $-e^{\frac{1}{x}} + C$; (21) $\frac{2}{3}(2+e^x)^{\frac{3}{2}} + C$; (22) $\frac{1}{2\cos^2 x} + C$;

(23) $\ln|2+\sin x| + C$; (24) $\sin x - \frac{\sin^3 x}{3} + C$; (25) $\frac{1}{3}\sin^3 x - \frac{1}{5}\sin^5 x + C$; (26) $-\frac{10^{2\arccos x}}{2\ln 10} + C$;

(27) $-\frac{1}{\arcsin x} + C$; (28) $\frac{2}{5}(x+3)^{\frac{5}{2}} - 2(x+3)^{\frac{3}{2}} + C$; (29) $\sqrt{2}x - \ln(1+\sqrt{2}x) + C$;

(30) $\frac{3}{2}\sqrt[3]{(x+1)^2} - 3\sqrt[3]{x+1} + 3\ln|1+\sqrt[3]{x+1}| + C$; (31) $2\arctan\sqrt{x-1} + C$;

(32) $2(\sqrt{x} - \arctan\sqrt{x}) + C$; (33) $\frac{2}{3}(x+1)^{\frac{3}{2}} - (x+1) + C$; (34) $\frac{1}{24}\sqrt{(5-4x)^3} - \frac{5}{8}\sqrt{5-4x} + C$;

(35) $2x\sin\frac{x}{2} - 4\cos\frac{x}{2} + C$; (36) $-\frac{1}{3}x\cos 3x + \frac{1}{9}\sin 3x + C$; (37) $-\frac{1}{2}te^{-2t} - \frac{1}{4}e^{-2t} + C$;

(38) $(x^2 - 2x + 2)e^x + C$; (39) $x\ln\frac{x}{2} - x + C$; (40) $-\frac{\ln x}{2x^2} - \frac{1}{4x^2} + C$;

(41) $\frac{1}{2}(x^2-1)\ln(x-1) - \frac{1}{4}x^2 - \frac{1}{2}x + C$; (42) $2(\sin\sqrt{x} - \sqrt{x}\cos\sqrt{x}) + C$.

练习题 4.3

1. (1) 12; (2) $\frac{9}{2}\pi$; (3) 0; (4) 1.

2. (1) $\int_0^1 x^2 dx \geqslant \int_0^1 x^3 dx$; (2) $\int_1^2 x^2 dx \leqslant \int_1^2 x^3 dx$; (3) $\int_1^2 \ln x dx \geqslant \int_1^2 \ln^2 x dx$; (4) $\int_3^4 \ln x dx \leqslant \int_3^4 \ln^2 x dx$.

3. (1) $6 \leqslant \int_1^4 (x^2+1) dx \leqslant 51$; (2) $\frac{2}{e} \leqslant \int_{-1}^1 e^{-x^2} dx \leqslant 2$.

练习题 4.4

1. (1) $\frac{x}{1+x^2}$; (2) $-e^\pi$; (3) $2x^3 e^{x^2}$; (4) $-2x\cos x^2$. **2.** (1) 1; (2) 2. **3.** (1) $2\frac{5}{8}$; (2) $45\frac{1}{6}$;

(3) $\frac{\pi}{3}$; (4) $\frac{\pi}{4}+1$; (5) $\frac{a^2}{6}$; (6) $\frac{1}{2}$; (7) 4; (8) $1-\frac{\pi}{4}$; (9) $\frac{\pi}{2}+1$; (10) $-\frac{2}{3}$.

4. (1) 0; (2) 10; (3) $2(\sqrt{2}-1)$; (4) $\frac{1}{2}(e-1)$; (5) $\frac{3}{4}$; (6) $\frac{3}{2}$; (7) $2(\ln 3 - \ln 2)$; (8) 4;

(9) 0; (10) $\frac{2}{3}$; (11) $2+2\ln\frac{2}{3}$; (12) $-\frac{4}{15}$; (13) $\frac{\pi}{6}$; (14) $2\left(1-\frac{\pi}{4}\right)$; (15) $\frac{5}{3}$; (16) $\frac{1}{6}$; (17) 0;

(18) $1-\frac{2}{e}$; (19) $e-2$; (20) $1-\frac{2}{e}$; (21) $\frac{2}{9}e^3 + \frac{1}{9}$; (22) $e-2$; (23) $\frac{\pi}{4}$; (24) $\ln 2 - \frac{1}{2}$.

自测题四

一、**1.** C. **2.** B. **3.** D. **4.** A. **5.** C. **6.** D. **7.** C. **8.** A. **9.** B.

二、**1.** $e^x - \frac{1}{\sqrt{x}}$. **2.** $\frac{1}{2}x^2 + \cos x + C, \frac{\pi^2}{8} - 1$. **3.** $-\frac{1}{x}, -e^{\frac{1}{x}} + C$. **4.** $\cos x + \frac{1}{\cos x} + C$. **5.** 2. **6.** 5.

7. 1. **8.** $\frac{2}{3}\pi^2$. **9.** $1-\frac{\pi}{4}$.

三、(1) $2x^{\frac{3}{2}} - 4\sqrt{x} + \frac{2}{\sqrt{x}} + C$; (2) $\frac{4^x}{2\ln 2} + \frac{2^{x+1}\cdot 3^x}{\ln 2 + \ln 3} + \frac{9^x}{2\ln 3} + C$; (3) $\tan x - 4\cot x - 9x + C$;

(4) $\frac{1}{6}(2x^2+1)^{\frac{3}{2}} + C$; (5) $e^x - e^{-x} + C$; (6) $\frac{1}{4}\ln|3+4\sin x| + C$; (7) $\frac{1}{8}\sin 2x - \frac{1}{4}x\cos 2x + C$;

（8）$\dfrac{5}{2}$；　（9）2；　（10）$\dfrac{32}{3}$；　（11）$\dfrac{\pi}{6}-\dfrac{\sqrt{3}}{2}+1$；　（12）$\ln 2-2+\dfrac{\pi}{2}$．

2. $f(x)=2x-\dfrac{3}{2}x^2$．

3. $y=x^3-3x+2$．

练习题 5.1

1. （1）$\dfrac{1}{6}$；（2）1；（3）$\dfrac{32}{3}$；（4）$\dfrac{32}{3}$．　**2.** （1）$2\pi+\dfrac{4}{3},6\pi-\dfrac{4}{3}$；（2）$\dfrac{3}{2}-\ln 2$；（3）$e+\dfrac{1}{e}-2$；（4）$\dfrac{16}{3}p^2$；

（5）$\dfrac{1}{3}$；（6）$2\sqrt{2}-2$．　**3.** $\dfrac{9}{4}$．　**4.** $3\pi a^2$．　**5.** $\dfrac{a^2}{4}(e^{2\pi}-e^{-2\pi})$．　**6.** $\dfrac{\pi}{2}-1,\dfrac{\pi^2}{4}$．　**7.** $\dfrac{128\pi}{7},\dfrac{64\pi}{5}$．

8. $\dfrac{4}{3}\sqrt{3}R^3$．　**9.** 0.18 kJ．　**10.** $\dfrac{27}{7}kc^{\frac{2}{3}}a^{\frac{7}{3}}$（其中 k 为比例常数）．　**11.** 57697kJ．　**12.** 14373kN．

13. 以水中的球心为原点，上提方向作为坐标轴建立坐标系 $W=\displaystyle\int_{-r}^{r}\mathrm{d}W=g\pi\int_{-r}^{r}(r^2-x^2)(r+x)\mathrm{d}x=\dfrac{4}{3}\pi r^4 g$．

自测题五

一、**1.** C．　**2.** A．　**3.** D．　**4.** A．　**5.** D．　**6.** A．

二、**1.** $\dfrac{4}{3}$．　**2.** $\left(2\pi+\dfrac{4}{3}\right),\left(6\pi-\dfrac{4}{3}\right)$．　**3.** $\dfrac{64}{3}-4\pi$．　**4.** -6．　**5.** $\sqrt{3}$．　**6.** $ab\pi$．　**7.** $2\sqrt{3}-\dfrac{4}{3}$．

8. $\dfrac{\pi^2}{4}-\dfrac{\pi}{2}$．　**9.** $2x^2-120x+100$．

三、**1.** 50s，500m．　**2.** $\dfrac{1}{3}+2\ln 2$．　**3.** $c=\dfrac{4}{9}$．　**4.** $k=\dfrac{3\sqrt{2}}{4}$．　**5.** $\sqrt{3}\pi-3$．　**6.** $\dfrac{37}{12}$．　**7.** 4517 元．

第二部分　数学实验

实训一

1. Plot[Log[x],{x,－2,2}]

2. Plot[Sec[x],{x,－2,2}]

3. Plot[Arcsin[x],{x,－1,1}]

4. Plot[sin[x]/x,{x,－5,5}]

5. f[x_]：= Cosx+1/；x < =0

　　　f[x_]：= 1/；0 < x < =1

　　　f[x_]：= Sqrt[x]/；x > 1

　　　Plot[f[x],{x,－3,3}]

6. ParametricPlot[2 ＊ (t－Sin[t]),2 ＊ (1－Cos[t]),{t,0,4 ＊ Pi}]

7. ParametricPlot[Cos[t] ＊ Cos[5 ＊ t],Sin[t] ＊ Cos[3 ＊ t],{t,0,Pi}]

8. ParametricPlot[Cos[t] ＊ (1＋Sin[t]－2Cos[4 ＊ t]),Sin[t] ＊ (1＋Sin[t]－2Cos[4 ＊ t]),{t,0,2 ＊ Pi}]

9. PolarPlot[3 ＊ Cos[5 ＊ θ],{θ,0,2 ＊ Pi}]

10. f = Plot[Sin[x],{x,－Pi,Pi},PlotStyle －> RGBColor[1,0,0]]

　　　g = Plot[Csc[x],{x,－Pi,Pi},PlotStyle －> RGBColor[0,1,0]]

　　　Show[f,g]

11. Plot[{Cos[x],Sec[x]},{x,－Pi,Pi}]

12. f = Plot[Log[x],{x,0.1,10},PlotStyle －> RGBColor[1,0,0]]

$g = Plot[Exp[x], \{x, 0.1, 10\}, PlotStyle - > RGBColor[0, 1, 0]]$

$h = Plot[x, \{x, 0.1, 10\}, PlotStyle - > Dashing[\{0.01\}]]$

$Show[f, g, h]$

13. $f = Plot[Tan[x], \{x, -Pi, Pi\}]$

$g = Plot[Arctan[x], \{x, -Pi, Pi\}]$

$h = Plot[x, \{x, -Pi, Pi\}, PlotStyle - > Dashing[\{0.01\}]]$

$Show[f, g, h]$

实训二

1. $Limit[(n-1)/(n+1), n - > Infinity]$

2. $Limit[(3/(2^(n+1))), n - > Infinity]$

3. $f[x\_] := 3 * x/; -1 < x < 1$

$f[x\_] := 2/; x = 1$

$f[x\_] := 3 * (x^2)/; 1 < x < 2$

$Limit[f[x\_], x - > 0]$

$Limit[f[x\_], x - > 1]$

$Limit[f[x\_], x - > 3/2]$

4. (1) $Limit[(2 * x + 1)/(3 * x - 6), x - > Infinity]$

(2) $Limit[(x+2) * (2 * x^2 + 3)/(3 * x - 1)^3, x - > Infinity]$

(3) $Limit[(x^2 - 5 * x + 6)/(x^2 - 8 * x + 15), x - > 3]$

(4) $Limit[(2/(x^2 - 1) - 1/(x - 1), x - > 1]$

5. $Limit[Exp[x], x - > - Infinity]$

$Limit[Exp[x], x - > + Infinity]$

实训三

1. $D[Tan[x], x]$

2. $D[Arcsin[x], x]$

3. $f[x\_] := x + 1/; x > 0$

$f[x\_] := x^2/; x < = 0$

$D[f[x], x]/. x - > 0.$

4. (1) $D[Sec[x] + Csc[x], x]$

(2) $D[2 * x/(1 - x^2), x]$

(3) $D[(1 + x^2)^{100}, x]$

(4) $D[Log[x - Sqrt[x^2 - 1]], x]$

5. $D[Exp[x * Sinx], x]/. x - > Pi/2$

6. (1) $Clear[f]$

$f[x\_] = 4x^2 + Log[x]$

$D[f[x], \{x, 2\}]$

(2) $Clear[f]$

$f[x\_] = x * Exp[x]$

$D[f[x], \{x, 2\}]$

7. $Clear[f]$

$$f[\,x\_\,] = Log[\,1+x\,]$$
$$D[\,f[\,x\,]\,,\{\,x,3\,\}\,]/.\,x->2$$

实训四

1. (1) Clear[f]

$$f[\,x\_\,] = 2*x\hat{}3 - 3*x\hat{}2 - 18*x - 7$$
$$Solve[\,f'[\,x\,] == 0,x\,]$$
$$f''[\,-1\,]$$
$$f''[\,3\,]$$

(2) Clear[f]

$$f[\,x\_\,] = x\hat{}3 - 3*x\hat{}2 - 9*x + 5$$
$$Solve[\,f'[\,x\,] == 0,x\,]$$
$$f''[\,-1\,]$$
$$f''[\,3\,]$$

2. (1) Clear[f]

$$f[\,x\_\,] = 3*x\hat{}4 - 4*x\hat{}3 + 1$$
$$Solve[\,f''[\,x\,] == 0,x\,]$$
$$f''[\,-1\,]$$
$$f''[\,1/3\,]$$
$$f''[\,1\,]$$

(2) Clear[f]

$$f[\,x\_\,] = x\hat{}3 - 5*x\hat{}2 + 3*x + 5$$
$$Solve[\,f''[\,x\,] == 0,x\,]$$
$$f''[\,1\,]$$
$$f''[\,2\,]$$

3. 证明略.

实训五

1. (1) Integrate[1/(a^2 − x^2),x]

(2) Integrate[Sec[x],x]

(3) Integrate[1/(1 + Sqrt[x]),x]

(4) Integrate[Sqrt[4 − x^2],x]

(5) Integrate[x^2 * Exp[x],x]

(6) Integrate[x * Log[x − 1],x]

2. (1) Integrate[(2 * x + 1)^3,{x,0,1}]

(2) Integrate[(1 + Log[x])/x,{x,1,exp}]

(3) Integrate[Cos[x^3],{x,0,Pi/2}]

(4) Integrate[x/(1 + Sqrt[x + 1]),{x,0,3}]

(5) Integrate[x * Sin[2 * x],{x,0,Pi/2}]

(6) Integrate[(Log[x]^2),{x,1,exp}]

3. Clear[f,g];f[x_] = x^2 ;g[x_] = x

Plot[{f[x],g[x]},{x,0,2}]

NSolve$[$f$[$x$]$ = = g$[$x$]$,x$]$

NIntegrate$[$g$[$x$]$ − f$[$x$]$,{x,0,1}$]$

4. Clear$[$f,g$]$;f$[$y_$]$ = y^2/2 ;g$[$y_$]$ = 4 + y

Plot$[${f$[$y$]$,g$[$y$]$},{y, − 4,8}$]$

NSolve$[$f$[$y$]$ = = g$[$y$]$,y$]$

NIntegrate$[$g$[$y$]$ − f$[$y$]$,{y, − 2,4}$]$

5. NIntegrate$[$Pi ∗ x^4,{x,0,1}$]$

NIntegrate$[$Pi ∗ y,{y,0,1}$]$

参考文献

［1］ 丁勇. 高等数学［M］. 北京：清华大学出版社，2005.

［2］ 侯风波. 高等数学［M］. 北京：高等教育出版社，2003.

［3］ 盛祥耀. 高等数学［M］. 北京：高等教育出版社，2004.

［4］ 顾静相. 经济数学基础（上册）［M］. 3 版. 北京：高等教育出版社，2000.

［5］ 张煜. 高职应用数学项目化教程［M］. 北京：北京交通大学出版社，2012.

［6］ 高伟，龚飞兵，曹敏，等. 高等数学应用基础［M］. 杭州：浙江大学出版社，2014.

［7］ 邱筝. 高等数学［M］. 苏州：苏州大学出版社，2005.

［8］ 金卫东，钱黎明. 高等应用数学基础［M］. 上海：上海交通大学出版社，2011.

［9］ 数学备课大师. 世界数学史［EB/OL］.［2017 - 4 - 10］. http：//www. eywedu. net/shuxueshi.